持続可能社会と
市場経済システム

Sustainable society and market economic system

天 野 明 弘 [編著]
Akihiro Amano

関西学院大学出版会

持続可能社会と市場経済システム

はしがき

　本書は、筆者が過去約6年間に行ってきた環境と経済に関する研究の結果を取りまとめたものである。すでに何らかの形で発表されたものについては、現時点で必要と思われる改訂を加え、また新たな内容を付加するなどして全体的な構成に合致するよう編集した。環境問題の基本的解決には環境保全への配慮を経済社会の中に完全に組み込むという意味での環境と経済の統合が必須であるという問題意識については、5年前に刊行した『環境経済研究』（有斐閣、2003年）と変わってはいない。しかし本書に取りまとめた論稿では、「地球環境問題と経済社会」、「市場経済と環境」、および「企業経営と環境」という3つのサブテーマについて、環境問題に対する経済活動のあり方を検討している。

　近代的な経済システムの構築は、稀少資源の効率的利用を可能にし、また第二次大戦後の国際取引ならびに国際投資の自由化により世界的レベルでの経済発展が推進されて、人類の生活水準の向上に大きく貢献してきた。しかし、このシステムがいわゆる外部費用の存在と共有資源の管理に対して適切な対応を欠いたものであったことから、公害と自然環境破壊を引き起こし、前者については市場経済システムの浸透が始まった発展途上国において、そして後者については先進諸国において、なお顕著な改善を見ることのない状況が続いている。

　地球温暖化問題は、人類が引き起こした環境問題の中では、規模の面、また影響の及ぶ期間の面のいずれから見ても最大級の環境問題のひとつである。第Ⅰ部の5つの章は、この問題に対する2つのタイプの論考を含んでいる。ひとつは第1章であり、そこでは地球環境問題への取組みに対してさまざまな自然科学的解明の必要性があること、また社会経済的な面からの分析と政策対応に関しては、人々の価値判断と切り離しがたいことが問題の解決を難しくしていることを指摘している。もうひとつのタイプの議論は、第Ⅰ部の残りの4章であり、地球温暖化問題に対するわが国の政策論議に対して筆者が持っている違和感を基にして書かれたものである。

政策論での違和感というと、主観的な価値判断の相違を主とした批判と受け取られかねないが、これらの章は政策効果に関する理論的分析の結果を基礎として導かれる政策選択論を根拠としたものである。

第2章と第3章は、先進諸国で多く用いられている温暖化対策税や排出取引制度などを用いた経済的手法を中心とした政策ミックスを、わが国でも導入・活用すべきことを論じている。それとの関連で、第4章では、わが国のエネルギー需要が価格に対して反応しない（価格弾力性がゼロに近い）ため、経済的手法は有効ではないという通説に対する反論として、その値が先進諸国で通常理解されている程度の大きさを持っていること、および経済的手法の効果が現われるためには、長期間にわたる継続的適用が必要とされることなどを実証分析によって明らかにしている。また、第5章では、(1) 地球温暖化問題のようにきわめて長期にわたる影響を持つ環境問題を考える際には、経済的評価で通常用いられる時差割引率に関して格別の配慮が必要とされること、(2) わが国の状況で経済的手法を導入する際には、2成分手法のような政策ミックス論が適切と考えられること、(3) 炭素価格の動向が明確になるような政策手法が、政策の長期的動向を知る上でも不可欠であることなどを示している。

第Ⅱ部は、市場経済システムが環境の問題を含めて適切な行動をするための問題点を、いくつかの個別の側面を取り上げて論じている。不確実性に対処するためのリスク分析に関連して、リスク評価を行う際に経済的利害関係が結論を左右しかねないこと（第6章）、自由な国際経済関係の維持が、強い環境政策をとる国の政策効果を減殺することにならないための国境税調整の必要性について（第7章）、循環型社会構築へのサービサイジングの貢献について（第9章）、環境問題その他の公共問題に対する企業の社会的責任を問うことで環境問題を緩和しようとする新たな動向について（第8章、第10章）などがそれである。企業の社会的責任の問題は、社会的外部費用と人的資源に関する共有資源問題とを含んでいる点で、思いのほか環境問題と類似した課題を含んでいる。

最後の第Ⅲ部は、この最後の問題に集中して、企業の環境パフォーマンスや、より広く社会的責任の諸相におけるパフォーマンスが市場構成員に

よって評価され、それが企業の価値を高めることを通じて市場経済システムの環境・社会的問題を解決する方向にシステムを改善する機能をもっているかどうかという問題を扱っている。第Ⅲ部の最初の2つの章（第11章、第12章）で海外における実証的研究の動向を調べた後、わが国企業のミクロ・データに基づいた実証分析が行なわれる。第Ⅲ部の中心である第13章および第14章は、共同研究者である中尾悠利子、中野牧子、國部克彦、松村寛一郎、ならびに玄場公規の諸氏とともに、（財）地球環境戦略研究機関関西研究センターにおいてなされた環境省地球環境研究総合推進費による共同研究の成果に基づいて書かれたものである。

第13章では、製造業121社の5年分のデータを用いて、企業の環境パフォーマンスと財務パフォーマンスの間には相互支援関係があるという欧米諸国で検証された事象が、重回帰分析によってわが国でも検証され、環境パフォーマンスから財務パフォーマンスへの影響については、グレンジャー流の統計的因果性の分析によっても確認されたことなどが明らかにされた。第14章では、上記の点に加えて、政府によって近年実施されてきたさまざまな環境政策が、これらの関係を強化する方向に作用してきたことも検証されている。

最後の第15章は、中尾悠利子氏との共同研究であり、企業の環境問題への取組みとともに、企業統治、人事管理、投資家や消費者・ユーザーとの関係等に関する社会的責任全般に対する企業データを用いて、企業の社会的責任パフォーマンスと財務パフォーマンスとの関係を分析したものである。製造業・非製造業を含む630社について、社会的責任担当部署、法令順守および投資家関係、消費者・ユーザー関係、および環境部門についての社会的責任項目を含むCSRパフォーマンスと財務パフォーマンスについて、前者の後者に対する重回帰分析を行っている。少数の小規模急成長企業を除けば、環境パフォーマンスの場合と同様の結果が認められた。さらに、CSRパフォーマンスの高い企業では、環境関連の特許出願件数で測った環境イノベーションの成果が高いという結果も得られている。

自然を含むシステムの一部としての経済社会システムの構築という視点からの研究は、到達点はなお見えていないものの、2つの道標と思われる

ものが明らかになりつつあるということを指摘しておきたい。そのひとつは、本書でも何個所かで触れた環境民主主義である。外部性・公共性に関連する情報は、通常は得がたいものが少なくない。それら情報へのアクセスと、その情報に基づく意思決定、さらに不適切な状況に対処できる司法的手段などを手厚くするための道標が必要である。もうひとつは、市場経済システムへの「投票」に同様な配慮がなされることである。政治的な投票ではなく経済的な投票によって、外部性・公共性に十分配慮した事業活動への支援がなされる経済システムの構築である。わが国の公共政策もまた、これら2つの道標に従った方向に進むべきであろう。

　終わりになったが、本書の公刊に際しては、関西学院大学出版会の皆さん、とりわけ事務局の田中直哉さんと戸坂美果さんには大変お世話になった。この機会を借りて厚くお礼を申し上げたい。

天野明弘

目 次

はしがき 3

第Ⅰ部　地球環境問題と経済社会 ——————————— 9
　第1章　地球環境問題の社会経済的側面　11
　第2章　気候変動政策の手法とわが国のとるべき方策　39
　第3章　温暖化対策税について　49
　第4章　わが国の温暖化対策とエネルギー需要の価格弾力性　59
　第5章　気候変動とわが国の政策　85

第Ⅱ部　市場経済と環境 ———————————————— 111
　第6章　環境・リスク・社会　113
　第7章　貿易と環境の国際的統合化を求めて　127
　第8章　企業の社会的責任　141
　第9章　循環型社会の構築とサービサイジング　159
　第10章　地球環境問題と企業の社会的責任　171

第Ⅲ部　企業経営と環境 ———————————————— 183
　第11章　企業の環境保全活動と利潤　185
　　　　　　——ポーター仮説の検討
　第12章　企業の環境・財務パフォーマンス　203
　　　　　　——実証分析の動向
　第13章　環境・財務両パフォーマンスの関連性　219
　　　　　　——日本企業についての実証分析
　第14章　環境政策の実施と企業の環境・財務パフォーマンス　237
　第15章　企業の社会的責任活動と企業業績ならびに環境イノベーション　253

索引　272

第 I 部

地球環境問題と経済社会

第1章
地球環境問題の社会経済的側面[1]

第1節　地球環境問題の特質

1.1　物質循環と環境破壊

　生態系には、物質循環あるいは栄養素循環と呼ばれる大きな循環がある。大気、水、土壌、および生物圏の食物網を通してさまざまな化学物質が循環を繰り返しているシステムである。たとえば生物体の栄養素である炭素、窒素、燐などは、大気や水、土壌などの環境媒体において微生物や植物の中に固定化され、ついで動物の体内に入り、腐食、分解をへて再び環境媒体へ戻る。このような過程の背景では、エネルギーの放射・吸収、水の蒸発・降水・循環、岩石の形成・崩壊、大気の循環といったさまざまな物理現象が生物圏の活動に影響を与え、またそれによって影響を受けて生起している。地球環境問題とは、このような自然界の物質循環に人間活動が影響を及ぼし、それを改変するだけの力をもつにいたったことから、物質循環に異常が生じている問題である。

　オゾン層の破壊（オゾン層破壊物質と呼ばれる化学物質の大気中への放出により、地表に到達する有害紫外線が増大する問題）や地球温暖化（二酸化炭素等の温室効果ガスを大気中に放出するため、大気中の温室効果ガス濃度が上昇し、地球の保温効果が高まって気温上昇、海面上昇、気候の変動などが起こる問題）などは、物質循環に人間が介入して生じている地球環境問題の典型である。オゾン層の破壊

---

1)　本章は、天野明弘（2002）を改訂したものである。

は、地球上の生命を危機にさらして生態系をかく乱し、地球温暖化は気候の変動を通じて動植物の生息地に影響するばかりでなく、大気や水の循環の大規模な変動を通してさらに急激な気候変動をもたらす可能性もある。地球温暖化については、次節でやや詳しく述べるが、この他にも地球規模で生態系に重大な影響を及ぼしている環境問題がある。ここではUNEP（国連環境計画）の報告書（UNEP（2000））の中から代表的なものをいくつか取り上げてみよう。

　地球規模での物質循環への介入のもう1つの例として、農薬、化石燃料の燃焼、マメ科植物の大量栽培などによる環境媒体への人為的な窒素の投入がある。大気中への放出による酸性雨や地球温暖化、生活排水や農薬の土壌からの浸出による富栄養化がもたらす沿岸生態系の変容、同じ原因による汚染がもたらす淡水資源の減少など、専門家は窒素循環の人為的改変による影響が、炭素循環のそれに匹敵する規模になることを懸念している。

　淡水資源の問題は、それ自体深刻な問題である。人口増加、工業化、農業の集約化、都市化と世帯当たり大量の水を消費するライフスタイルなど、水に対する需要の増加と環境劣化による供給の減少が、世界的な水危機をもたらし、将来それが一層悪化する見通しである。現状でも世界人口の20％は、安全な飲み水へのアクセスをもたず、50％は安全な衛生システムへのアクセスをもっていない。中長期的には、気候変動による水の循環パターンの変化により、乾燥地帯の一層の砂漠化や湿潤地帯での洪水被害の増大のような水資源の偏在化が問題を悪化させる可能性もある。エネルギーや食糧の安全保障ばかりでなく、水の安全保障も近い将来重要な政策目標になるだろうとの予想もある。

　重金属、殺虫剤、浮遊粒子状物質、その他さまざまな化学物質による環境汚染も管理の強化と競争するように環境劣化が進んでいる。DDT、PCB、ダイオキシンなどは、先進諸国では生産や使用が厳しく管理されるようになってきたが、発展途上国への輸出やそこでの使用はまだ広く行われている。森林資源は、先進国向けの木材輸出、農業のための開墾、燃料としての木材消費、地下水の汲み上げ、森林火災などで失われ続け、漁業資源も多くの場所で危機的な状況にあって、世界の漁業資源の60％は、

すでに漁獲高の減少傾向に入っているといわれている。

1.2 自然システムと人間社会システムの交錯

次節で詳しく検討するように、地球環境問題の中でも地球温暖化は影響の規模、深刻さ、対応の困難さなどの点から見て今世紀最大の環境問題である。しかし、上で挙げたように、他の環境問題も世界の人口および1人当たり活動規模の増大によって趨勢的な悪化の傾向をたどっていることに変わりはない。環境負荷を下げるような技術革新の努力も続けられているが、絶対的な活動規模の成長がそれを追い越しているのである。個々の環境問題が発生するメカニズムの理解には、自然科学の知見が必須でありその改善のために工学的技術が貢献することは明らかである。しかし、人間の経済活動を駆動するさまざまな動機の中に、環境を保護し、それへの負荷を削減する誘因は乏しく、逆にそれを破壊し、負荷を高めるような誘因は数多く存在する。

地球環境問題は、気候系・生態系という未知の領域の多い複雑な自然システムと、社会系・経済系という利害が複雑に絡んだ人間社会システムとの相互干渉によって生起するため、原因が多様であったり、問題相互の関連があったりして、科学的に未解明なものが多い。また、原因と結果の間に長い時間的遅れが伴うとか、日常的な時間視野をはるかに超えるために人々の考慮の外に置かれるといった長期的問題も少なくない。さらに、不可逆的な費用や損害が含まれる不確実な状況や、グローバルな原因に基づく被害が、予想外の特定地域、特定社会、特定階層に集中的に現れるといった特徴もある。次節では、地球温暖化の問題を取り上げて、これらの特徴の具体例を考えてみよう。

第2節 地球温暖化問題

2.1 気候変動とIPCC

1979年に開かれた第1回世界気候会議において、人間活動を原因とする

気候変動が深刻な問題であるという認識が示され、人類の福祉に与える気候変動の悪影響を予見し、防止するために世界の政府が結集すべきことを求める宣言が採択された。これを受けて、世界気象機関（WMO）や国連環境計画（UNEP）を中心とした国際機関が気候変動に関する多くの国際会議を開催したが、そのような動きの中で、WMOとUNEPによって1988年に「気候変動に関する政府間パネル（IPCC）」が創設された。IPCCは、気候システムと気候変動に関して、科学的研究の現状と知見を評価することを責務とされ、政策提言を行うことを目的としたものではない。しかしその評価には、気候変動が環境、経済、社会のそれぞれの側面に及ぼす影響と、可能な対応戦略に関する評価を含むものとされている。

IPCCが1990年に発表した第1次評価報告書は、人間活動に起因する気候変動のメカニズムに関する科学的証拠を確認するものとなり、世界に大きな衝撃を与えるとともに、同年12月から国連総会で開始された「気候変動に関する国際連合枠組条約」の交渉に科学的基礎を与えた。次いで1995年に出された第2次評価報告書では、人為的影響による地球温暖化がすでに起こりつつあることが確認され、地球の表面気温が2100年までに1-3℃上昇するとともに、平均15-95cmの海面上昇や、極端な高温、降雨パターンの変化、干ばつ、洪水、嵐の激化などが多くの地域で起こるとの予想が示された。

2001年に発表されたIPCCの第3次評価報告書では、2100年までの気温上昇は1.4-5.8℃、海面上昇は9-88cmと見積もられている。モデルの改良により、冷却効果をもつ二酸化硫黄排出量の予測が下方修正されて気温上昇予測の幅が広がったことや、氷河や氷床の海面上昇への寄与が小さく見込まれるようになったことが、第2次報告書との相違をもたらしている。このように、回を追うごとに温暖化の原因が科学的に解明され、人間活動が地球の気候システムを揺るがしていることがますます確実になってきた。そして、第3次報告書では、次のような人間活動の影響を強調するいくつもの指摘から、地球温暖化に対する科学者の強い危機意識が表明されている（環境省地球環境局（2001）、7-21ページ）。

・人間活動の結果、大気中の温室効果ガスの濃度およびその放射強制力

は増加を続けている。
・近年得られた、より強力な証拠によると、最近50年間に観測された温暖化のほとんどは人間活動によるものである。
・21世紀を通して、人間活動が大気組成を変化させ続けると見込まれる。
・人為起源の気候変化は、今後何世紀にもわたって続くと見込まれる。

2.2 科学的知見と国際政治

　皮肉なことであるが、深刻な利害対立の結果中断の羽目に追い込まれた気候変動枠組み条約第6回締約国会議（COP6）に際して、クリントン政権下の米国政府は、地球温暖化の深刻化を示す科学的調査を列挙して強い警告を行っていた。同会議へ提出された米国のポジション・ペーパーでは、過去1年間に発表された科学的調査研究の結果を具体的に示して、地球温暖化の進行を例証している（US EPA（2000b））。それによれば、過去100年間の地球温暖化傾向が、まぎれもない事実であること、20世紀中に生じた温暖化の重要な要因は、人間の排出する温室効果ガスであること、海洋に膨大なエネルギーが蓄積され、海が温暖化していること、北極海やグリーンランドの氷が融け出していること、北半球での河川・湖沼の氷結期が遅くなり、解氷期が早くなっていることなど、温暖化の進行を示す新しい発見が数多く紹介されている。

　地球温暖化の進行に関する警告については、IPCC（気候変動に関する政府間パネル）の第3次評価報告書でも詳しく述べられている。第3次報告書の特徴をかいつまんで述べると、研究の進歩により将来の温暖化の進行が前回までに考えられていた以上に大きく見積もられるようになったこと[2]、気温上昇がすでに環境影響を与え始めているという研究成果が多く取り上げられたこと、そして大規模でいったん起こると取り返しのつかない影響に関して厳しく注意を喚起していることなどが挙げられる。一方、2020年

---
2) 日本チームの研究によれば、二酸化炭素が年1%で増加する温暖化実験を行った場合、今後100年間の地上気温の上昇は、日本付近では世界の平均3.6℃よりやや高く、南日本で4℃、北日本で5℃になるとされている。地球温暖化問題検討委員会影響評価ワーキンググループ（2001）、1-27ページ参照。

ごろまでの温室効果ガス排出量を2000年レベルに抑える政策を実行するための費用は、炭素換算トン当たり100ドル以下と、それまでの研究に比べて比較的低く見積もられることも指摘している。

　もっとも、地球温暖化の科学的根拠について、疑念をさしはさむ意見もないわけではない。米国のブッシュ大統領は、就任後間もなく京都議定書を支持しない理由の1つとして、地球温暖化に関する科学的根拠が十分でないことをあげていた。しかし、ホワイトハウスから要請を受けた全米科学技術協議会（U.S. National Research Council）は、気候変動とそのメカニズムに関するIPCC第3次評価報告書の内容をほぼ全面的に承認し、地球温暖化は、今世紀末までに深刻な社会的・生態学的影響をもたらし得ると述べている（National Research Council（2001））[3]。

2.3　不可逆的変化の可能性

　IPCCの第3次評価報告書でもっとも印象的な点は、いくつかの大規模で不可逆的と考えられる地球システムの変化を起こすきっかけが、すでに地球上に現われているという指摘であろう。現時点では、以下に述べるような現象が将来起こる可能性はきわめて低いと考えられているが、そのプロセスはすでにある程度の期間にわたって働いており、しかもその影響は長期にわたって残るような性格のものなのである。

　その1つは、グリーンランド氷床の融解と南極大陸西部の氷床の崩壊である。グリーンランドの地理的状況から、局地的な気温上昇は地球全体の平均の1-3倍になる可能性が高いと考えられるが、気温が3℃以上高い状態が数千年続けば、グリーンランドの氷は完全に融けてしまい、海面水位は7メートルも上昇するといわれている。また、西部南極の氷床の場合には、海面を3メートル上昇させることが予想されている。

　第2の現象は、温暖化によってロシア東部、カナダ北部などの永久凍土地帯が融解し、地中に閉じ込められていた二酸化炭素やメタンの炭素が放出され、また沿岸堆積物のハイドレートからメタンガスが放出されるとい

　3）　IPCCの第4次評価報告書の概要については、第5章で述べる。

うものである。もしこれが起これば、温暖化は一層加速され、温暖化が温暖化を呼ぶという際限のない悪循環が進行することになる。

　第3の現象は、大規模な海流の循環に関するもので、少し長い説明が必要である。現在の地球には、太平洋の中央部からユーラシア大陸、アフリカ大陸の南部を経て北米のメキシコ湾からさらに大西洋の北へと向かう温暖な表層海流と、逆に北大西洋北部から南下し、アフリカ大陸をまわってインド洋とオーストラリア大陸の南部を経由しながら太平洋中央部に向かって北上する冷たい深層海流がある。メキシコ湾付近で温められ、海水の蒸発で塩分濃度が高くなった表層の海水は、欧州西岸を経て大西洋北部に達し、北極海の冷水と混合して冷却され、重い海水となってグリーンランド東部で沈下して深海に達する。逆に深層海流は、混合による塩分濃度の減少と、水温の上昇により軽くなり、途中のアフリカ西岸やインド洋、そして太平洋中央部などで湧昇する。アマゾン河を100本束ねたほどの流量で数十年以上もかかって地球を横断するこの壮大かつ立体的な海洋の大循環は、その運動を起こす原因を表すために、「熱塩循環（Thermohaline Circulation)」と呼ばれる。この循環は、世界の気候に長期的な影響を及ぼすだけでなく、多量の栄養素と二酸化炭素を溶かし込んだ冷水の移動によって、光合成をするプランクトンを養い、海洋生態系を維持してきたのである。

　しかし、地球温暖化の結果、氷の融解、降雨の増大、河川流量の増加などによって、北大西洋における海水の塩分濃度が大きく低下すれば、海水の沈み込みが弱まって、このような熱塩循環が影響を受けるおそれがある。地球気候モデルを用いた実験によれば、70年後に大気中の二酸化炭素濃度が倍増した場合、熱塩循環は30％減少するが、そこで二酸化炭素の大気中濃度を安定化させることができれば、500年かけて元へ戻ることができるそうである。しかし、もしそのまま温暖化が進行し続けるとすれば、140年後には大循環全体が完全に停止してしまうという結果が得られている。

　こういった現象は、遠い先の不確実なことがらと考えられるかも知れないが、人類がつくり上げた社会は、人々がいまのライフスタイルを続けて

いるかぎり、それを現実のものとしてしまうほどの巨大な力をもっているのである。そして、人口の増加や大量生産・大量消費・大量廃棄・大量排出の社会経済メカニズムを負荷の小さいシステムに転換するには、下手をすると不可逆的なメカニズムを始動させてしまうほどの長期間を要するかもしれないのである。

2.4 新しい知見：氷河湖決壊洪水と急激な気候変動

もっとも、研究が進められるにつれて、地球温暖化問題は、100年先の遠い将来のこととか、ゆっくりと進行するような現象ではないかもしれないと考えられる傾向が強まってきた。以下の2つの研究がそのことを如実に示している。

1つは、ヒマラヤ山脈に多くみられる氷河湖が温暖化の影響により決壊し、大規模な洪水とそれに伴う未曾有の災害を引き起こすかもしれないという研究である。20世紀前半の50年間で、高山の氷河に大きな影響が生じたことが分かっている。大氷河の多くが急速に融け、多数の氷河湖をつくりだした。氷と雪の融解のため、これらの湖の水位は急速に高まり、大量の水と堆積物が放出され、下流の洪水を引き起こした。これは、氷河湖決壊洪水（Glacial Lake Outburst Flood, GLOF）と呼ばれる。下流では、多数の生命と財産に被害が発生し、貴重な森林、農地、費用のかかる山岳インフラなどが破壊された。南アジア、とくにヒマラヤ地域では、GLOFが発生する頻度は、20世紀後半の50年間で増大している。1985年のネパール・ヒマラヤでの大惨事は、ディン・ツォGLOFとして知られている。これにより、ナムチェバザールで建設中の小規模水力発電施設が破壊され、住民、農地、観光施設等にも被害が生じた（UNEP（2002））。

潜在的に決壊洪水を起こす危険性のあるヒマラヤ地域の氷河湖は、ブータンに24、ネパールに20、計44もある。これらの氷河湖は、5-10年以内に決壊する可能性があるといわれている。ブータンの氷河は、年率30-40メートルの速さで後退しており、ネパールでは年平均20メートルの氷河でも、過去10年の間には年間100メートルも後退した年もあるということである。

このように、気候変動はグローバルな現象であるとしても、その影響は地域別、発展段階別、社会階層別にみて集中的に現れる傾向があり、氷河湖決壊洪水は、その典型例である。さらに、近い将来に生じるであろうと予想されている氷河の消滅によって、河川や水源と、それを基盤とした生態系が破壊されることが、より大きな問題として認識されねばならない。このような大災害は、単なる自然災害として片付けられるものではないが、かといって、その責任を誰がどのように取るかという問題に対して、われわれはまだ解答を持ち合わせていない。

もう1つの研究は、先にも述べた熱塩循環の停止といった現象が、短期的に急激な気候変動を引き起こす引き金になるかもしれないというものである。最近発表された全米アカデミーの報告書によれば、大規模かつ急激な気候変動は、大規模な外部作用がなくても、緩慢な外部作用が継続して気候システムを閾値の外へ押しやる場合に生じ得ることが明らかにされている（National Academies (2002)）。急激な気候変動に関する研究は、この10年間で急速に進展し、大規模で広範な気候変動が、驚異的な速さで起こっていたことが明らかになってきた。最終氷期[4]への入り口と出口で、16℃に及ぶ地域的温暖化が起こっており、最終氷期以来、北大西洋で起こった温暖化の半分は、10年間という短い間に、地球の広範囲にわたる気候変動と同時に起こっている。人間の文明は、こういった極端な気候変動の後に到来したのである。

地球の気候系は、理論的にはいくつかの非線形の関係が組み合わさって複数の平衡状態をもつシステム、あるいはカオス行動を起こす可能性のあるシステムとして特徴付けられている。したがって、条件さえ整えば、急激な気候変動は、いつでも起こる可能性がある。とくに気候系に外部作用が働いている場合には、発生を可能にするメカニズムの数は多くなる。そして、外部作用が急速な変化を示すほど、グローバルなエコシステムの時間スケールから見て急激な気候変動が起こる可能性は高くなる。最終氷期の終わりごろから、氷床の規模と大気中の二酸化炭素濃度が安定化したこ

---

4) 現在の温暖期に先立つ最後の氷期で、約6000年前に終わったとされる。

とと、気候が安定化したこととは、大いに関係があると考えられている。

ところが、過去数百年にわたって観察される気候変動が人間活動に起因するものであることは、今日では科学者集団のコンセンサスになっており、人為起源の温暖化は今後も継続すると予想される。氷期に突入し、またそこから脱却した最終氷期の両端において生じた急激な気候変動は、地球の軌道要素の変化という外部作用が働いたときに顕著になったことが明らかにされている。このような関連から、全米アカデミーの報告書では、人間活動が外部作用となって、急激な気候変動の引き金になり得るという結論を導いている。つまり、気候変動は、気候系が急激に圧力をかけられたときに起こりやすいため、地球温暖化のような人為的な影響は、大規模で急激な地域的、地球的気候変動の可能性を高めるかもしれないというわけである。過去に起こった急激な気候変動は、まだ完全には解明されておらず、現在作成されている気候モデルは、そういった変化の規模やスピードを過小評価する傾向がある点に注意しなければならない。

過去の急激な変動にかかわったと思われる気候システムの諸側面としては、海洋循環（とくに深海流の形成）、海氷の移動と深層水の形成との相互関連、陸上氷層の行動、貯水・流出・永久凍土の変化を含む水文循環、大気の行動とその経時的変化などがあるが、この報告書で重視しているのは、大気と海洋の行動、旱魃の発生、北大西洋における熱塩循環の活発さなどが組み合わさった関係の変化であり、北大西洋における熱塩循環停止の可能性をもっとも重要な要因と考えているようである。

もっとも、北大西洋の熱塩循環が崩壊したとしても、地球規模の寒冷化ではなく、北大西洋地域での寒冷化（熱塩循環に変化がないとする仮想的温暖化シナリオに比べた寒冷化）が起こるのであって、それ自体は、あるいは有害でないかもしれない。しかし、熱塩循環の減退が急激であれば、自然システムや社会システムには強いストレスが加わることは避けられない。

第3節　地球環境問題への対応

3.1　地球環境問題への国際的取組み

地球環境問題への対応を決定する単一の機関はなく、国連環境計画（UNEP）などを中心としてさまざまな国際条約に基づく集団的意思決定の枠組みが模索されている。UNEPによれば、2001年4月の時点で、少なくとも502の国際条約等（うち323は地域協定）が存在し、その60％は人間環境宣言（ストックホルム宣言）の出された1972年以降に採択されたものである（UNEP（2001））[5]。これらのうち、UNEPが地球規模でのコア環境条約としているものは、問題領域別に次の5つのグループに分けられる。大気関係（気候変動枠組条約、京都議定書、オゾン層保護のためのウイーン条約、およびモントリオール議定書の4件）、生物多様性関係（生物多様性条約、カルタヘナ議定書、ワシントン条約、ボン条約など13件）、化学物質および有害廃棄物関係（バーゼル条約、バーゼル議定書、ロッテルダム条約など5件）、土地関係（砂漠化対処条約1件）、および地域海洋関係（地中海汚染防止条約など、条約案、行動計画等を含めて18件）がそれである。

3.2　国際的取組みの特徴

このような国際的取組みの多様性にもかかわらず、全体を通していくつかの共通する考え方が見られるように思われる。第1は、環境保全に関する世代間の公平性に関する考え方であり、1972年の人間環境宣言は、「人は、尊厳と福祉を可能とする環境で、自由、平等および十分な生活水準を享受する基本的権利を有するとともに、現在および将来の世代のために環境を保護し改善する厳粛な責任を負う。」と述べている[6]。

第2は、世代内の公平性、あるいは経済発展の段階を異にする国々の間の公平性に関する考え方である。人間環境宣言では、「……発展途上国は、自国の優先順位および環境の保護と改善の必要性を念頭において、その努

---

5) 人間環境宣言については、United Nations（1972）、または地球環境法研究会（1999）参照。
6) 原則1。「リオ宣言」の原則3およびわが国の「環境基本法」第3条などにも同様の記述が見られる。

力を発展に向けなければならない。同じ目的のために、先進工業国は、自らと発展途上国との間の格差を縮めるように努力しなければならない。」と述べ（宣言4）、リオ宣言では、「地球環境の悪化に対する異なった寄与という観点から、各国は共通であるが差異のある責任を負う。先進諸国は、彼らの社会が地球環境にもたらす圧力および彼らが支配する技術および財源の観点から、持続可能な発展の国際的な追求において負う責任を認識する。」と表現している（原則7）。また、このような原則を実施に移すために、技術や資金移転のメカニズムを定めているものも多い。

第3は、条約の受容性と有効性を高めるための制度上の工夫がなされていることである。上記の41の条約等のうち、6件を除きすべて何らかの法的拘束力をもっている。そして、多くは条約本文とともに議定書あるいは付属書または付録をもち、より拘束力の強い特定の問題については、それらの法的文書について交渉や改定を進めるやり方がとられている。ウイーン条約（1985年採択）に対するモントリオール議定書（1987年採択、1990年ロンドン改正、1992年コペンハーゲン改正）、気候変動枠組条約（1992年採択）に対する京都議定書（1997年採択、運用細則「マラケシュ合意」2001年採択）、あるいは有害廃棄物の越境移動に関するバーゼル条約（1989年採択）に対する有害廃棄物の輸出禁止に関する改正（1995年採択）や損害賠償責任議定書（1999年採択）などの強化策がその例として挙げられる。

第4は、条約や議定書等の意思決定機関であるCOP（締約国会議）ならびにMOP（議定書締約国会合）などを補佐する機関として科学的・技術的助言を行う組織が設けられ、環境問題に関する知見の強化と情報の共有を図っていることである。前節までの説明からも明らかなように、人間活動の環境への影響がいかに広範かつ深刻なものとなっているかは、科学的調査によって始めて認識されることがほとんどであり、その意味で人間にとって有益な科学技術の発展と同じテンポで、その環境影響の研究が進められることが必要である。

最後に、経済活動と環境劣化の関係の深さから、環境と経済の統合を図るための政策手法を重視する傾向が強まっていることが注目される。1970年代初頭にOECD（経済協力開発機構）が提唱した「汚染者支払い原

則（Polluter-Pays Principle）」[7]は、その後国連欧州経済委員会のベルゲン宣言（UNECE ベルゲン会議、持続可能な発展に関する閣僚宣言、1990年)[8]、欧州連合条約（マーストリヒト条約、1992年)[9]、環境と発展に関するリオ宣言とアジェンダ21[10]（1992年)[11]などに明記され、環境と経済発展を統合するための不可欠の国際的原則となってきた。

3.2 社会革新の必要性

気候変動に関する科学的知見の増大に対してIPCCが重要な役割を果たしていることについては、上で述べたとおりであるが、その第3次評価報告書では、第2次報告書までに取り扱われなかった「社会革新」の重要性を強調している（Metz *et al.* (2001)）。社会革新とは、ライフスタイルに関する多くの選択肢の中から、生活の質を向上させるとともに資源消費と温室効果ガスの排出を削減するような新たな選択肢を選ぶことであり、文化的・社会的優先度の変更を伴うことが多い（Metz *et al.* (2001), p. 26, pp. 370-372参照）。このような革新は、しばしば技術革新と平行してなされるが、独立になされるものもある。

社会のさまざまな組織、制度、法規、規制、政策などの変革を通して人々の行動が影響を受けるのは、技術革新の場合と共通する面が多い。新しいアイディアやコンセプトの発見や提示、企業、コミュニティ、政府等の異業種・異組織間でのアイディアや行動様式の交流、新しいアイディアや行動様式の実験、成功事例の学習と模倣・普及、市場、法規、インフラ、文化面での新たな選択といった経路で人々の行動が環境適合型に変わっていくのは、技術革新でも社会革新でも同様であろう。消費者の新しい価値観

---

7) OECD (1972)、OECD (1974)、OECD (1975) 等を参照。
8) 同宣言の第Ⅱ部では、経済全体および部門別の計画や政策に環境配慮を統合することが持続可能な経済を構築するうえで欠かせないとして、環境保護、天然資源の利用およびエネルギー消費の有効性を高めるためにさまざまな経済的手段の採用を提言している。この宣言はまた、第5節で取り上げるオーフス条約の基礎ともなっている。
9) 欧州共同体を設立する条約第130r条第2項参照。
10) 同宣言、原則15参照。
11) 外務省・環境庁(1993)『アジェンダ21』第8章、意思決定における環境と発展の統合参照。

や行動パターンが広まれば、生産者の生産方法や管理手法に影響が現れる。新しいアイディアやものの見方を新たな機会や、競争の脅威として認識させるには、メディアの役割も大きいであろう。強力な組織やグループが結託すれば、成功例の普及を促進させたり、逆にそれを阻害したりすることもできる。官僚的・規制的障害物の除去については、政府の役割も大きい。IPCC の経験は、科学・技術に関する専門家集団の補佐機能もさることながら、これら社会革新に関する専門家集団の強化も同様に推進されるべきことを示唆している。

第 4 節　政策提言と倫理的判断

4.1　はじめに

　環境問題の背景に経済活動の拡大があることから、経済活動そのものが環境保護と相容れないとして批判の対象にする傾向がある一方、貧困からの脱却や生活の向上を目指して工業化の推進や経済活動の全面的自由化を提唱する政策論も多い。経済学は、乏しい資源を最大限有効に活用して人々の生活を高め、安定させるための社会システム構築の原理を追求する学問領域であるが、公共資源の管理や社会的公平性といった問題を含めた社会システムのあり方については、十分に対応できるほど発達していない面もある。経済活動のグローバリゼーションに伴い、価値観を異にする人々の間で、経済的成果が大きく、かつ環境負荷が小さい政策の選択に関して意見の対立が生じる背景には、このような事情がある。

　以下で検討する「事件」は、政策論をめぐってそのような対立が生じる原因を理解することの難しさを示す例である。

4.2　世界銀行の自由化推進論

　1991年12月、2人の間だけの話と断った体裁をとった内部文書で、当時世界銀行のチーフエコノミストであったローレンス・サマーズ氏[12]の署名の入ったものが、外部の環境保護関係者にリークされるという事件が起こっ

た。20年近くも前の話であるが、有名な文書であり、現在でも問題にされるだけの理由を蔵している。以下でその内容を少し検討したいので、長くなるが全文を紹介しておこう。

　世界銀行は、汚染産業をもっとLDCへ輸出すべきではないか。私には、次のような3つの理由が考えられる。
(1) 健康被害を与えるような環境汚染の費用は、疾病率や死亡率が高まることで失われる将来所得の大きさで決まる。この観点から見れば、同じ健康被害をもたらす環境汚染は、費用が最小の国、つまり賃金率の一番低い国で行われるべきで、賃金率の最も低い国に有害汚染物質を投棄することの背後にある経済的論理が正にこれだという議論は、正鵠を得たものである。われわれはそのことを直視しなければならない。
(2) 一番初めに起こる僅かな汚染の費用は、多分きわめて低いと思われるから、汚染の費用は、非線形であると考えてよいのではないか。私はいつも思うのだが、人口密度の低いアフリカの国々では、環境汚染は他国よりも大幅に過小になっている。大気の質は、多分ロスアンジェルスやメキシコ・シティーに比べて非効率なほど低い。これらの都市で、非貿易産業（運輸産業や発電産業など）から汚染が出されていることが残念といえば残念であり、固形廃棄物単位当たりの輸送費が高すぎるために、汚染や廃棄物を貿易できたら世界のウエルフェアが高められるのに、その機会が失われているのである。
(3) クリーンな環境に対する需要は、美学的見地や健康の観点から生まれてくるが、おそらくその所得弾力性はきわめて高いと考えられる。前立腺ガンになる確率を100万分の1高めるような要因に

　　12）　サマーズ氏は、その後米国財務長官を経て、2001年7月にハーバード大学学長に就任した。その際、同大学の教員、学生、同窓生等から1991年のメモに関する抗議を受け、また就任披露の記者会見でも質問を受けて、その点に関する簡単な釈明を行い、誤りを認める発言も行っている（Harvard College（2001）参照）。

ついて心配する程度は、前立腺ガンになる歳まで人々が長生きできる国々では、5歳未満の幼児死亡率が1,000人当たり200人の国々よりもずっと高いだろう。また、視界を悪くするような大気中への微粒子の排出に関する懸念もずっと高いだろう。こういった大気汚染の健康被害は、きわめて小さいかもしれない。美的関心から汚染の懸念を起こさせる物質を含むような財を貿易できるとすれば、明らかにウエルフェアが高まる可能性が大きい。生産は国境を越えて移動できるが、きれいな空気の消費は貿易できないのである。

低開発国でもっと汚染を起こすべきだとするこれらの諸提案に反対する議論、すなわちある種の財には固有の権利があるとか、道徳的な理由とか、社会的懸念とか、適切な市場がないとかの議論は、すべて向きを変えれば、世界銀行が自由化に関して行っているあらゆる提案に反対するために効果的に使うことができるだろう[13]。

4.3 経済政策提言と倫理的判断

世界銀行が汚染産業をもっと発展途上国へ移転させるような方針で融資を行うべきであるという提案には、ある種の経済的合理性があるという考え方と、それに対して当然考えられる反対論が世界銀行の追求している方針全般に対する反対論になるという警告とを含んだこのメモがメディアにリークされると、ごうごうたる非難が巻き起こった。環境権、倫理、社会的配慮、市場の失敗などに関する配慮よりも、経済活動の自由化を優先すべきであるという考え方をこれほどストレートに前面に打ち出した文書は少ないからである。

何年か後に、ダニエル・ハウスマンとマイケル・マクファーソンの両氏は、サマーズ氏のメモにおける議論の論理構成を次のような形に再現している（Hausman and McPherson（1996），pp. 9-16）。

13）メモの原文は、多くのウェッブサイトに転載されているが、たとえば、Panix.com（2000）参照。

①低開発国における汚染の増大がもたらす経済的費用は、先進国での汚染減少による便益よりずっと小さい（前提1）。
②先進国で十分情報を与えられた合理的な人々は、同様に十分情報を与えられ、合理的に判断を下す低開発国の人々が汚染増大の対価として要求するより多くを喜んで支払うであろう（①より）。
③ある大きさCの中間的な補償金支払額があれば、すべての合理的かつ十分な情報をもつ人々は、喜んで先進国から低開発国に汚染を移転する（②より）。
④もし、すべての合理的かつ情報をもつ人々が、喜んで交換に応じるならば、その交換を実現することで、すべての人々がよくなる。それは、すべての個人のウエルフェアを高める（前提2）。
⑤先進国から低開発国へ汚染を移転し、補償額Cを支払うことは、すべての人々をよくする（③および④より）。
⑥人々をよくするのは、よいことである（前提3）。
⑦汚染を低開発国に移転し、補償金Cを支払うことは、よいことである（⑤および⑥より）。

　ハウスマンとマクファーソン氏は、①から⑦までの推論には2つの道徳的な前提（前提2と前提3）が含まれており、サマーズ氏のメモは、経済分析と倫理的判断が合成されたものであると指摘している。そして、経済学が、価値判断から自由な科学となり得るかどうかは検討の必要があるとしても、経済学が政策論に貢献しようとすれば、倫理学が必要不可欠になると結論づけている。

4.4　「サマーズ説」の一層の検討

　ハウスマンとマクファーソン氏の論評は、「サマーズ説」だけではなく、貿易・資本の自由化を推進する政策論一般について妥当するものであるが、交換による当事者の利益を最大限可能にするという効率性の基準だけで自由化政策の一般的正当性が保証されるというのが経済学の結論であるかといえば、多くの経済学者は留保を求めるであろう。その点は措くとしても、「サマーズ説」が一定の価値判断を含んでいることは確かであり、しかも

それ以外に、経済学的な視点からしても多くの問題が含まれているように思われる。以下では、「サマーズ説」で挙げられている3つの理由を検討しながら、その点を明らかにしよう。その際、ハウスマンとマクファーソン氏にならって、「サマーズ説」が経済理論または事実に関して述べている個所と、「何かをすべきである」と主張している個所とを区別して考えてみよう。

まず第1の理由では、次のような2組の推論が行われる。第1の推論は、第2の推論の前段に当たるもので、次のような論理展開となる。環境汚染は、汚染防止の費用が最小の国で行われるべきである。発展途上国の中には、その費用が最小の国がある。したがって、環境汚染は、その国で行われるべきである。そして、第2の推論は、環境汚染による健康被害は、疾病や死亡による逸失所得で測られ、発展途上国では賃金率が低いので、健康被害による費用は小さいというものである。

この第2の推論は、単一の労働市場が形成されておらず、労働移動の制約、市場の未発達、制度的相違などがあるにもかかわらず、あたかも単一の労働市場で賃金率が形成されているかのように考えて、それを基準に人の（統計的な）健康被害が比較可能であるとする議論であり、これは経済学的にも支持されるものではないであろう。また、第1の推論は、費用が最小であれば、他の事情のいかんにかかわらず、その活動を実施することが正しいという判断を含んでいる。しかし、費用最小化があらゆる価値判断に先行して優先されるという倫理基準には、当然多くの反論が存在する。費用最小化は、企業行動基準、あるいは、ある種の経済行動の評価基準として存在するが、社会のさまざまな活動がすべてこれを最優先して評価されるべきだとの主張は成り立たない。

次に、第2の理由は、次のような推論から成り立っている。汚染防止費用と汚染量の関係は非線形であり、最初の間、費用は低いが、汚染量が増えるにつれて費用は逓増する。発展途上国では、先進国に比べて汚染の規模は小さい。汚染費用の高い先進国とそれが低い発展途上国との間で貿易が自由に行われる状況では、汚染活動を含む生産物は発展途上国から輸出され、先進国へ輸入される。いいかえれば、汚染活動は先進国で減少し、

発展途上国で増える。このような貿易により、先進国、発展途上国の双方が利益を得るはずであるから、このような貿易は奨励されるべきである。

　この議論が、費用最小化を論じた第1の議論と異なるのは、それぞれの国で形成される国内価格の比較を通じて貿易の方向が決定されるという点で、先進国、発展途上国のそれぞれの需要と供給の状況が関与しているという点である。これは、経済学でいう比較優位の理論に基づく貿易理論をそのまま適用したものということができよう。そして、多くの自由貿易論は、この議論を基礎として展開される。しかし、新古典派理論を基礎にした多くの政策提言がもつ傾向として、さまざまな市場の失敗がなければ、市場経済システムが効率的資源配分を実現するという命題を、その前提条件が満たされない（つまり市場の失敗がある）状況にも適用しようとすることが多い点に注意しなければならない。そして、現在の問題は、環境問題という市場の失敗を含むケースであり、単純に自由貿易が当事国に利益をもたらすかどうかは、必ずしも決定的ではなく、さらに貿易当事国それぞれについて利益をもたらすものであっても、それが他の諸国、あるいは将来の世代にとって望ましいものであるという保証はない。この点を論証せずに、いわば「摩擦現象のない理想状態」で得られた結論を摩擦のある状況に適用してしまうのは、政策論としてはきわめて不完全である。

　最後に、第3の理由に関する議論は、次のように組み立てられる。クリーンな環境に対する需要は、所得水準が高まるほど大きくなる。需要の大きい国ほど、環境汚染防止に対する支払い意欲は強い。クリーンな環境サービスは、需要の弱い（したがって支払い意欲の小さい）国で生産され、需要の強い（したがって支払い意欲の大きい）国へ輸出されるべきである。

　第2の理由が、貿易当事国における資源、技術、需要など、いずれの理由によるかを問わず、貿易を行う前の国内相対価格が異なることで貿易の始まる理由があるという議論に基づく推論であったのに対して、ここでは国民の環境に対する評価が議論の中心となっている。しかし、議論の基礎になっている市場での評価は、市場の失敗の原因である環境汚染のもたらす外部効果が内部化されていない（あるいは内部化の程度が国により大きく異なる）状況での市場における評価を意味している。したがって、自由貿易を

行うとすれば、所得水準の差に基づく以上に大きな価格差が発生し、その結果発展途上国における環境汚染は、外部費用の内部化が世界的に実施された場合に比べてはるかに大きくなるであろう。この議論もまた、市場の失敗を考慮せずに経済理論を誤って適用している例である。なお、第3の理由に関する議論の中で、排出ガスに含まれる微粒子の環境影響を視界の悪化とだけとらえ、その健康被害がきわめて小さいかもしれないと述べているのは、現在の時点で見れば明らかに事実誤認であり、環境問題に関する科学的知見の欠如ないし理解不足が経済活動優先の政策提言に拍車をかける危険性を示している。ただし、この問題に含まれる価値判断は、経済学に内在するかもしれない価値判断というよりも、メモを作成した筆者個人のそれを大きく反映したものというべきものである。

4.5 価値判断と社会的意思決定

以上の検討から明らかなように、一見「経済的基準」に照らして、明確な根拠があるかに思われる議論であっても、公共政策を正当化できるほど厳密に組み立てられているとはいえないものが多く、「サマーズ説」で持ち出された「根拠」は、多くの問題を内蔵したものである。もしメモの筆者がそれを問題だと意識していないとすれば、考え方そのものに問題があるといえるが、そのような問題の存在を明らかにするために、あえて論争的な表現をとったといううがった見方もできないことはない。[14,15]

政策提言が、しばしば経済分析（すなわち第三者により再現が可能な客観的推論）と価値判断の混合物になることは、ハウスマン、マックファーソン両氏の指摘するとおりである。政策提言のどの部分が経済分析に裏付けられたものであり、どの部分が価値判断を前提としたものかを区別するのは、専門家でもときには難しいことがある。その背景には、経済学の中核的部分そのものが、多かれ少なかれ「ユティリタリアニズム」と呼ばれる社会思想を前提として組み立てられているという事実がある。このことは、効用（utility）とか厚生（welfare）といった概念が、現代経済学の基礎にあり、さまざまな政策分析（たとえば費用便益分析）が、それらの概念に基づいて構成されていることからも明らかである。

グローバリゼーションや人口増加による経済規模の拡大に伴い、外部費用を調整しない市場経済システムが引き起こす環境劣化を抑制するために、環境の経済価値を市場および公共部門に内部化させ、民間経済活動ならびに費用便益分析にもとづく公共事業活動の環境負荷を下げようとする試みが進められているのは、このような経済分析を適用したものである。それ自体は、いわば「摩擦現象のない世界」の経済理論を、それが存在する現実の世界に修正して適用しようとする試みとして評価すべきであろう。ただし、経済理論が効率性改善を重視した分析の枠組みであり、分配の公平性については常に留保を設けていることを考えれば、このようなアプローチだけで政策提言が完結すると考えることはできず、さまざまな主体間の公平性を同時に評価する仕組みがなければならない。次節で述べる「環境民主主義」と呼ばれる一連の動きは、このような効率主義重視、あ

　14）　ここで、次のような2つの点に触れておく必要があろう。1つは、財務省報道官ミシェル・スミス氏のコメントであり、上記のメモは世界銀行で当時サマーズ氏の補佐をしていたラント・プリチェット氏の執筆したものにサマーズ氏が署名したものであること、サマーズ氏は、メモが明らかにされた翌日に公に謝罪していること、また確認のために議会での2回の公聴会に出席していることを伝えている（Baltimore Chronicle（1999））。もう1つは、サマーズ氏のハーバード大学長就任披露の際にプリチェット氏が行った説明であり、そこではメモ作成の経緯が詳しく述べられている。同氏は、サマーズ氏の依頼により世銀の世界経済年報の草稿を検討し、いくつかの批判点をまとめた。とくに、貿易自由化の推進が発展途上国の環境に必ず有益な結果をもたらすという結論を支持するために用いられているデータに疑問を呈するとともに、もし仮に貧しい国々に汚染物質を投棄して世界の厚生が高められるという伝統的な経済理論が正しいのであれば、世銀はそれを支持すべきだという皮肉をこめた批判を含む文書をサマーズ氏に提出した。サマーズ氏は、ある程度の時間をかけて草稿に目を通し（ただし、環境部分を詳しく読んだかどうかは不明）、署名をした後、他のスタッフに送るよう指示したというのである。しかし、7ページにわたるこの文書は、有害廃棄物に関する部分だけに短縮され、頭書を書き変えた上でリークされた。問題が大きくなったとき、プリチェット氏はそのメモが同氏の作であることをサマーズ氏が公表すべきだと主張したが、サマーズ氏はそうすることは自分の流儀に反するとして非難に甘んじたと、プリチェット氏は述べている（Harvard Magazine（2001））。

　15）　なお、ローレンス・サマーズ氏は、この問題とは別に、自身の起こした舌禍事件による大学行政上の混乱から、2006年6月30日をもってハーバード大学長の職を辞した。2005年1月の National Bureau of Economic Research のミーティングで、女性が生来科学研究に適していないと同氏が主張したため、それをめぐって同大学の Faculty of Arts and Sciences との紛争が激化し、大学当局が憂慮し始めたためである。議論の内容は本章のものとは異なるので詳論はしないが、大学行政政策上の1つの視点からの「理論的根拠」と、より広い社会的状況を含めた公正な判断が必要とされる倫理的問題とが整理されないまま前者の「理論的根拠」に基づく政策が主張されている点では、本章で論じた「サマーズ説」の場合ときわめてよく似たケースということができる。

るいはユティリタリアニズムに依拠した倫理的判断に基づく社会経済システムを修正しようとする動きとも考えられる。

第5節　情報と環境民主主義

5.1　環境政策の新潮流

　世界の環境政策の方向変化を示す1つの国際条約が、2001年10月末日をもって発効した。1998年6月にデンマークの都市オーフスで40カ国の署名を得て採択された「環境問題に関する情報アクセス、意思決定への公衆参加、および司法アクセスに関するUNECE条約」がそれである。UNECEとは、国連ヨーロッパ経済委員会のことであり、条約の通称は「オーフス条約」である[16]。これは、環境に関する権利と人権を結びつけた新しい種類の条約といわれている。OECDも同様に、これを環境民主主義強化のための条約と捉えており、オーフス条約と並んで1996年の「PRTR（汚染物質排出移転登録）に関するOECDの閣僚理事会勧告」および1998年の「環境情報に関する閣僚理事会勧告」に類似の位置付けを与えている（OECD（2001））。

　これらの動きに共通して見られる考え方は、環境問題の解決に当たっては、多数の人々が環境に関する情報を共有することが不可欠であること、および適切な環境の中で生活を営むためには、人々が環境に関する情報を手に入れて、環境に関する政策の意思決定に参加する権利をもっていると考えるべきことの2点である。多くの国で、環境政策の手段として環境に関する情報を重視する政策手段が講じられるようになってきた背景には、このような考え方があるが、オーフス条約は、これに司法の支援を加えて国際条約とし、国内政策の補完的役割を担わせた点に大きな特徴がある。

　16）　形式的にはヨーロッパの地域的国際条約であるが、締約国には旧ソ連・東欧諸国や中央アジア諸国があり、条約策定の議論には北米3国も参加していた。また、作業部会やタスクフォースには、米国、カナダ、メキシコなどが、部会の性質に応じて参加している。条約そのものも、世界の国々に対して加入を認めるというオープンなものである。

5.2　オーフス条約の概要

　条約の長い名称が示すように、この条約には3つの柱がある。環境情報へのアクセスの確保、環境問題に関する意思決定への公衆参加、および環境問題に関する司法（裁判）へのアクセスの確保の3つがそれである。

　まず情報へのアクセスについて、ここでいう環境情報とは、環境の諸要素の状態、環境に影響する諸要因、環境に関する意思決定過程、人の健康・安全などに関する、書面・映像・音声・電子・その他の形態による情報のことである。また、アクセスには、受動的アクセスと能動的アクセスの2つが区別される。前者は、公共当局が保有している既存の情報に対して人々が請求によりアクセスできる権利を指し、後者は、政府がより積極的に自らのイニシャティブで情報を収集し、発信する義務を負うことを指す。条約の前文と第1条および第3条で、人々のこれらの情報に対する権利を確立・保証し、締約国に対してそのために必要なあらゆる措置を講じるとともに、公衆にガイダンスを与えることを求めている。条約の規定は、最小限の要件であって、締約国は、より広いアクセスを認める権利をもつものとされる。

　なお情報の請求に際しては、国内法の範囲内と断っているが、利害関係があることを請求の条件として求めないとか、理由のある場合を除いて請求の書式を制限しない等、権利を強める面と、アクセスを拒否できる場合とが定められている。後者は、当局が情報をもっていない場合や、明らかに不合理な請求とか一般的過ぎる請求のほか、情報の開示が何らかの不利益を生じさせる場合として、国内法で保護されている企業秘密、国際関係や公衆の安全保障に関するもの、裁判の権利にかかわるものなど、8つの場合が規定されている。

　能動的アクセスの関連では、(1) 政府省庁の機能に関連する環境情報の確保と更新、(2) 環境に重要な影響を及ぼすおそれのある計画中および実施中の諸活動の情報が公共当局に流れるようにする強制力のあるシステム、(3) 人の健康および環境に差し迫った脅威を及ぼす自然的・人為的驚異に関する情報の関係者への迅速な提供の3つを締約国に求めている。

　公衆参加については、条文の中に定義はない。しかし、前文では次の2

つのメカニズムを構築する上で、公衆参加が重要であると強調している。第1は、人々が健康と福祉に適した環境の中で住める権利を主張でき、現在および将来の世代のために環境を保護し、改善する義務を負うためのメカニズムであり、第2は環境問題に対する人々の注意を喚起し、懸念表明の機会を与え、公共当局がその懸念に正当な配慮を加えるためのメカニズムである。

締約国が公衆参加の確保を求められている側面は、(1) 付属書に定められている特定の分野における活動[17]で、環境に負荷を与える可能性が高いと考えられるもの (たとえば、大規模な施設の立地・建設・操業など) に関する意思決定、(2) 環境に関連する公的当局の計画やプログラムの準備段階 (たとえば、産業計画、土地計画、環境行動計画、あらゆるレベルの環境政策など)、そして (3) 環境に重要な影響を及ぼす可能性のある行政的規制や法的拘束力のある諸規制について、選択肢がまだ残されているいる適当な段階、の3種類である。これらの諸側面 (とりわけ政策策定および法規制に関連する措置) については、条約は締約国に最大限の伸縮性を認めている。しかし、その範囲内で、締約国は時宜に適した、適切かつ効果的な公衆参加を実現すべき強い義務がある。

最後に、司法へのアクセスとは、一般の人々が、条約に規定された情報へのアクセスおよび公衆参加の規定と、国内環境法の規定が護られているかどうかの審理を求められるような法的メカニズムが存在することを意味している。そのようなメカニズムが確保されると、市民が本条約や国内環境法の履行強制力を支援する能力を持てるようになる。多くの国々で、司法へのアクセスは必ずしも十分ではなく、それが環境劣化を助長していることを考えれば、この点はきわめて重要である。司法へのアクセスが認められる程度は、国内法の枠組みや行政手続法に従い、情報や参加の権利侵害の程度によって異なる規定が設けられているが、条約の条件に適合する

---

17) エネルギー、金属生産・加工、鉱業、化学、廃棄物管理、汚水処理、紙・パルプ、鉄道・道路、内航海運・港湾、地下水採取・注入、河川流域間での水の移動、石油・天然ガス採取、貯水ダム、ガス・パイプライン、養鶏・養豚、露天掘り採石、発電、石油・化学品等の貯蔵タンク、その他。

非政府組織のアクセスを強めるなど、参加型の環境政策を補強しようとする特徴が見られる。

5.3　環境情報を知る権利の世界的動向と日本

オーフス条約に代表される情報ベースの環境政策の原点は、米国で1986年に成立した「緊急計画とコミュニティの知る権利法（The Emergency Planning and Community Right-to-Know Act of 1986, EPCRA）[18]」であろう。これは、有害・有毒化学物質の放出による生命・健康被害に関する緊急事態の危険に対して、地域社会が化学物質の動向に関して知る権利を確立した法律であり、これに基づいた米国の有毒物質排出目録制度（Toxic Release Inventory, TRI）、1992年の地球サミットでの「リオ宣言」原則10[19]（ならびに「アジェンダ21」の第19章）、そしてそれを受けた1996年のOECDによるPRTRに関する理事会勧告[20]等によって、環境情報に関する公衆の知る権利を法的に確立する動きが世界的に広がりを見せるようになった。

1990年には欧州連合（EU）が理事会指令（90/313/EEC）により「環境に関する情報へのアクセスの自由」を定め[21]、また北米環境協力協定でも一般人の環境問題に関する司法アクセスを定めている[22]。欧州連合では、さらにオーフス条約をEUレベルで実施できるよう、環境問題に関して欧州共同体の諸機関ならびに諸組織に同条約の規定を適用すべきことを定めた規制を制定し、2007年6月28日から施行することとした（後述第6章第4節参照）。

OECDの環境パフォーマンスに関する作業部会は、2000年に環境情報への公衆アクセスに関するセミナーを開催したが、上記のような国際的トレンドをめぐる展望から、ほとんどのOECD加盟国で環境情報への権利

18）　例えば、US EPA（2000a）参照。
19）　一般市民による環境情報の入手、意思決定への参加、市民への賠償・救済を含む司法的・行政的機会の付与などを定めている。地球環境法研究会（1999）、41ページ参照。
20）　Pollutant Release and Transfer Register、環境汚染物質排出・移動登録制度。OECD（1996）参照。わが国では1999年にPRTRに関する法律が制定され、2002年度から本格的に実施されている。
21）　European Commission（2000）.
22）　North American Agreement on Environmental Cooperation、第6条参照。

承認の立法化が完了したと述べ、直接規制および経済的手法と並んで、情報的手法が環境政策の第3の政策手段となったと結論づけている。

　もっとも、わが国ではPRTR制度の運用なども始まったばかりであり、府省や自治体での情報の不備、分散、偏在や、商業的目的での秘密保持とのバランスなど、受動的・能動的アクセスの両面でキャッチアップすべき点も少なくない。また、国際的に見ても、情報に対する権利についての意識や、さまざまなレベルでの行政府の報告書、指標の発表、管理書類の公表や、市民・住民レベルでのミクロ情報の提供など、パフォーマンスを向上すべき問題も多い。しかし、地球規模での環境問題の根源が企業や市民の幅広い活動にある以上、市場経済システムと市民組織の相互作用によって社会経済システムを変革するための重要な意思決定を適宜、適切に行っていくためには、経済システムの変革と平行して環境民主主義の拡大と深化が不可欠であろう。

【参考文献】

Baltimore Chronicle (1999)."A World Bank Memo," *The Baltimore Chronicle*, July, http://www.charm.net/~marc/chronicle/world_bank_jul99.html

European Commission (2000). European Commission, "Report from the Commission to the Council and the European Parliament on the Experience Gained in the Application of Council Directive 90/313/EEC of 7 June 1990, on Freedom of Access to Information on the Environment," COM (2000) 400.
http://europa.eu.int/comm/environment/docum/00400_en.htm

Harvard College (2001). Harvard College, "Lawrence Summers selected as pre-sident of Harvard University," Press conference, Loeb House, Harvard University, March 31,
http://www.president.harvard.edu/speeches/2001/loebpressconf.html

Harvard Magazine (2001). "Toxic Memo," *Harvard Magazine*, May-June, Vol. 103, No. 5,

　　　　http://www.harvardmagazine.com/archive/01mj/mj01_feat_summers_2.html
Hausman and McPherson (1996). Daniel M. Hausman and Michael S. McPherson, *Economic Analysis and Moral Philosophy* (Cambridge, UK: Cambridge University Press).
Metz *et al.* (2001). Bert Metz, Ogunlade Davidson, Rob Swart, and Jiahua Pan, eds., Climate Change 2001: Mitigation; Contribution of Working Group III to the Third Assessment Report of the Intergovernmental Panel on Climate Change (Cambridge, UK: Cambridge University Press).
National Academies (2002). The National Academies, Committee on Abrupt Climate Change, Ocean Studies Board, Polar Research Board, Board on Atmospheric Sciences and Climate Division on Earth and Life Studies, *Abrupt Climate Change: Inevitable Surprises* (Washington, D.C.: National Academy Press). http://books.nap.edu/books/030907434/html/ index.html
National Research Council (2001). National Research Council, Committee on the Science of Climate Change, Division on Earth and Life Studies, Climate Change Science: An Analysis of Some Key Questions (Washington, DC: National Academy Press).
OECD (1972). OECD, "Recommendation of the Council on Guiding Principles Concerning International Economic Aspects of Environmental Policies," C (72) 128, May, Paris.
───── (1974). OECD, "Recommendation of the Council on the Implementation of the Polluter-Pays Principle," C (74) 223, November, Paris.
───── (1975). OECD, *The Polluter Pays Principle*, Paris.
───── (1996). OECD, Council, "Recommendation of the Council on Implementing Pollutant Release and Transfer Registers," C (96) 41/FINAL, March.
───── (2001). OECD, *Environmental Outlook*, (April), Paris.
Panix.com (2000). Public Access Networks Corporation, "Summers' witty memo," *Left Business Observer*, No. 94, May,
　　　　http://www.panix.com/~dhenwood/Summers.html
UNEP (2000). United Nations Environmental Programme, *Global Environmental Outlook 2000*, http://www.grida.no/geo2000/ov-e/index.htm
───── (2001). UNEP, "International Environmental Governance: Multilateral Environmental Agreements (MEAs)," UNEP/IGM/1/INF/3, 6 April.
───── (2002). UNEP, GRID-Arendal News, "Global Warming Triggers Glacial

　　　　Lakes Flood Threat,"（April）.
　　　　http://www.grida.no/inf/news/news02/news30.htm
United Nations（1972）. United Nations Conference on the Human Environment,"The Stockholm Declaration on the Human Environment," adopted 16 June,
　　　　http://www/unesco.org/iau/tfsd_stockholm.html
US EPA（2000a）. US EPA, Chemical Emergency Preparedness and Prevention Office, "The Emergency Planning and Community Right-to-Know Act,"（March）
　　　　http://www.epa.gov/ swercepp/factsheets/epcra.pdf
─────（2000b）. United States Environmental Protection Agency, *New Climate Science Findings,*（November）
　　　　http://www.epa.gov/globalwarming/publications/cop6/scence. pdf
天野明弘（2002）「地球環境問題の社会経済的側面」森田恒幸・天野明弘編『地球環境問題とグローバル・コミュニティ』岩波講座 環境経済・政策学第6巻、岩波書店、第1章、pp. 9-36。
外務省・環境庁（1993）外務省・環境庁監訳、国連事務局監修『アジェンダ21』（社）海外環境協力センター。
環境省地球環境局（2001）環境省地球環境局『気候変化2001』IPCC地球温暖化第3次評価報告書──政策決定者向け要約、3月。
地球温暖化問題検討委員会影響評価ワーキンググループ（2001）地球温暖化問題検討委員会影響評価ワーキンググループ『地球温暖化の日本への影響2001』環境省、3月。
地球環境法研究会（1999）地球環境法研究会編『地球環境条約集』第3版、中央法規出版。

第2章
気候変動政策の手法とわが国のとるべき方策[23]

第1節　はじめに

　2004年にロシアが京都議定書を批准し、翌2005年2月に議定書が発効した。これにより、議定書締約国の第1約束期間における約束遵守に向けた取組みが活発化することになったが、その頃わが国ではちょうど地球温暖化対策推進大綱の見直しの最中であった。2005年は、大綱が定めた第2ステップの開始年であり、また気候変動枠組み条約事務局に対して「約束の達成にあたり明らかな進捗の実現」があることを報告しなければならない年でもあった。しかも、2007年までの期間には、京都議定書の第1約束期間でもある大綱の第3ステップで実施される基本的な政策の枠組みを構築しながら、締約国会議では2013年以降における体制についての討議に貢献しなければならなかった時期である。

　温室効果ガスの排出削減に向けた取組みでは、省エネルギーと炭素集約度の低いエネルギーへの転換が中心となるが、石油危機以来長年にわたって省エネ対策を推進してきたわが国にとっては、費用負担をいかに抑えて温室効果ガスの排出削減を実施するかが大きな課題であり、そのため経済的手法の採用は避けることができないものとなる。

　欧米諸国では、環境政策の一般的な手法として環境税や排出取引制度などを導入した経験をもつ国も多く、最近では地球温暖化対策の手法として

23）　本章は，天野明弘（2004）を改訂したものである。

それらを援用する国も少なくない。しかし、わが国では環境政策手法の太宗は、直接規制、公共主体による直接事業、各種助成・支援制度などであり、経済的手法に対しては慎重な見方が多い。それぞれの経済的手法については、長所と同時に短所もあり、単独で大規模な運用をすることに対して懸念がもたれることもあろう。そのため、一つひとつの政策手法を個別に検討して採否を結論づけるとなかなか採択に踏み切れないということが起こる。そこで、複数の政策手法を組み合わせることにより補完性を高め、それぞれの政策効果を強化しながら費用負担その他の問題を軽減する方法を工夫するといった視点が重要になる。環境政策では、一般に複数の目的に対処しなければならない場合がきわめて多い。多数の局面における環境保全の推進、さまざまな主体に対する経済的悪影響の回避、政策により悪影響を受ける主体間の不公平性の緩和などがその主なもので、このように政策目的が複数ある場合には、原理的に政策手段も複数のものが必要なのである。以下において、第1約束期間にとるべき政策では、なぜ複数の経済的手法を組み合わせた政策パッケージないしポリシー・ミックスの形をとるのが適切であるのかについて説明しよう。

第2節　炭素税と排出削減補助金

環境省は、中央環境審議会の中に設けられた地球温暖化対策税制専門委員会の審議を経て、2003年に「温暖化対策税制の具体的な制度の案」を提案した[24]。このタイトルでは温暖化対策税制だけが表に出ているが、その内容は、低率の炭素税と高率の温室効果ガス排出削減補助金を組み合わせた政策パッケージである。低率の炭素税では、大きな排出削減効果は期待できないとか、排出削減補助金が税金の無駄遣いを増やすという反論は容易に考えられるが、この提案の本来の主旨を理解するのはそれほど難しくはない。

---

24)　環境省（2003）参照。

以下、議論を簡単にするために二酸化炭素だけを考え、他の温室効果ガスを除いてその理由を説明しよう。基準年（1990年）のわが国の二酸化炭素排出量は、11億2,230万トンであった。わが国の京都議定書上の削減義務は6％であるが、ここからCOP9で認められた森林等の吸収源をすべて確保して3.9％、また政府の予定どおりCDMやJIといった京都メカニズムを活用した削減相当分1.6％を控除すれば、必要な削減量は0.5％でよいことになる。もっとも2002年の二酸化炭素排出量は12億4,760万トンまで増えているので、そこから基準年の0.5％減の11億1,670万トンまで下げるには、1億3,090万トンの削減が必要になる。

　それでは、これだけの削減をするのにどれだけの削減費用がかかるのであろうか。複雑な技術データやモデル計算をしなくても、概略の大きさを知ることはできる。中央環境審議会の「目標達成シナリオ小委員会」が作成したデータ[25]を用いると、1億3千万トン規模の削減を行う際の限界削減費用は、炭素1トン当たり約4万5,000円、二酸化炭素1トン当たりに直すと1万2,000円程度となる。税収13兆円にもなるこのような高率の炭素税は、おそらく政治的に受け入れられることはないであろう。なお、炭素税の代わりに国内排出取引制度を導入し、11億1,670万トンの排出許可証（アラウアンス）を無償配布して、取引を行わせるとしても、二酸化炭素排出許可証の価格はほぼ同様の水準に決まることになろう。

　もっとも、排出を削減する経済的誘因としては、二酸化炭素1トンの排出を削減して1万2,000円の税を払わなくて済むのと、同じ1トンの排出削減で1万2,000円の補助金を受け取るのとは同等である。つまり財源さえあれば、1トンの削減に1万2,000円の補助金を出して、総量1億3,090万トンを削減することも可能なはずである。そこで、炭素税の税収を財源として排出削減補助金制度を導入し、税収と補助金支払額を等しくするように率を決定しながら（以下の①式参照）、炭素税率と補助金給付率の和が1トンの削減に対して1万2,000円になるようにすれば（以下の②式参照）、求める削減誘因を与えることができるであろう。つまり、

　25）　西岡秀三編（2001）表11参照。

① （11億1,670万トン）×炭素税率＝（1億3,090万トン）×排出削減補助金率

② 炭素税率＋排出削減補助金率＝1万2,000円

という2つの関係から炭素税率と排出削減補助金率を求めると、それぞれ1,259円、10,741円となる。つまり、二酸化炭素1トン当たり約1,300円の炭素税と二酸化炭素排出削減量1トン当たり約10,700円の補助金によって、1億3千万トンの排出削減が実現できる計算になる。温室効果ガスの排出主体全体としてみれば、支払った税金が排出削減補助金として還流しており、また追加的な政府の歳入・歳出の変化もバランスしている中で、低率の課税によって温室効果ガスの大きな排出削減が可能になるのである。

限界削減費用は、排出削減がかなり進むまであまり上昇しないが、削減量が大きくなると急速に高くなるという特徴があるため、ある程度以上の排出削減の必要性がある場合には、すべての削減インセンティブを税だけに頼ろうとすると、著しく高い炭素税を課さねばならないことになる。わが国の排出削減費用が他の先進諸国に比べて相当高い水準にあることは、国際的な専門家の検討により明確にされている[26]。

ただし、ここで重要な点は、補助金が単なる温暖化対策補助金ではなく、排出削減1トン当たりに対して支給されることである。このような補助金であるからこそ削減の誘因が働くのであって、一括支払いの補助金ではこの政策パッケージは有効に機能しない。補助金制度がこの誘因機能を保証するものとなるためには、補助金が限界削減費用の低い排出主体の手に渡ること、削減量が検証可能であること、また受給主体が補助金総額に見合う量の削減を行って始めて補助金を受け取れること、の3つの条件が必要である。

この第1の条件を満たす方法として、政府が逆オークション（買い付け型オークション）によって一定額の補助金予算を例えばインターネット・オークションのような方法で配分する英国の制度が参考になるであろう[27]。第2

---

26) 例えば，Energy Modeling Forum（1999）参照。

の条件には、削減開始時の排出ベースラインの決定と、検証のためのモニタリングを制度化することが必要となる。第3の条件は、補助金の支給を後払いとし、削減が実施されない場合には補助金の支給を行わないことにすれば満たされるが、受給主体の削減未達成リスクをいかに下げるかが課題となる。

第3節　排出削減補助金と排出取引制度

　排出削減補助金を受けた主体が、申告どおりの排出削減を実現できなかった場合、もし単位補助金のすべてまたは一部を受け取ることができなければ、削減努力は大きなリスクに直面することになる。また、排出削減補助金では、かりに予定量以上に削減が成功したとしても、決められた削減量に対応した補助金しか得られない。このような問題点を解消するために、排出削減補助金の受給条件をクリアした主体に対して、残存排出量に相当する排出許可証を無償で配布し、その取引を認める排出取引制度を併用することができる。

　すなわち、排出削減補助金の受給に成功した事業者は、補助金受給の約束とともに、残存排出量分の排出許可証の無償給付を受け、その取引が認められる。もし過小削減が生じれば、その主体は不足分を排出許可証取引市場で購入して提出することにより、補助金総額から過小量に単位補助金率を乗じた金額を差し引いた額に等しい補助金を給付され、逆に予定以上の排出削減が実現され、許可証が余剰になれば、補助金全額が支給されるとともに、余剰になった許可証を市場で売却することが可能になる。このように、補助金受給者にとってのリスクの軽減と、超過削減へのインセンティブの供与という2つの利点を追加することが、排出取引制度を政策パッケージに含める理由である。

　このような追加は、さらにわが国の事業者等に対して排出取引制度の経

---

27)　DEFRA（2002）参照。

験を積ませるとともに、国内的・国際的排出取引制度の将来の発展に必要な制度的インフラを国内に構築するという公共制度の面でもメリットをもつものである。諸外国が排出取引の国際的成熟化から得られる利益を最大限確保しようとする政策をとり始めていることを考えれば、この点で遅れをとることは、政府としても事業者としても、看過することのできない問題ではなかろうか。

わが国で産業界が国による国内排出取引制度の導入にきわめて慎重な態度をとり続けている背景には、EU型のキャップ・アンド・トレード方式の排出取引制度の導入により、産業界への総排出枠が課せられることへの警戒感があるものと思われる。しかし、上記のような自主参加型の排出取引制度では、その懸念はなく、しかも国際的に普及が予想されている制度への参加や、国内での伸縮的な排出削減機会の活用という経験が蓄積できるメリットがある。事業者が自主的に参加を決定する排出削減補助金への申請と関連付けて自主的参加型の排出取引制度を導入することで、参加主体の排出モニタリング制度を確立するというインフラの構築が促進されることも、排出削減補助金制度のもつ課題を解決する上で重要な貢献を果たすことになろう。

第4節 炭素税と自主協定

先にも述べたように、たとえ低率であれ、炭素税の導入は化石燃料主体のエネルギーを集約的に使用する産業に大きな影響を与える。諸外国では、その影響を緩和する手段として減免税措置がとられることが多いが、単純な減免税では炭素税の当初の狙いである環境保全効果も失われてしまう。このような問題点を避けて、環境保全効果をできるだけ残しながら、被規制主体の経済的負担を軽減する方法として、それらの主体が政府との間で協定を締結し、何らかの排出削減約束を見返りとして炭素税の減免税措置を適用する手法が考案されている。ここで自主協定と呼んでいるものが、それである。

このような手法の具体的な例としては、英国の気候変動税に見合って導入された気候変動協定がある。業界全体および個々の被規制主体が中央政府と何らかの排出削減約束を含む協定を締結し、その条件が遵守された場合に気候変動税が80％免除される制度がそれである。業界ごと、規制主体ごとに多様な内容の協定が締結され、それに基づく排出削減努力が実現すれば一律80％の減税が適用されるので、排出削減のインセンティブの付与と、経済的負担の軽減という2つの目的が税と自主協定という2つの手法により確保されることになる。

さらに、自主協定に参加する事業主体に対しては、排出取引制度への参加が認められ、協定の遵守に排出許可証取引を活用することが可能になる。すなわち、協定に必要な削減が実現できなかった施設や事業者は、排出許可証の購入によりそれを補完することができ、他方、協定を超過達成した施設や事業者は、超過達成分を市場で売却することができる。

わが国では、日本経済団体連合会が自主的な排出削減取組みを実施しているが、履行の担保がない。政府との間で協定を締結し、自主取組みの目標達成を条件とした温暖化対策税の減税措置適用と、自主参加型排出取引制度への参加が可能となるような自主協定制度を創設することも考慮に値する政策パッケージの要素と思われる。

第5節　英国の経験

英国では、産業界と中央政府の協力により気候変動税、気候変動協定、排出削減補助金と連動した自主参加型の排出取引制度などを周到に組み合わせた気候変動政策を2001年以来世界に先駆けて実施してきた。排出取引制度の実施2年に当たって、NERA経済コンサルティングというシンクタンクが同制度を評価するレポートを発表している[28]。オークションによる排出削減補助金の配分（総額2億1,500万ポンドで5年間に二酸化炭素1,600万トン

---

28) Radov and Klevnäs (2004) 参照。

を削減)がまずまずの成功を収めたこと、国内排出取引制度も市場としてのさまざまな機能を発展させていること、そしてなによりも排出削減目標を超過達成し、相当量のアラウアンスを将来に備えてバンキングしている事業者が多くあり、全体的に効率的な削減が実現されていることなどが報告されている。排出削減補助金の決定に際してベースラインの決定が甘かったのではないかといった問題点もあるが、インタビューを受けた参加事業者の多くが排出削減ならびに排出取引の経験獲得の重要性を強調していることは、重要な示唆を与えるものである。

英国気候変動協定については、AEAテクノロジー社のフューチャー・エナジー・ソリューションズによる評価がある[29]。それによれば、協定が成立した44の産業部門のうち、24部門で部門全体としての目標が達成され、2003年4月の段階で目標単位[30]5,742のうち88%に当たる5,042の目標単位で協定の更改が行われたとのことである(残りは撤退、中止など)。そして、協定による排出削減は、二酸化炭素1,640万トンに達したと報告されている。気候変動協定は、事業者の財務担当者に対してエネルギー管理の重要さを再認識させるものとなっており、事実気候変動協定により参加者全体としての省エネによるエネルギー費用の節約額が、年間4億5千万ポンドに上るものと推定されている。

第6節 おわりに

わが国において環境政策の経済的手法が採択されてこなかった1つの大きな理由として、環境政策の実質的担当省庁が複数あり、産業界の利害を背景にしてそれら省庁の意見が対立していたことがあげられる。このような傾向が長年にわたって続いた結果、産業界と環境省の間に情報交流の不足による不信感が醸成され、情報交流がますます行い難くなってきたこと

---

29) Future Energy Solutions (2004) 参照。
30) 目標単位とは,削減目標をもつ施設または同一目標を共有する施設のグループをいう。

が考えられる。しかし、地球温暖化の問題に関してわが国が国内的・国際的に適切な対応をしていくためには、そのような対立を今後も続けていく余地は全くないように思われる。もし、そのような傾向が続くとすれば、わが国の国際的発言力が著しく低下するだけではなく、事業者を含む国民全体が大きな経済的損失に直面する懸念が大きい。京都議定書の発効を契機として、2013年以降の世界的温暖化対策へのわが国の積極的貢献のきっかけをつくるためにも、第2、第3ステップとその後の政策運営において府省庁の緊密な連携・協力のもと、合理的な政策形成に向けた体制づくりを早急に進めることが何よりも望まれる。

参考文献

DEFRA (UK Department for Environment, Food & Rural Affairs) (2002). "The UK Emissions Trading Scheme: Auction Analysis and Progress Report," October.

Energy Modeling Forum (1999). "The Cost of the Kyoto Protocol: A Multi-Model Evaluation," *The Energy Journal*, Special Issue edited by J. P. Weyant, May.

Future Energy Solutions, AEA Technology (2004). "Climate Change Agreements – Results of the First Target Period Assessment," Version 1.2, July.

Radov, Daniel, and Per Klevnäs (2004). "Review of the First and Second Years of the UK Emissions Trading Scheme," NERA Economic Consulting, August.

天野明弘、(2004)「気候変動政策の手法とわが国のとるべき方策」ESP(内閣府／経済企画協会)、No. 39、11月、pp. 27-31。

環境省 (2003)「温暖化対策税制の具体的な制度の案——国民による議論・検討のための提案」中央環境審議会、総合政策・地球環境合同部会、地球温暖化対策税制専門委員会、8月。

西岡秀三編、環境省地球環境局監修 (2001)『温室効果ガス削減技術——京都議定書の目標達成のために』(株)エネルギーフォーラム。

第 3 章
温暖化対策税について[31]

第 1 節　背景

（1）科学的知見　気候問題に関する世界の研究者の科学的評価に耳を傾ける必要がある。国際連合環境計画（UNEP）と世界気象機関（WMO）によって設立された気候変動に関する政府間パネル（IPCC, Intergovernmental Panel on Climate Change）が 1990 年以来 5 年ないし 6 年間隔で地球温暖化に関する科学的知見の評価報告書を作成・公表している。世界から数百名の自然科学、社会科学の専門家を集め、地球温暖化の原因、その世界各地への影響、温暖化対策のあり方などに関する公表研究を評価して、世界の政策担当者に報告するのである。産業革命以降に生じている急激な地球温暖化は、人類の活動によって引き起こされていることがほぼ確実とされており、中長期的に二酸化炭素の大幅な削減を行わなければ、地球の気候を現状からあまりかけ離れていない状態で安定化させることはできない状況にあることが明らかにされている。約 250 年に及んで人類が二酸化炭素を排出し続けた結果、大気中の濃度は今世紀の半ばよりも早い時期に産業革命時の大気

31）　本章は、2004 年 11 月 6 日に行われた「環境税を語る会：環境大臣と語るタウンミーティング 2004」のため、論点や質問への回答などを想定して事前に準備していた原稿を基にしながら、本書編集時点での情報を加えて書き直したものである。ここで言う温暖化対策税とは、地球温暖化をもたらす温室効果ガス（とりわけ二酸化炭素）の排出に対して課される税のことで、炭素税（正確には二酸化炭素排出税）が主たるものであるが、わが国ではそれを「環境税」と呼ぶ慣わしがある。本章は、そのような環境税を導入する際にどのような点に留意すべきかを整理したものである。

中濃度（それまで非常に長い期間安定的に続いていた濃度）の2倍にまで達すると考えられている。現在起こりつつある異常気象の進行を止め、大規模な海洋循環の激変や温暖化を加速化する悪循環プロセスの開始などの可能性を現実化させないためには、人類は温室効果ガス排出量の増大傾向をどこかで減少の方向に転じ、大気中濃度をできるだけ低い水準で安定化させるための努力をしなければならない。

(2) 大気の希少資源化　大気という資源は、これまで誰でも自由に利用してきた。しかし一般的傾向として、資源が乏しくなると、それを無駄にせず有効に活用する仕組みとして利用者に価格を払わせる制度が発達する。現在はちょうどその開始期に当たっており、例えば欧州連合では、「二酸化炭素排出許可証」の取引制度が導入されており、二酸化炭素を大気中に「廃棄する」という形で大気を廃棄物処理場として利用する者は、手持ちの許可証が足りなくなった場合、二酸化炭素1トンにつき約10-20ユーロの価格を支払って排出許可証を入手しなければならない。

(3) 負担の公平性　大気は、世界中の人々が利用するものであるから、誰がその使用料を払い、誰が払わなくてよいかを決めるという、難しい問題がある。負担の公平性の問題である。国際的には、地球温暖化はさまざまな人々にとって「共通ではあるが差異のある責任（common but differentiated responsibility）」の問題と考えられ、公平な負担の原則を確立すべきことが合意されている。公平性は、普通、大きな責任のある者および大きな負担能力のある者から優先的に負担し、かつ関係者全員が何らかの形で分担に参加することなど、いくつかの基準を考慮して決定されるべきものと考えられている。

(4) 京都議定書の削減義務　このような考え方に基づいて、1997年に気候変動枠組条約第3回締約国会議で採択された京都議定書は、排出削減をまず先進工業国から先導的に行うことを定めたものであり、2005年2月に発効した。米国は国内の強い反対から批准を拒否したまま現在に至って

いる[32]。米国連邦政府は、中国等の大量排出国に削減義務がないこと、国内経済にマイナスの影響をもたらすことなどを理由に反対しているが、米国内には州政府や民間団体による強い賛成意見もある。京都議定書の発効によって、わが国は温室効果ガス排出量を1990年に比べて6％削減する義務を負うことを国際的に約束したのである。もしこれが遵守できなければ、ペナルティを課せられるとともに、その後の交渉における国際的な発言力も大幅に低下することになる。

(5) 追加対策の必要性　わが国の温暖化対策は、「地球温暖化対策の推進に関する法律」とそれに基づく地球温暖化対策推進大綱を改訂しながら、また、京都議定書の発効後は、京都議定書目標達成計画を逐次改訂しながら進められてきた。しかし、これらの対策の中心は、エネルギー使用や個別業種に対する直接規制と産業界における自主的取組であり、経済的手法を含むポリシー・ミックスのテーマについては環境税や排出取引制度等の実効性ある手法は用いられていない。その結果、地球温暖化対策推進大綱の改訂、京都議定書達成目標計画の改訂が繰り返されながら、京都議定書の目標達成が危ぶまれる状況が続いている。わが国で地球温暖化対策としての経済的手法の採用が進まない背景には、政策審議で重要な役割を果たす各省庁の審議会において産業界（とりわけ電力業界と鉄鋼業界）の経済的手法に対する反対がきわめて強いことにある。環境問題のように明確な利害集団を持たない国政問題を審議する場で特定の経済的利害代表が強い権限をもって政策手段の選択に影響を及ぼすのは、民主的な行政のあり方という点からは疑問がもたれるところである。

---

32)　オーストラリアは、新政権の誕生に伴い2007年12月3日に批准した（発効は90日後）。このため、先進国中で京都議定書を批准していないのは、米国のみとなった。

第2節　対策立案の基本

(1) 多数の主体への動機づけ　二酸化炭素の排出増大に寄与する経済活動は広範に及ぶため、産業界、公共部門、一般家庭部門など多くの経済主体がその活動から排出する二酸化炭素を積極的に削減しようとする動因を与えるような政策がとられねばならない。日常の経済活動の中で、進んで二酸化炭素の排出量を削減しようとする行動を引き出すような政策手法が必要である。

(2) 費用の抑制　しかし、エネルギー危機以来、国内にエネルギー資源の乏しいわが国では他国に比べて省エネルギーが厳しく進められており、経済活動による二酸化炭素の排出を削減する費用はすでに他国よりも高い水準にある。したがって、排出削減実施主体があまり高い費用負担を被らずに効果的な排出削減を行えるような政策手法を工夫することが重要となる。

(3) 費用負担集中の防止と緩和　効果的な排出削減は、一方でエネルギー効率の向上に伴う経費の削減や環境に易しい企業としてのブランドの確立など、企業利益に好影響をもたらす面もある。その一方で、投資や技術開発等の費用負担が必要とされるため、特定の生産活動や産業部門に費用負担が集中するような状況を極力緩和すべき政策的課題もある。

(4) 国際競争力への配慮　国際競争にさらされている産業部門では、費用負担総額がそれほど大きくなくても、費用上昇による国際競争力の低下が懸念される場合もある。このような場合には、費用負担が急増しないような対策と合わせて、企業の国際競争力強化に資するような産業政策・技術政策を併用することも考える必要があろう。

(5) 京都メカニズムとの整合性　京都議定書の仕組みには、少ない費用で高い削減効果を発揮するような排出削減を促進する方法として、京都メカ

ニズムと呼ばれる仕組みを国や企業が使えるような制度を構築することが含まれており、一部の国々ではそれに対応する制度がかなり以前から構築されている。国による温室効果ガス排出枠の割当や、民間活動による排出削減の認証制度などに基づいて、排出アラウアンスや排出削減クレジットを売買できる排出取引制度がそれである。国内排出削減政策を立案する際に、京都メカニズムとも十分に整合するような排出取引制度を確立し、官民ともにそれを活用できるような経験を蓄積しておくことが必要である。

(6) 目的と手段の数　このように、温暖化対策には気候の保全という主目的に付随して、多くの重要な付随的目的がある。政策論では、複数の目的を首尾よくかつ効率的に達成するためには、その数と少なくとも同じかそれ以上の数の政策手段が必要であるといわれている。特定の目的達成に向けてある政策手段の行使レベルを適切な水準に定めると、他の目的達成のためにその手段のレベルを変えるわけにはいかなくなるからである。どの政策手段をどの政策目的に向けて行使するかは、各政策手段が相対的にもっとも効果を発揮できる（もっとも比較優位のある）目的にそれを当てるという政策割当論が同時に考慮される。温暖化対策として、環境税を含め、複数の主要政策手段を組み合わせて実施するというポリシー・ミックスの考え方には、上記の諸目的の達成に配慮しながら地球温暖化を効果的・効率的に緩和するという意味が込められているのである。

第3節　具体的な対策としての環境税

(1) 環境税の機能　温暖化対策税、炭素税などと呼ばれる環境税の一種は、わが国の温暖化対策への追加措置として今後重視されるようになるであろう。これまでの税制では、税は政府歳入をあげる手段であって、それ以外の経済的影響を極力及ぼさない方法で課税すべきものと考えられてきた。しかし環境税はそれらの税とは異なり、人々の行動に働きかけて、積極的に排出削減行動を行わせる動機を与えるという目的をもった税であり、環

境政策の重要な政策手段の一つとして諸外国で活用されている。今の場合、税収をあげること自体は、逆に課税の目的とするところではないのである。そのため、強い動機付けを受ける主体を効果的に選ぶことによって、同じ税率でもより大きい環境保全効果を上げることができる。二酸化炭素の排出量1トン当たりいくらという形で税が課せられるので、排出を削減すればそれだけの税負担の軽減になるため、排出削減を効率的行える主体に参加を求めるのに適した手法である。市場経済下では、直接に税を支払う主体だけでなく、その税を払って製造された品物の価格への跳ね返りなどを通して、さらに多くの主体へと動機付けが広がるという特徴もある。

(2) エネルギー消費量反応の大小　わが国では、エネルギーの利用量はあまりエネルギー価格の変化に反応しないという、必ずしも科学的な根拠に支えられていない定説がある。これは、国際原油市場で激しい価格変動があっても、エネルギー消費量や利用のパターンがあまり反応しないように見えるというように、経験的事実に基礎を置いているかのように主張されることもある。しかし、諸外国では環境税や炭素税の導入に当たっては、エネルギー消費量の価格変化に対する反応について多くの実証分析に基づいた議論が行われている。研究成果にはかなりばらつきがあるが、たとえばOECDなどのまとめによれば、「短期的な反応はあまり大きくないが、長期的には相当程度の反応がある」という結論になっている。ガソリン価格が上がっても、自動車の利用者がガソリン消費量をすぐ減らすかといえば、必ずしもそうではないが、価格がすぐに下へ戻るのではなく、今後ずっと続くと思えば利用の仕方も変えるであろうし、買い替えの際には燃費のよいものを選ぶであろう。メーカーも石油価格の高騰期には燃費改善や小型化などを積極的に行うが、安価な石油価格が続いている時期には燃費の改善よりも快適化、大型化で販路を拡大する。わが国の乗用車の平均燃費は、ガソリン価格の高騰、低迷という動きに若干遅れてきれいなサイクルを描いている。計量経済学的な推計によれば、わが国のエネルギー消費量は、エネルギー価格が10%上昇してそれが継続する場合、1年目には1から2%程度しか減少しないが、10年後までには約5%減少するという結果

が得られている。

(3) 排出削減技術の導入　企業活動が炭素税にどう反応するかという点では、二酸化炭素を1トン削減できる具体的な技術を導入するのにどれくらいの費用がかかるかを調査した結果が発表されており、導入される炭素税率の効果を知る上で参考になる。税が導入されると、税よりも低い費用で排出を1トン削減できる技術は、それを採用して余分の税負担を減らすために導入されるであろう。このようなデータから、技術導入までに必要な時間を十分考慮すれば、わが国でもまだかなりの削減機会が残されていることがわかる。

(4) 低い費用で大きな削減　もっとも、削減量が多くなるにつれて、排出削減に必要な費用は急激に高くなって行く。わが国のエネルギー消費量の増加傾向や、京都議定書で予定されている削減目標の厳しさから考えると、温暖化対策税だけで目的を達成しようとすると、相当高い税率が必要になる。そのため、過重な負担を回避しながら目標どおりの大きな削減を行う工夫が必要になってくる。そこで考えられるのが、二酸化炭素の排出削減に補助金を支給することである。実際に実現された排出削減量を政府が買い上げるとか、削減予定の排出者に補助金支給の約束を与え、実際に削減が実施されると補助金を支給するといった取組みがあり、海外ですでに実施されている。温暖化対策税は、排出されている量にかかり、排出削減補助金は削減された量に給付されるので、税収額と補助金支給額を等しくして独立採算のようにすれば、低い税率で高い率の補助金を支給することが可能になる。例えば、削減必要量が政策実施前の排出量の10％とすると、税率対補助金率の比率は1対9になる。つまり、二酸化炭素1トン1,000円の税を課せば、1トン当たり9,000円の削減補助金が出せるようになるので、これまで1トン1,000円の税を払っていた事業者は1トン削減することで10,000円を手に入れることが可能になり、限界削減費用がトン当たり1,000円までの削減技術ではなく、それが10,000円の技術まで使用して削減を行う動機をもつことになるであろう。

(5) 税収のもう一つの使い方　温暖化対策税の税収をこのような仕方で使うことは、排出削減を効果的に行うよい方法であるが、削減補助金を受け取れない事業者にとってはやはり負担が残るという問題がある。企業の国際競争力への影響を緩和するもう少し幅広の方法としては、税収の一部を企業の社会保障負担の軽減に使うことで労働費を引き下げるやり方もある。これもそれなりの合理性をもった考え方で、欧州諸国でも使われている。ただし、この場合には上記の方法に比べて排出削減の程度が少なくなるので、その点のバランスを考えて政策の程度や組み合わせを考えることが重要である。

(6) 他の化石燃料税　わが国には、すでに化石燃料に対して多くの税が課せられている。化石燃料には二酸化炭素のもとになる炭素が含有されているので、それらの税はある意味で炭素に対する課税と考えることもできないではない。しかし、省エネで燃料消費を抑えることで炭素の排出量は確かに減るが、炭素を減らすために省エネをしているわけではないので、エネルギー使用量は変えないけれども化石燃料から自然エネルギーへ切り替えるといった行動を促進する動機付けにはなっていない。また、それらの税が課せられてから長い年月が経過しているのであれば、省エネによる二酸化炭素排出削減の効果も出尽くしているので、それらの税がすでにあるから追加の炭素税は不必要だということにはならない。もし既存の税の目的がすでになくなっているので、その税を温暖化対策税に組み替えればよいというのであれば、むしろ温暖化対策税の導入を推進し、目的の達成された税の廃止を提案するほうが、筋の通った議論になる。

第4節　京都メカニズムとのリンク

(1) 排出取引制度の性格　京都メカニズムには、温室効果ガスの排出削減・吸収増大を促進する措置として、排出取引（ET）、共同実施（JI）、クリーン開発メカニズム（CDM）の3つのものが考えられているが、その中

心は何といっても排出取引である。これは、京都議定書で定められた国別の排出枠（アラウアンス）を一定の条件の下で取引可能とするもので、国が定めれば国内の事業者等がその配分を受けて取引に参加できるというものである。欧州連合では2008年に予定されている京都メカニズムの排出取引の実施に向けて、2005年からEU排出取引制度を発足させた。さらに、英国はこれらの動向にもう一歩先んじて、2002年から自主参加型の国内排出取引制度を実施しているが、その背景にはロンドンを世界の排出取引市場の中心にしようとする意図があった。（事実、英国の排出取引制度で用いられていた登録簿制度のソフトは、多くのEC諸国が借用することとなった。）わが国の産業界の中には京都議定書や欧州型の排出取引制度が太平洋戦争中の統制経済の再現であるといった類の考え方が根強くあるが、先進諸国でそのような意識がもたれることはほとんどない。大気という公共財が希少資源化しており、その利用を社会の合意のもとで許可制にする必要があるという認識が広く受け入れられているからである。そのような状況になっても自分たちだけは大気という公共財をこれまでどおりただで使いたいというのは、皆で費用を負担すべき公共財の供給にただ乗りをしたいと言うに等しいのである。もともと京都議定書に排出取引制度を導入したのは米国であった。最終的に米国は別の理由で議定書から離脱したけれども、統制経済を嫌う米国が率先して提案した制度が戦時中の統制経済の手段と同列視されるはずがない。

(2) 自主参加型の排出取引制度　中央環境審議会の中では、排出削減補助金と自主参加型の排出取引制度を組み合わせる方式も議論に上っていた。これは、排出削減補助金を事業者に支給する際に、その事業者の残存排出量に相当する排出量をカバーする許可証を無償で発行し、それを取引可能として削減過不足の調整に利用できるようにするものである。削減目標を超過達成した事業者は、余分になった許可証を市場で売却できるので、追加的な削減を進める誘因を得ることになる。2008年に京都メカニズムが動き始めても、わが国の場合は、英国のように欧州連合型のシステムにあわせて自主参加型の排出取引制度を変更する必要はないので、京都議定書

の排出枠を無償で配布する形の排出削減補助金制度として自主参加型の排出取引制度を切り替えることは難しくないであろう。このような制度をできるだけ早く導入し、世界的な排出取引市場への参加に向けて官民ともに制度運用の経験を共有しなければならない。

第 4 章
わが国の温暖化対策と エネルギー需要の価格弾力性[33]

第 1 節　はじめに

　わが国では、エネルギー需要の価格弾力性は低く、したがって炭素税のような経済的手法を用いても二酸化炭素排出量の削減効果には期待できないという意見が少なくない。例えば日本経済団体連合会は、環境税に対する反対声明のなかで、「石油危機前後のエネルギー価格の変動とガソリン、電力の需要推移などを見ても、エネルギー需要の価格弾力性は低く、温暖化対策税に CO_2 排出抑制効果を求めることはできない。」と述べている（日本経済団体連合会（2003）参照）。また、日本 LP ガス協会（2003, 2004）も、「一般にエネルギー需要の価格弾力性は低く、その CO_2 の排出抑制効果は疑わしいこと……等数々の問題点が指摘されている。」としている。しかし、これらの意見のほとんどは、実際にエネルギー需要の価格弾力性の計測値をあげて価格弾力性の値がどれくらい低いかを示しているわけではないので、根拠が明確ではない。たしかに図1、図2のように、各年度におけるエネルギー需要量とその価格をプロットしてみると、両者の間にはプラスの相関もマイナスの相関もない。相関の有無を統計的に検定してみても、相関がないという仮説を棄却することができない。

　しかし、エネルギー価格とエネルギー消費の関係を図3のように長期的に捉えてみれば、原油価格が安価であった1973年までの期間、オイル

---

[33]　本章は、天野明弘（2005）に基づいて書かれたものである。

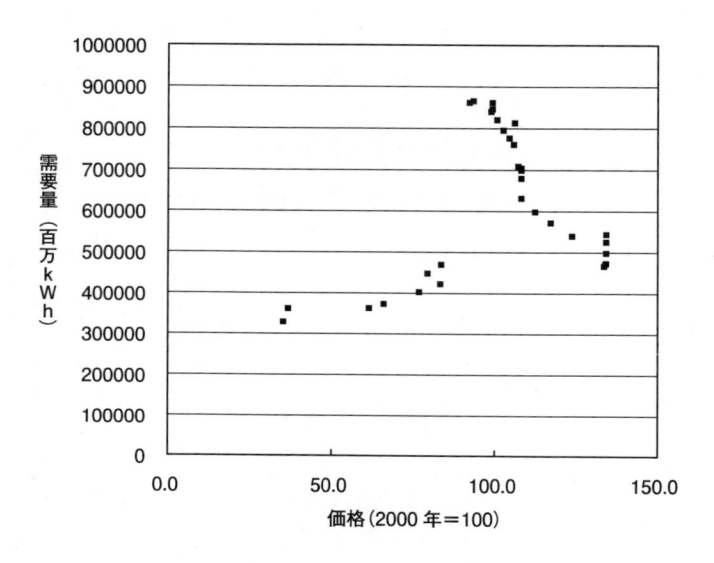

60　第Ⅰ部　地球環境問題と経済社会

図1　電灯電力需要（1972-2003年）

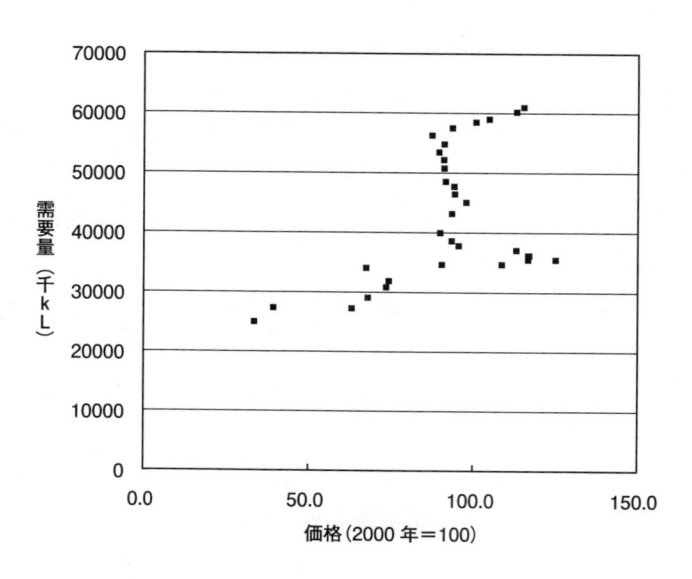

図2　ガソリン販売量（2000年=100）

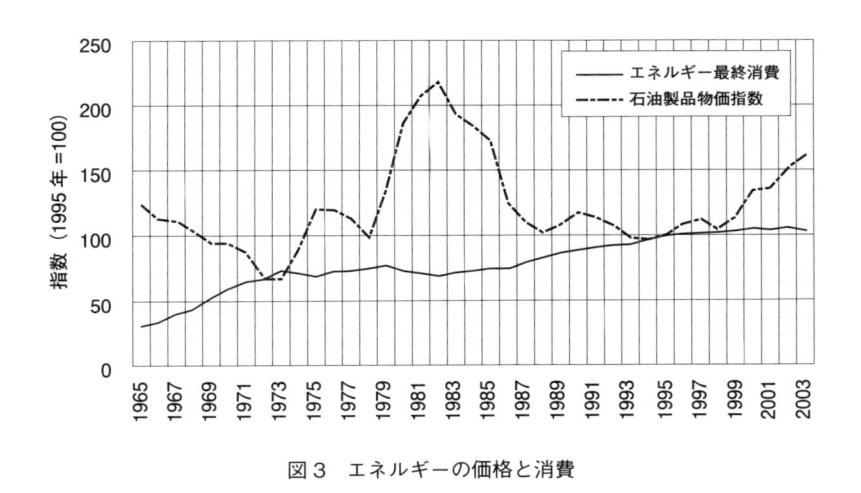

第4章 わが国の温暖化対策とエネルギー需要の価格弾力性　　61

図3　エネルギーの価格と消費

ショック期の1973年から1983年までの期間、OPECの団結が崩れて原油価格が暴落し、低水準に戻った1983年から1995年までの期間、そして再度世界原油市場が逼迫し始めた1995年以降の期間について、エネルギー価格の低下、上昇傾向と、エネルギー消費が傾向的に増加するスピードの大小との間に明瞭な関係が読み取れることに気づくであろう。したがって、各時点におけるエネルギー価格の値と同じ時期のガソリン需要あるいは電力需要の値との関係だけに目をとられて、中長期的傾向に無頓着に上記のような主張をするのは、経済団体にしては視野が狭く、合理性に乏しい見方に立っているように思われる。本章では、多くの実証的証拠からみて、このような主張が正しくないことを示そう。

　エネルギー需要の価格弾力性がどのような大きさであるかは、ガソリン課税、電力料金の決定、道路公害対策、温暖化対策などとの関連で、国際的にも論議を呼んできた問題であり、これまでからも多くの実証研究がなされてきた。次節で行うレビューからも明らかなように、現在の標準的な理解は、エネルギー需要の価格弾力性は、短期的には1よりもかなり小さいけれども[34]、長期的に見れば経済主体のさまざまな対応が進み、弾力性はもっと大きいというものであって、エネルギー需要がエネルギー価格の変

化に反応しないという考え方ではない。本章では、わが国の主要部門におけるエネルギー需要の短期および長期における価格弾力性が実際にどのような値をとっているかについても、1970年代末期以降のデータを用いてエネルギー需要関数を推定し、確かめることとする。

第2節　若干のレビュー

　気候変動税、自主協定、自主参加型の排出取引制度などをパッケージとした英国の気候変動政策の基礎となったマーシャル卿の報告書では、経済的手法に基づく気候政策を策定するにあたって、英国通商産業省（DTI）のエネルギー・モデルやケンブリッジ・エコノメトリックスの多部門動学モデル（MDM）などで用いられているエネルギー需要の価格弾力性を参照し、全産業部門の長期弾力性として DTI 旧モデル −0.4、同新モデル −0.3、ケンブリッジ・エコノメトリックス MDM モデル −0.5 などの値をあげている（A Report by Lord Marshall（1998）, ANNEX F 参照）。

　OECD（2000, 2002）は、エネルギー需要の価格弾力性に関する包括的な展望を行っているが、エネルギー全体については、

① 1971-1982年の期間における OECD7カ国についての Prosser(1985) の推定値として、短期：−0.26、長期：−0.37、

② 1948-1990年の期間におけるデンマークについての Bentzen and Engsted（1993）の推定値として、短期：−0.14、長期：−0.47、

③ 1985年における53カ国のクロスセクション・データについての Rothman *et al.*（1994）の推定値として、短期：−0.69、長期：−0.78

などの結果を紹介している。

　表1は、さまざまな部門の個別企業データを何年にもわたってプールし

34）経済学では需要の価格弾力性（の絶対値）が1よりも小さいことを需要が非弾力的であるというが、それは弾力性がゼロとか、きわめて小さいというような意味ではなく、単に弾性値が1より小さいということである。価格が10％騰貴したとき需要量が9％減少しても、その需要は非弾力的といわれるのである。

たデンマークのデータベースを用いた推定結果を示したものである。価格弾力性の値は、-0.21（その他非金属鉱物製品）から-0.69（電気・光学製品）の範囲にあり、全産業平均値は-0.44である。

　これらの調査結果でかなり共通して見られる特徴は、価格変化に対する需要量の短期の反応が長期のそれよりも小さいこと、およびクロスセクションの推定値が時系列の推定値よりも通常大きくなるという点である。また、長期の弾力性が大きいといっても、その絶対値は1を下回ることが多く、専門用語では需要は非弾力的である。しかし非弾力的とはいっても、たとえば価格弾力性が-0.78であるということは、20％の価格変化が起こって変化後の水準が維持されたとすれば、エネルギー需要は約16％減少することを意味するから、決して無視できる大きさではない。ちなみに2000年から2003年にかけて、わが国の石油製品の平均価格は実質で（すなわち石油製品平均卸売物価をGNPデフレータで実質化した価格で見て）19％騰貴したが、もし-0.78の価格弾力性のもとでこの実質価格水準が今後変化せず5、6年間続くとすれば、他の事情に変化がない限り、エネルギー需要量は対2000年比で約15％減少するのである。

　以上はエネルギー全体についてであったが、日本経済団体連合会が例としてあげた電力需要やガソリン需要について、諸外国の研究はどのような

表1　デンマークにおけるエネルギー需要の価格弾力性[*]

個別産業部門	価格弾力性	個別産業部門	価格弾力性
砂利、土石、岩石、岩塩	-0.43	その他非金属鉱物製品	-0.21
食料、飲料、たばこ	-0.45	基礎金属（製造、加工）	-0.51
繊維、衣料、皮革	-0.35	機械、設備	-0.48
木材、同製品	-0.39	電気・光学製品	-0.69
紙、印刷、出版	-0.35	輸送機械	-0.56
化学	-0.51	家具、その他製造品	-0.56
ゴム・プラスチック製品	-0.52	全産業	-0.44

[*] 価格弾力性は、エネルギー消費をウエイトとして個別の推定値を加重平均したもの。
（出典）Bjørner and Jensen（2000），p.71.

弾力性の値を示しているだろうか。

OECD（2000）は、住宅用電力需要の価格弾力性推定値として、米国で得られた短期 -0.16〜-0.18、長期 -0.26〜-0.33 という値や、ノルウェーで得られた短期 -0.43、長期 -0.44 といった値を引用している（p. 12, Table2 参照）。また、これらよりかなり大きい値を得た研究も紹介しているが、それらは慎重に扱うべきであるとのコメントを付している。その他、住宅用電力需要については、①短期と長期の差が大きくない推定結果がかなり見られること、②家庭と業務用とを区別しているケースでは、後者の弾力性が低いこと、③米国では1950年と1987年との間で弾性値が小さくなったとする報告があることなどの知見が述べられている。

これに対して、米国太平洋岸北西部への電力供給を管理しているボンヌビル電力管理局による推定値は、表2に示すように上記のものよりかなり大きい（Bonneville Power Administration（2003）参照）。電力需要データは1995年から最近時までの電気事業所ごとの顧客需要が使われ、事業所ごとに得られた推定値（顧客需要の価格弾力性）を地区全体で平均したものが表2の値である。短期は1年未満の反応、長期は10年超の反応を示す。

マクロ・データよりもミクロ・データのほうが高い弾性値が得られることが多いが、これもその一例といえよう。

ガソリン需要の価格弾力性についても多くの研究があるが、OECD（2000）

表2　北米太平洋岸北西地区における電力需要の価格弾力性

部門		短期	長期
住宅	地区平均	−0.32.	−1.07
	範囲	−0.20〜−0.44	−0.35〜−2.23
業務	地区平均	−0.24	−0.76
	範囲	−0.12〜−0.38	−0.29〜−1.65
産業	地区平均	−0.54	−1.25
	範囲	−0.39〜−0.69	−0.76〜−2.87
システム全体	地区平均	−0.29	−1.03
	範囲	−0.16〜−0.42	−0.75〜−1.39

（出典）Bonneville Power Administration（2003），p. 3, Table 3.

に引用されている標準的な値を選ぶと、短期では −0.12 〜 −0.38 の範囲、長期では −0.23 〜 −0.86 の範囲にあるが、より大きい推定値を得ているグループでは、その範囲が短期で −0.51 〜 −1.34、長期で −0.55 〜 −1.4 となる。他方、新しい研究動向なども含めた国際的な研究のサーベイを行った Graham and Glaister（forthcoming）では、短期の弾力性が −0.2 〜 −0.3、長期の弾力性が −0.6 〜 −0.8 の範囲と比較的狭い範囲にまとまっている。

　自動車燃料需要を、直接的に所得と価格で説明するのではなく、走向距離に対する需要からその走向に必要な燃料への需要がもたらされると考え、走向距離そのものへのガソリン価格の影響と、自動車の燃料効率に対するガソリン価格の影響をそれぞれ推定して両者の影響からガソリンの需要に対する価格変化の影響を見ようとするアプローチもある（Agas and Chapman（1999））。推定された短期の弾力性は、走向距離 −0.15、燃料効率 +0.12 であり、両者からガソリン需要の価格弾力性は −0.25、また長期の弾力性については、走向距離 −0.32、燃料効率 +0.60 から、ガソリン需要の価格弾力性は −0.92 と計算されている。[35]

　Rouwendal（1996）は、オランダ民間乗用車委員会に 3 カ月ごとに入会・退会する会員の報告に基づく月次データ 3,080 サンプル（1986 年）を用い、理論的モデルに基づいて自動車の技術的要因、運転者の属性、経済的要因などを説明変数とし、被説明変数である燃料効率（リットル当り走行距離数）に回帰させる方程式を推定した。燃料効率（走行距離／ガソリン使用量）のガソリン価格に対する偏弾力性は +0.15 で有意であり、ガソリン価格の 10％ の上昇がキロメートル当りガソリン消費量を 1.5％ 減少させる運転者の行動を誘発することを示している。これは、ガソリン需要の短期的価格弾力性の大きさを決める重要な要因である。

---

[35]　走行距離決定式に燃料効率が含まれるため、単純に前者から後者を引いた値が需要の価格弾力性になるわけではない。

第3節　わが国におけるエネルギー需要の価格弾力性

　それでは、わが国におけるエネルギー需要の価格弾力性は、どの程度の大きさと考えればよいか。国内でも多くのエネルギー・モデルが作成され、分析や予測に使用されているが、そこで用いられている価格弾力性の推定方法などについて比較検討するといった試みは、残念ながらきわめて少ない。本章では、日本エネルギー経済研究所（2005）のように継続的に発行されている計量分析ユニット編『エネルギー・経済統計要覧』のデータを用いて主要エネルギー需要項目ごとの価格弾力性を推定し、上記のレビューと比較してみることとする。[36]

　推定は、年次データを用い、価格変数についてタイム・ラグの影響を見るためにシラー型の分布ラグを含む最小二乗法を用いて行った。[37]産業部門、民生家庭部門、民生業務部門、運輸旅客部門、および運輸貨物部門の5部門の最終エネルギー消費を被説明変数とし、経済活動変数（実質国民総生産、鉱工業生産指数など）、実質価格変数（被説明変数に対応した実質エネルギー価格変数）、および気候変数（民生家庭部門のみ）を説明変数とし、対数線形方程式の係数推定値から価格弾力性の推定値を得ている。今回の推定に当っては、エネルギー消費の燃料構成が入手可能な場合には、燃料構成比を用いて該当する各燃料価格の加重平均値を求めて価格変数とした。詳細については、本章の付録に掲げた推定結果を参照されたい。

　表3は、部門別エネルギー最終消費の価格弾力性推定値と関連データを要約したものである。部門別の短期価格弾力性は、−0.05 〜 −0.25の範囲にあり、もっとも大きいのは家庭部門の −0.25、もっとも小さいのは産業部門の −0.05で、最終エネルギー消費をウエイトとした全部門の加重平均値は −0.11である。同様に、長期価格弾力性は、−0.38 〜 −0.54の範囲にあり、もっとも大きいのは産業部門の −0.54、もっとも小さいのは家庭部門の

---

[36] 筆者は、1990年代後半から現在まで何回か同様な試みを行っているが、データが更新されても推定結果の基本的性格は変わっていない。天野明弘（2003）、第3章と同章末の補注に掲げた1996年および2001年の文献参照。

[37] 使用したソフトはTSPである。和合肇・伴金美（1996）2.4参照。

第4章 わが国の温暖化対策とエネルギー需要の価格弾力性　67

表3　部門別エネルギー最終消費の価格弾力性推定値等

部門 (ウエイト)*	短期の価格弾力性	長期の価格弾力性	価格変化への反応期間（年）	平均ラグ（年）	活動変数弾力性	その他変数	推定期間
産業部門 (0.4841)	−0.054	−0.534	0～13	5.1	0.387		1978-2003
民生家庭部門 (0.1460)	−0.252	−0.380	0～10	3.5	0.949	暖房度日、冷房度日	1978-2003
民生業務部門 (0.1228)	−0.144	−0.390	0～12	4.9	1.064		1978-2003
運輸旅客部門 (0.1545)	−0.097	−0.435	0～13	5.3	1.230		1978-2003
運輸貨物部門 (0.0925)	−0.097	−0.393	0～14	5.0	0.529		1979-2003
全部門 (1.0000)	−0.105	−0.467					

＊ 1995年における最終エネルギー消費の構成比。全部門の弾力性は、このウエイトに基づく加重平均。

−0.38で、全部門の加重平均値は−0.47である。価格変化への反応期間はいずれの部門でも長く、10年から14年の範囲にあり、係数の大きさをウエイトとした平均ラグは、家庭部門の3.5年を例外としてほぼ5年程度となっている。これは、主としてエネルギー使用機器類の平均的更新期間を反映したものと考えられる。

　環境政策の経済的手法は、いずれの国においてもその実施後の効果判定が難しいという問題を抱えているが、それにはこのような効果出現のタイム・ラグの長さが関係しており、政策実施後効果が現れるまでにさまざまな他の変化が同時に生じてしまうことが大きな原因といえよう。それにもかかわらず経済的手法が多くの環境問題に適用されていることは、このようなシステムの挙動に関する調査・研究を基に、価格メカニズムの働きに対する理解が進んでいるためと思われる。

　図4-1～図4-5は、推定された価格弾力性から計算される標本期間内の価格変動によって最終エネルギー消費が受ける影響を、対前年変化率の形で表したものである。過去に生じた価格変化の遅れの効果も含めて、価格

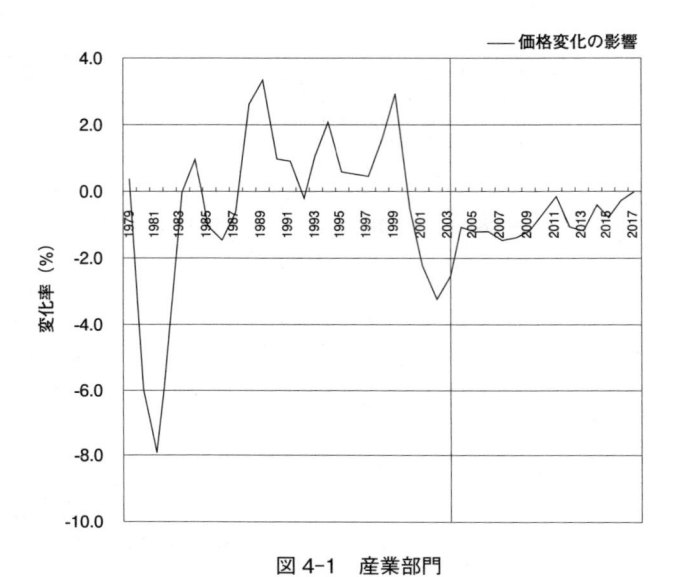

68　第Ⅰ部　地球環境問題と経済社会

図 4-1　産業部門

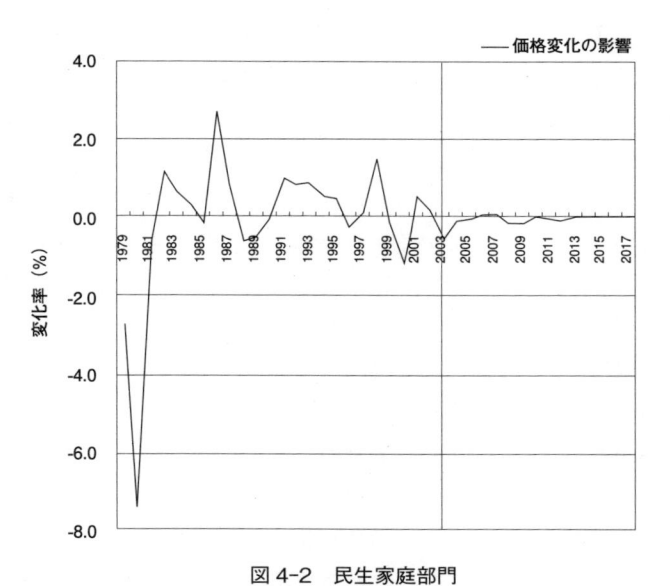

図 4-2　民生家庭部門

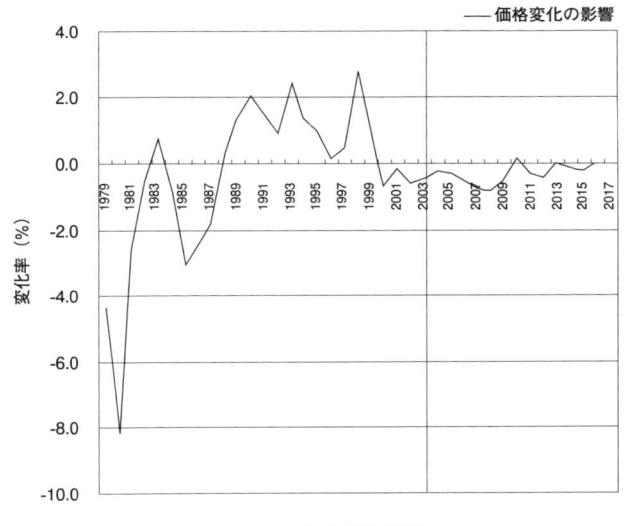

第4章　わが国の温暖化対策とエネルギー需要の価格弾力性　　69

図 4-3　民生業務部門

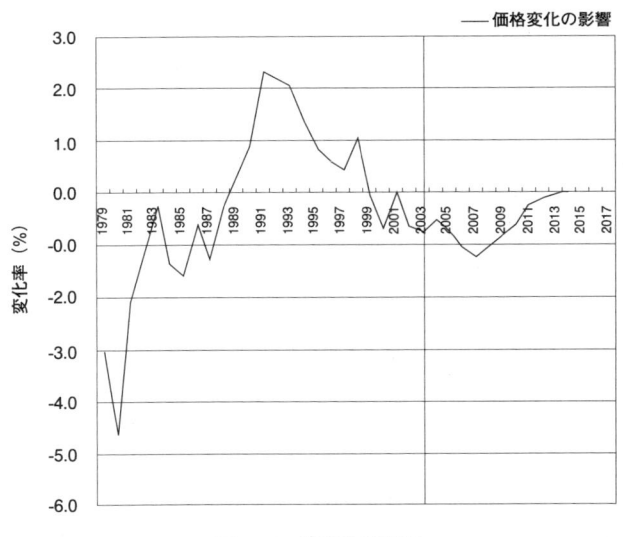

図 4-4　運輸旅客部門

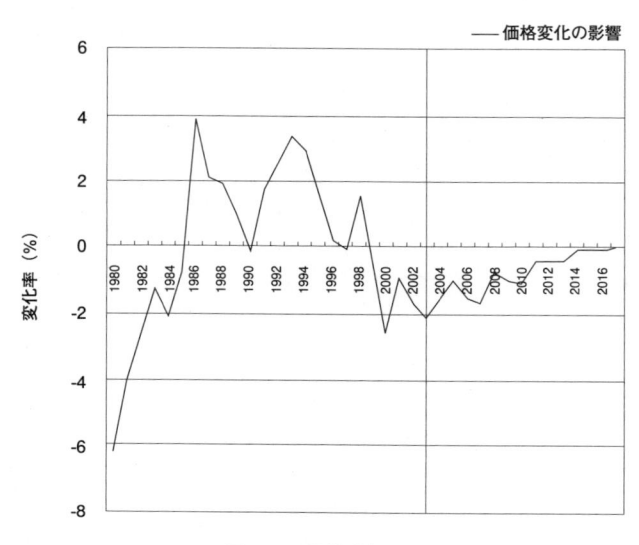

70　第Ⅰ部　地球環境問題と経済社会

図4-5　運輸貨物部門

変化によって今期の消費が前年に比べて何％変化させられているかを図示している。わが国では、オイルショック期の需要減少に注目が集まることが多いが、1986年の石油価格暴落による逆方向への影響もきわめて顕著であることは、もっと知られてもよい。しかし、20世紀末からの石油価格上昇はこの傾向を逆転させた。図4は、エネルギー価格の水準が仮に現在のレベルで安定化したとしても、年々の減少は（民生家庭部門を除き）しばらくは続くであろうことを示唆している。

　最後に、表4は、電力需要の一部とガソリン需要について、同様な推定を試みた結果を示したものである。どちらの需要についても、短期、長期とも価格弾力性は、確かに表3に比べると小さいものといえるが、長期の弾力性は -0.3ないし -0.4の水準にはあり、価格の変化に対して3分の1程度の率での反応は見られることになる。

　なお、わが国での新車の燃料効率の説明要因として、遅れをもったガソリン価格（実質）と1次のタイム・トレンドを含む対数線形の推定式を推

表4　製造業大口電力需要および乗用車のガソリン需要の価格弾力性推定値等

	短期の価格弾力性	長期の価格弾力性	価格変化への反応期間(年)	平均ラグ(年)	活動変数弾力性	推定期間
製造業大口電力需要	−0.056	−0.280	0〜8	1.7	0.543	1978-2003
乗用車のガソリン需要	−0.059	−0.389	0〜12	5.3	0.424	1978-2003

定したところ、遅れをもった実質ガソリン価格の騰落が燃料効率の循環的変動をよく説明しており、弾力性は短期で +0.01、長期で +0.42 となっている（表5参照）。燃料費は、車種や燃費効率の選択に影響を与える重要な要因ではあるが、ガソリン需要の価格弾力性を決定する上でもきわめて大きな役割を担っていることが分かる。

表5　ガソリン乗用車の新車燃料効率と実質ガソリン価格

	短期の価格弾力性	長期の価格弾力性	価格変化への反応期間（年）	平均ラグ(年)	1次のタイム・トレンド	推定期間
新車燃料効率	0.014	0.416	0〜4	1.7	0.014	1979-2003

第4節　温暖化対策への含意

前節で示した価格弾力性の推定値が、わが国の温暖化対策に対してどのような含意をもっているかをもう少し具体的に示すために、炭素1トン当たり4万5,000円の炭素税がわが国のエネルギー部門の最上流に導入され、それがエネルギー価格に転嫁された場合に、わが国のエネルギー消費に伴う二酸化炭素排出量がどの程度影響されるかを、上記の弾力性を用いて概算してみよう。[38]

---

38) この税率は、中央環境審議会総合政策・地球環境合同部会、地球温暖化対策税制専門委員会ワーキンググループ（2003）、第6章で検討された1つのケースである。

72　第Ⅰ部　地球環境問題と経済社会

　価格弾力性の推定に用いられたエネルギー価格が、このような税率の炭素税によってどの程度影響されるかを概略的に把握するために、例えば電力総合単価への影響について考えてみよう。日本エネルギー経済研究所（2005）によれば、2003年における電力部門のCO_2発生量は、1億1,610万トン（炭素換算、以下同様）であったから、炭素1トン当たり4万5,000円の炭素税が課せられれば、炭素税支払額は、5兆2,245億円である。これを同年の発電量1兆939億5,600万kWhで割れば、1kWh当たり4.78円という値が得られる。2003年の電力総合単価は、1kWh当たり16.39円であったから、炭素税の賦課は電力価格を約30％上昇させる計算になる。

　ガソリンについては、どうか。石油製品の炭素排出係数0.7611Mt-C/Mtoe（すなわち、ガソリンの石油換算100万トン当たり、炭素排出量が76万1,100トン）という値を用いると、炭素1トン当たり4万5,000円の税率のときの石油換算100万トン当たりの税支払額は、$3.42×10^{10}$円となる。石油換算100万トンは、熱量換算では10^{13}kcalなので、結局税率は、10^3kcal当たり3.42円となる。2003年のガソリン価格は、10^3kcal当たり11.74円であったから、この場合でも1トン4万5,000円の炭素税の賦課は、ガソリン価格を約30％上昇させることになる。要するに、炭素1トン当たり4万5,000円の炭素税というのは、割り切っていえば、わが国のエネルギー価格を30％高める効果をもっているのである。

　ここで表3の全部門の価格弾力性を適用すれば、30％の価格上昇があるとき、エネルギー最終消費の減少率は、短期的には3％、長期的には14％となる。ここ数年間における各部門の二酸化炭素排出量とエネルギー最終消費量との間にはほぼ比例的関係があるので、二酸化炭素の排出量もほぼ同様な比率で減少すると考えて大きな間違いはないであろう。したがって、1トン当たり4万5,000円の炭素税の効果は、京都議定書の約束達成に何の役にも立たないどころか、大いに貢献するものであるということができる。

　この議論に対しては、おそらくこのような高率の炭素税の導入は現実的でないという反論が出されるであろう。しかし、脚注38の文献では、温暖化対策税の具体的提案である政策パッケージ、すなわち炭素1トン当たり3,400円の低率課税とその税収を巧みに活用した排出削減補助金の組合

せを実施すれば、温暖化対策税率と排出削減補助金率の合計が、ほぼ炭素1トン当たり4万5,000円のもつ経済的インセンティブに等しくなり、したがって高率炭素税のケースと同等の二酸化炭素排出削減がもたらされることが示されている。この結論は、国際的にもよく知られている国立環境研究所のAIMモデル[39]を用いた最適化計算で求められたものであるが、エネルギー消費の価格弾力性に関して筆者がまったく独立に行った推定値を用いて、上記のような概略的な計算を行ってみても、ほぼ同様な結論が得られることが確認される[40]。

　もちろん、高率の炭素税と、低率炭素税プラス高い率の排出削減補助金の組合せとはまったく同じではなく、後者のような政策パッケージが計算どおりの成果をあげるには、低率の炭素税による税収が、国内の排出削減機会に効率的に配分されるメカニズムが必要である。この点では、英国で採用されている排出削減のための財政インセンティブがリバース・オークションという手法を用いて行われていることが参考になる。これは、行政費用を軽減し、排出削減費用の少ない削減主体に補助金が渡るようなメカニズムである。もっとも、効率性を高めるためには、削減量の測定基準となるベースライン設定管理に行政費用がかかるので、両者のバランスをどうとるかを慎重に検討することが重要である。最後に、低率税と排出削減補助金の組み合わせが誤解され、温暖化対策税は財源調達のための手段であり、補助金は目的税であると解されることが多いが、これは提案されている政策パッケージの主旨を正しく理解したものではない。税率は低くてもその価格インセンティブ効果は計算に入っているし、補助金率も価格インセンティブを働かせるためのメカニズムの重要部分であるから、対象ごとに総額を支給する通常の補助金ではなく、排出削減1トン当たりに支払われるマイナスの炭素税なのである。わが国が石油危機を契機に他国に先駆けて厳しい省エネを実施したことが温暖化対策の推進を難しくしていることがよく論じられるが、温暖化対策税と排出削減補助金を組み合わせた

---

39) Kainuma *et al.*（2003）参照。
40) 環境経済・政策学会編（2004）参照。

提案は、きわめて合理的にこのようなわが国の国状に即して考案された政策手段であるから、国内排出取引制度とともにわが国の気候変動対策には不可欠の要素となるべきものである。より少ない費用負担で炭素1トン当たり4万5,000円レベルの炭素税に匹敵する削減効果を上げられるような、優れた代替案が提示されるのでない限り、根拠の乏しい主張によってこの案が否定され、わが国の気候変動対策が失敗に帰するような事態に陥ることは避けなければならない。[41]

【参考文献】

Agras, J. and D. Chapman (1999). "The Kyoto Protocol, CAFE Standards, and Gasoline Taxes," *Contemporary Economic Policy*, Vol. 17, No. 3, pp. 296-308.

A Report by Lord Marshall (1998). "Economic instruments and the business use of energy," November.

Bentzen, J., and T. Engsted (1993). Short- and long-run elasticities in energy demand: A cointegration approach," *Energy Journal*, Vol. 15, pp. 9-16.

Bjørner, Thomas Bue, and Henrik Holm Jensen (2000). "Industrial Energy Demand and the Effect of Taxes, Agreements and Subsidies," AKF Forlaget, September.

Bonneville Power Administration (2003). "Price Elasticity of Demand for Electricity," CR-WA-004A, April.

Center for Clean Air Policy (1998). "US Carbon Emissions Trading: Some Options that Include Downstream Sources."

Graham, Daniel J., and Stephen Glaister (forthcoming). "The demand for automobile fuel: a survey of elasticities," *Journal of Transportation Economics and Policy*, http://www.cts.cv.ic.ac.uk/documents/publications/iccts00007.pdf#search = ' Graham％20and％20Glaister％20The％20demand％20for％20automobile％

---

41) より詳細な議論については、第2章を参照されたい。

20fuel'

Guertin, Chantal, Aubal C. Kumbhakar, and Anantha K. Duraiappah (2003). "Determining Demand for Energy Services: Investigating income-driven behaviours," International Institute for Sustainable Development.

Kainuma, Mikiko, Yuzuru Matsuoka, and Tsuneyuki Morita, eds. (2003). *Climate Policy Assessment: Asia-Pacific Integrated Modeling* (Springer).

OECD (2000) "Behavioral Responses to Environmentally-Related Taxes," COM/ENV/EPOC/DAFFE/CFA(99)111/FINAL, March.

──── (2002) OECD 著，天野明弘監訳，環境省総合環境政策局環境税研究会訳『環境関連税制──その評価と導入戦略』有斐閣．

Prosser, R. D. (1985) "Demand elasticities in OECD: dynamical aspects," *Energy Economics,* Vol. 7, pp. 139-154.

Rouwendal, Jan. (1996). "An Economic Analysis of Fuel Use Per Kilometre by Private Cars," *Journal of Transport Economics and Policy,* Vol. 30, No. 1, January, pp. 3-14.

天野明弘（2003）『環境経済研究──環境と経済の統合に向けて』有斐閣。

──── （2004）「気候変動政策の手法とわが国のとるべき方策」月刊 ESP、11 月号。

──── （2005）「わが国の温暖化対策とエネルギー需要の価格弾力性について」、三田学会雑誌 第 98 巻第 2 号、7 月、35-51 頁。

環境経済・政策学会編（2004）『環境経済・政策学会年報第 9 号』シンポジウム第 I 部。

中央環境審議会総合政策・地球環境合同部会、地球温暖化対策税制専門委員会ワーキンググループ（2003）「温暖化対策税の具体案検討に向けて（報告）」8 月。

日本エネルギー経済研究所（2005）計量分析ユニット編『エネルギー経済統計要覧（2005 年版）』省エネルギーセンター。

日本 LP ガス協会（2004）「環境税等 LP ガスへの新たな課税・増税反対」。

http://www.j-lpgas.gr.jp/requ/h16/zeisei04.html

──── （2003）「『温暖化対策税制の具体的な制度の案──国民による検討・議論のための提案（報告）』に関する意見」11 月。

http://www.j-lpgas.gr.jp/news/04_011/pdf/ondanka.pdf

日本経済団体連合会（2003）『「環境税」の導入に反対する』11 月 18 日。

http://www.keidanren.or.jp/japanese/policy/2003/112.html

http://www.keidanren.or.jp/japanese/journal/CLIP/2003/1209/04.html

和合肇・伴金美（1996）『TSP による経済データの分析（第 2 版）』東京大学出版会。

付録：エネルギー需要の価格弾力性推定結果

1 部門別エネルギー需要の価格弾力性

1.1 産業部門

$$\ln(\text{eind}) = 9.3667 + 0.3871 \ln(\text{gnp}) + 0.8956 \left[\ln(\text{gnp}) - \ln(\text{gnp}(-1))\right]$$
$$(13.3) \qquad\qquad (3.38)$$

$$+ \sum_{i=0,13} c_i \ln(\text{rpwpetav}(-i))$$

i	0	1	2	3	4	5	6
c_i	−0.0539	−0.0912	−0.0774	−0.0315	−0.0119	−0.0446	−0.0631
	(1.69)	(3.25)	(3.68)	(1.45)	(0.57)	(2.38)	(3.33)
i	7	8	9	10	11	12	13
c_i	−0.0395	−0.0113	0.0026	−0.0073	−0.0224	−0.0237	−0.0586
	(2.06)	(0.61)	(0.14)	(0.39)	(1.22)	(1.01)	(2.34)

計　　−0.5338　　平均ラグ　5.1年
　　　(8.85)　　　最大ラグ　13年

推定期間：1978-2003

分布ラグ推定：Shiller法、2次、係数制約なし、平滑性事前情報 0.1
　　　RB2=0.962, SE=0.019, DW=1.79
　　　eind= 産業部門エネルギー最終消費量（10^{10}kcal）
　　　gnp= 実質国民総生産（90年価格10億円）
　　　rpwpetav= 実質石油製品平均卸売物価指数（2000年=100）、
　　　　　　GNPデフレーター（90年=100）で実質化

1.2 民生家庭部門

$$\ln(\text{ehh}) = -0.8287 + 0.9486 \ln(\text{gnp}) + \sum_{i=0,8} c_i \ln(\text{rpenavhh}(-i))$$
$$(39.1)$$

$$+ 0.0002389 \text{ heatdd} + 0.0000649 \text{ cooldd}$$
$$(4.54) \qquad\qquad (1.26)$$

i	0	1	2	3	4	5	6
c_i	−0.2516	−0.0070	0.0448	0.0182	−0.0103	−0.0211	−0.0191
	(4.60)	(0.20)	(1.66)	(0.67)	(0.43)	(1.00)	(0.79)

i	7	8	9	10
c_i	−0.0157	−0.0214	−0.0364	−0.0601
	(0.63)	(0.89)	(1.13)	(1.46)

計	−0.3797	平均ラグ	3.5年
	(5.77)	最大ラグ	10年

推定期間：1978-2003

分布ラグ推定：Shiller法、3次、係数制約なし、平滑性事前情報 0.1

RB2= 0.992, SE= 0.018, DW = 1.68

ehh = 民生家庭部門エネルギー最終消費量（10^{10}kcal）

gnp = 実質国民総生産（90年価格10億円）

rpenavhh = 実質家庭部門エネルギー価格加重平均（円／千kcal）。電力、都市ガス、LPG、灯油のカロリー当り価格を各エネルギー消費量構成比で加重平均し、それをGNPデフレーター（90年＝100）で実質化。消費量のエネルギー源別構成比は、1970年度、1980年度、1990年度、および2003年度の世帯当り消費量構成比の数値を直線補間して使用

heatdd = 都市別暖房度日（全国平均）（度日）14度を下回る日の平均気温と14度との差の合計を全国9地域の人口により加重平均したもの

cooldd ＝ 都市別冷房度日（全国平均）（度日）24度を上回る日の平均気温と22度との差の合計を全国9地域の人口により加重平均したもの

1.3 民生業務部門

$$\ln(\text{ebs}) = -0.9691 + 1.0641 \ln(\text{gnp}(-1)) + \sum_{i=0,12} c_i \ln(\text{rpwenavbs}(-i))$$
    　　　　　(25.7)

i	0	1	2	3	4	5	6
c_i	−0.1439	−0.0169	0.0168	−0.0057	−0.050	−0.0773	−0.0716
	(2.50)	(0.44)	(0.57)	(0.21)	(1.97)	(3.57)	(3.39)
i	7	8	9	10	11	12	
c_i	−0.0472	−0.0217	−0.0042	0.0022	−0.0104	−0.0630	
	(2.21)	(1.00)	(0.18)	(0.09)	(0.31)	(1.39)	

計　　−0.3901　　平均ラグ　4.9年
　　　（5.07）　　最大ラグ　12年

推定期間：1978-2003
分布ラグ推定：Shiller法、3次、係数制約なし、平滑性事前情報 0.1
　　RB2 = 0.984, SE = 0.029, DW = 2.24
　　ebs ＝民生業務部門エネルギー最終消費量（10^{10}kcal）
　　gnp ＝実質国民総生産（90年価格10億円）
　　rpwenavbs ＝実質民生業務門エネルギー卸売物価加重平均（2000年 = 100）。主要3エネルギーの卸売物価指数（電力、都市ガス、石油製品平均物価指数）を電力、ガス、石油の消費量構成比で加重平均し、それをGNPデフレーター（1990年 = 100）で実質化。消費量のエネルギー源別構成比は、1970年度、1980年度、1990年度、および2003年度の業務部門床面積当り消費量構成比の数値を直線補間して使用

1.4 旅客運輸部門

$\ln(\text{eps}) = -3.2606 + 0.4440 \ln(\text{gnp}) + 0.7930 \ln(\text{gnp}(-1))$
                    (1.70)   (3.22)
$\quad + \sum_{i=0,13} c_i \ln(\text{rpwenavps}(-i))$

i	0	1	2	3	4	5	6
c_i	−0.0968	−0.0139	0.0070	−0.0120	−0.0402	−0.0569	−0.0613
	(1.92)	(0.37)	(0.28)	(0.49)	(1.75)	(2.79)	(3.13)
i	7	8	9	0	11	12	13
c_i	−0.0548	−0.0346	−0.0119	−0.0103	−0.0230	−0.0269	0.0007
	(2.80)	(1.75)	(0.61)	(0.048)	(1.06)	(0.83)	(0.18)

計　　−0.4347　　平均ラグ　5.3年
　　　(4.69)　　　最大ラグ　13年

推定期間：1978-2003
分布ラグ推定：Shiller 法、3次、係数制約なし、平滑性事前情報 0.1
　　　RB2 = 0.995, SE = 0.019, DW = 2.05
　　　eps = 旅客運輸部門エネルギー最終消費量（10^{10}kcal）
　　　gnp = 実質国民総生産（90年価格10億円）
　　　rpwenavps = 実質運輸旅客部門エネルギー卸売物価加重平均
　　　　　（2000年＝100）。乗用車、バス、旅客鉄道、旅客海運、旅客
　　　　　航空の各輸送量をウエイトとし、ガソリン、軽油、電力、C
　　　　　重油、およびジェット燃料の卸売物価指数を加重平均して、
　　　　　それを GNP デフレーター（90年＝100）で実質化

1.5 貨物運輸部門

$$\ln(\text{ecg}) = 9.7244 + 0.5291 \ln(\text{iip}) + \sum_{i=0,14} c_i \ln(\text{rpwenavcg}(-i))$$
$$(13.4)$$

i	0	1	2	3	4	5	6
c_i	−0.0965	−0.0367	−0.0178	−0.0268	−0.0334	−0.0218	−0.0185
	(4.17)	(1.85)	(1.12)	(1.68)	(2.12)	(1.36)	(1.21)
i	7	8	9	10	11	12	13
c_i	−0.0325	−0.0215	−0.0088	−0.0218	−0.0104	0.0002	−0.0056
	(2.06)	(1.41)	(0.57)	(1.42)	(0.67)	(0.02)	(0.30)
i	14
c_i	−0.0411
	(2.25)

計　　−0.3931　　平均ラグ　5.0年
　　　(9.00)　　　最大ラグ　14年

推定期間：1979-2003

分布ラグ推定：Shiller法、2次、係数制約なし、平滑性事前情報 0.1
　　RB2 ＝ 0.995, SE ＝ 0.015, DW ＝ 2.34
　　ecg ＝貨物運輸部門エネルギー最終消費量（10^{10}kcal）
　　iip ＝鉱工業生産指数（2000年＝100）
　　rpwenavcg ＝実質運輸貨物部門エネルギー卸売物価加重平均
　　　（2000年＝100）。貨物自動車、貨物鉄道、貨物海運、貨物航空の各輸送量をウエイトとし、軽油、電力、C重油、およびジェット燃料の卸売物価指数を加重平均して、それをGNPデフレーター（90年＝100）で実質化

2　電力需要の価格弾力性

製造業大口電力需要の価格弾力性

$$\ln(\text{delecmf}) = 10.7078 + 0.54299 \ln(\text{iipmf}) + \sum_{i=1,9} c_i \ln(\text{rpelecb}(-i))$$
(12.1)

i	1	2	3	4	5	6	7
c_i	−0.0555	−0.0828	0.0450	−0.0119	−0.0345	−0.0833	−0.0470
	(1.44)	(2.96)	(1.92)	(0.54)	(1.69)	(4.01)	(1.89)

i	8
c_i	0.0798
	(2.79)

　計　　　−0.2800　　　平均ラグ　　1.7年
　　　　　（12.0）　　　最大ラグ　　8年

推定期間：1978-2003

分布ラグ推定：Shiller 法、2次、係数制約なし、平滑性事前情報 0.1
　　　　RB2 = 0.980, SE = 0.015, DW = 1.58
　　　delecmf ＝製造業大口電力需要（100万 kWh）
　　　iipmf ＝製造業生産指数（2000年 = 100）
　　　rpelecb ＝実質電力卸売物価（2000年 = 100）を GNP デフレーター
　　　　（90年 = 100）で実質化

3　ガソリン需要の価格弾力性

3.1　乗用車ガソリン需要の価格弾力性

$$\ln(\text{epsauto}) = -2.1674 + 0.4242\ln(\text{gnp}) + 0.6358\ln(\text{gnp}(-1))$$
$$(1.80) \qquad\qquad (2.77)$$
$$+ \sum_{i=0,12} c_i \ln(\text{rpgasl}(-i))$$

i	0	1	2	3	4	5	6
c_i	−0.0592	−0.0197	0.0008	−0.0161	−0.0430	−0.0621	−0.0635
	(1.28)	(0.60)	(0.03)	(0.61)	(1.62)	(2.64)	(2.74)
i	7	8	9	10	11	12	
c_i	−0.0498	−0.0255	0.0026	−0.0028	−0.0255	−0.0252	
	(2.15)	(1.14)	(0.11)	(0.12)	(0.90)	(0.64)	

計　　−0.389　　　平均ラグ　5.3年
　　　(5.71)　　　最大ラグ　12年

推定期間：1978-2003

分布ラグ推定：Shiller 法、2次、係数制約なし、平滑性事前情報 0.1
　　RB2 = 0.997, SE = 0.017, DW = 2.20
　　epsauto ＝乗用車エネルギー最終消費量（10^{10}kcal）
　　gnp ＝実質国民総生産（90年価格10億円）
　　rpgasl ＝実質ガソリン・カロリー当り価格（円／千 kcal）を
　　　　GNP デフレーター（90年 = 100）で実質化

3.2 ガソリン乗用車の新車燃費効率

$$\ln(\text{vfenew}) = 1.1948 + \sum_{i=0,5} c_i \ln(\text{rpgasl}(-i)) + 0.0135\,\text{time}$$

$$(11.8)$$

i	0	1	2	3	4
c_i	0.0139	0.0230	0.0883	0.1065	−0.0095
	(0.35)	(0.77)	(3.28)	(2.68)	(0.26)
計	0.416		平均ラグ	1.7年	
	(11.6)		最大ラグ	5年	

推定期間：1979-2003

分布ラグ推定：Shiller 法、3次、係数制約なし、平滑性事前情報 0.1
　　RB2 ＝ 0.884, SE ＝ 0.019, DW ＝ 1.56
　　vfenew ＝ ガソリン乗用車平均燃費効率（新車）（km／L）
　　rpgasl ＝実質ガソリン・カロリー当り価格（円／千kcal）を
　　　　GNP デフレーター（90年＝100）で実質化
　　time ＝ 1次のタイム・トレンド

第5章
気候変動とわが国の政策[42]

第1節　序論

　IPCC（気候変動に関する政府間パネル）が検討を進めていた第4次評価報告書の最終案が3つの作業部会において承認され、2007年になって政策担当者向けの要約が公表された。[43]きわめて高い信頼度をもって人間活動による正味の影響が温暖化の方向に向かっていることが、今回の評価で始めて明言されたことが特筆に値する。また、6つのシナリオにおける前世紀末から今世紀末にかけての気温上昇幅は、1.8℃から4.0℃の範囲にあると予想されている（IPCC（2007a））。このような変化がもたらす影響に関する科学的評価の結果、気温上昇や海面上昇により、深刻な水不足（数億人に影響）、生態系の崩壊、食糧不足（特に穀類）、沿岸域の土地喪失、感染率・罹病率・死亡率の増大などが長期的にますます深刻化するということが明らかになった。

　さらに、グリーンランドおよび南極大陸西部の氷床の融解や熱塩循環[44]の

---

　　42)　本章は、2007年6月9日に東北大学で行なわれた日本公共政策学会2007年度研究大会での報告に基づいて書かれたものである。
　　43)　政策担当者向けの要約は、第1作業部会が2月5日に、第2作業部会が4月13日に、そして第3作業部会が5月4日に公表した。評価報告書の本文については、本章執筆段階では、まだ第1作業部会のものが暫定的に公表されているだけである。
　　44)　Meridional Overturning Circulation。直訳すれば「海流沈降南北循環」。大西洋北部で海流の沈降が始まり、海洋の上層と下層を巡って地球規模で循環する巨大海流で、アマゾン河の100倍の流量をもつ。海水温度と塩分含有量による海水の比重の差により循環が生じる。

減速等の大規模かつ不可逆的な影響が生じる可能性についても述べられている。

　第4次評価報告書の全容はまだ明らかではないが、第1次以来の評価報告書の流れを見れば、地球温暖化の科学の進歩により、一人一人の人間活動の集積がもたらす巨大な環境影響の全貌が時とともに明らかになり、その長期的影響の深刻さはきわめて明瞭であって、次の第5次評価の際には果たしてそのような環境破壊を緩和する方向へ人間活動が向かっているという報告が見られるのだろうかという懸念を抑え得ない。

　以下、次節では気候変動の経済学的側面の重要性を世界に自覚させたともいえるスターン報告書について、主として割引率の考え方が見直される理由を中心に考察する。第3節では、わが国における温暖化対策で経済的手法が活躍の場を持てないでいる現状について述べ、2成分手法（Two-part instrument）の政策論を応用した打開策を考察する。最後に第4節では、炭素の社会的費用の長期的推移を見通す努力を基礎に、温暖化対策の必要性を数量的に国内・国際社会が共有することを通じて、具体的かつ予見的にすべての人々が温室効果ガス排出削減・吸収増大に取り組む必要性について考える。

第2節　スターン報告書と社会的割引率

　IPCCの第4次評価報告書に先立ち、英国政府が2006年10月末に発表した「スターン報告書——気候変動の経済学」（HM Treasury (2006)）では、温暖化の地球科学的評価を出発点とした経済学的分析により、気候の変化に対する政策の1つの方向が示されている。600ページを超える本報告書の内容は豊富かつ示唆に富むものであるが、気候変化への政策対応において、科学的評価に基づく長期的視点をベースとしながら、これまでわれわれが経験しなかったような超長期的かつグローバルな環境問題に対する政策決定に際して、近年の理論的展開も取り入れながら経済学的思考の重要性を真正面から主張した点をここでは評価したい。これは、環境問題に係

る人間の社会経済的活動の動機とその行動の結果を必ずしも十分に考慮することなく、直接的な温室効果発生原因の部分に対する法的・工学的・技術的対応を政策の主たる対象とするか、または精神論的な訴求によって人々の行動を変えようとする政策を主たる内容としてきたわが国の環境政策にもっとも欠けている側面だからである。わが国における環境政策上の経済的手法の位置づけについては、後に改めて論じることとし、ここではスターン報告書が国際的な反響を呼んだ1つの大きな理由となった社会的割引率についてのコメントを述べておきたい。

まず、社会的厚生関数を用いて異時点間の割引率を議論する際の動学的最適化の枠組みについて、基本的な考察をしておこう。以下の議論は、基本的にはラムゼイの議論（Ramsey (1928)）を出発点として、それに気候変動問題を単純な形で導入したモデルを用いて行なわれる。[45]

考察期間を通じた社会的総効用をW、各時点における財の消費量をC、その時点の環境がもたらすサービスをB、効用関数をU(C, B)、効用の割引率（純粋の時差選好率）をρ、時間をtで表すと、社会的厚生水準は

(1) $W = \int U(C, B) e^{-\rho t} dt$

と表される。効用水準Uは、CおよびBの増加関数と仮定する。

財の生産量をQ、資本ストックをK、環境汚染ストック（大気中の温室効果ガス濃度）をAとし、財の生産量は資本量Kの増加関数、環境汚染ストックAの減少関数と仮定する。

(2) $Q = F(K, A)$

また、環境サービスの量は、環境保全ストックNの増加関数、環境汚染ストックAの減少関数と仮定する。

(3) $B = G(N, A)$

なお、関数FおよびGにおいて、簡略化のために必要労働量は一定と仮定し、表示しないものとする。また、生産技術の進歩は簡単化のために捨象する。

環境汚染物質の排出は、財の生産から生じるものとし、各時点の排出量

---

45) Amano (1998) も参照されたい。

Eは、財の生産量Qの増加関数、汚染緩和支出Mの減少関数とする。

(4)　E = E (Q, M)

生産された財は、消費（C）、資本ストックへの投資（I）、環境保全ストックへの投資（J）、および汚染緩和支出（M）に用いられるものとし、その需給均衡条件を

(5)　Q = C+I+J+M

で表す。

状態変数K、N、Aの動学は、

(6)　$dK/dt = I - \delta K$

(7)　$dN/dt = J - \theta N$

(8)　$dA/dt = E - \omega A$

で表される。ただし、δは生産資本の減耗率、θは環境保全ストックの減耗率、そしてωは汚染ストックの自然的減少率である。

以上の体系をまとめると、

(9)　$C = F(K, A) - I - J - M$

(10)　$B = G(N, A)$

(11)　$dK/dt = I - \delta K$

(12)　$dN/dt = J - \theta N$

(13)　$dA/dt = E(F(K, A), M) - \omega A$

であるから、経常ハミルトニアンは、

(14)　$H(I, J, M, K, N, A; \mu, \nu, \lambda)$
　　$= U(F(K, A) - I - J - M, G(N, A)) + \mu(I - \delta K) + \nu(J - \theta N)$
　　$+ \lambda[E(F(K, A), M) - \omega A]$

と書ける。μは資本ストック（ならびに消費を含む財一般）の潜在価格、νは環境保全ストックの潜在価格、そしてλは汚染ストックの潜在価格[46]を表すと考えることができる。

最適化の第1次条件として、$\partial H/\partial I = 0, \partial H/\partial J = 0, \partial H/\partial M = 0,$ より、それぞれ

---

46) 汚染ストックは、「グッズ」ではなく「バッズ」であるから、潜在価格はマイナスである。

(15)　$\mu = U_C$

(16)　$\nu = U_C$

(17)　$\lambda = U_C/E_M$

である。[47]

随伴変数（潜在価格）の動学は、

(18)　$d\mu/dt - \rho\mu = -H_K = -[U_C F_K - \mu\delta + \lambda E_Q F_K]$

(19)　$d\nu/dt - \rho\nu = -H_N = -[U_B G_N - \nu\theta]$

(20)　$d\lambda/dt - \rho\lambda = -H_A = -[U_C F_A + U_B G_A + \lambda E_Q F_A - \lambda\omega]$

で与えられるが、(15)–(17)を考慮すれば、これらは

(18')　$\rho = [F_K(1-\beta) - \delta] + (d\mu/dt)/\mu$　　（ただし、$\beta = -E_Q/E_M$）

(19')　$\rho = [(U_B/U_C)G_N - \theta] + (d\nu/dt)/\nu$

(20')　$\rho = [(E_Q + E_M)F_A + (U_B/U_C)E_M G_A - \omega] + (d\lambda/dt)/\lambda$

と表される。これらはいずれも、最適成長過程において、効用表示の価格で評価したストック変数の評価額の自己増殖率（右辺：実質量増加率プラス潜在価格上昇率）が効用割引率（左辺）に等しくなることを意味している。

以上で、社会的厚生関数を用いた動学的最適化の下での割引率について議論する枠組みができた。

2.1　Nordhaus (1994) の議論とその問題点

いま、生産による汚染がない（E_Q がゼロである）場合を仮定すると、(18')より

(21)　$(d\mu/dt)/\mu - (\rho + \delta) = -F_K$

であり、また社会的効用の評価で環境汚染を考慮する必要がない場合には、(15)より

(22)　$d\mu/dt = \mu(U_{CC}/U_C)(dC/dt)$

であるから、消費の限界効用の消費量に関する弾力性を $\eta(= -(U_{CC}/U_C)C)$、消費量の成長率を $g(= (dC/dt)/C)$ とすれば、

(22')　$(d\mu/dt)/\mu = \eta g$

---

47)　ただし $U_C = \partial U/\partial C$ のように、下添え字で偏微係数を表す。

と表せる。したがって、(21) と (22') から

(23) $\rho + \eta g = F_K - \delta$

という、ラムゼイ方程式としてよく知られている関係が得られる（Ramsey (1928)）。

(23) 式の右辺は、資本減耗を控除した資本の純限界生産性、つまり経済活動の時間的割引などに通常に用いられる実質利子率であり、左辺は純粋の時差選好率である異時点間の効用割引率（ρ）と消費量が成長する場合の限界効用の低減を考慮して現在の消費と将来の消費を等価にするための割引部分（ηg）との合計である。最適性の条件は、このように貯蓄が生み出す資本蓄積によってもたらされる生産の純増加（右辺）と、消費をあきらめることによる現在時点での価値の減少（左辺）とのバランスを求めているのである。

ノードハウスは、ρ は観察可能ではないが、残りの値は観察できるとし、資本の純生産性（実際には安全資産の実質利子率）を6％、消費の長期的成長率の推定値を3％、限界効用の消費量に関する弾力性の絶対値を1.0として、(23) から ρ を約3％と考えたのである。

これは、純粋の時差選好率がどの程度の大きさであるかを前提として消費の効用を異時点間で割り引くかについての1つの考え方を示したものであるが、その前提には市場利子率で経済価値の異時点間評価を行なうべきであるという考え方があることに注意する必要がある。というのは、個々人の異時点間の評価の場合にこのような方法を用いて純粋の時差選好率を推定することについて、それほど大きな問題はないとしても、何十、何百世代にもまたがる社会的厚生を考える際に、このようにして推定した時差選好率の大きさで将来の消費の社会的厚生を割り引くことには、倫理的な問題があるからである。個人について時差選好があるということと、異なる世代に属する個人の効用を時点が異なるからという理由だけで割り引いて考えることとは別の問題である。スターン報告書ではこの点を明示的に論じ、[48]ノードハウスとは別の前提で割引率を設定している点に注目する必要がある。ノードハウスは、現世代の市場で成立している実質利子率と民間消費行動から推定される数値で後世代の効用を割り引くべきであるとい

う価値判断に立って効用割引率の値を推定しているのに対して、スターン報告書では異世代の効用を時間的な前後関係にあるという理由だけで差別をつけるべきでないという倫理的前提と、人類が絶滅する確率に関する前提という2つの根拠から0.1％という数値を用いて世代間の効用の割引を行っている。(なお、スターン報告書では消費の限界効用の消費水準に対する弾力性を1.0、消費量の平均成長率を1.3％と想定しているので、消費に適用される割引率は、1.4％である。)どちらも価値ないし倫理に関する前提を設けているのであって、その前提のどちらを適切と考えるかは議論すべきことである。前者が倫理的問題を含まず、後者だけが倫理的問題を含むから客観性を欠き、適当ではないという議論が多く見受けられるが、これは正当な比較とはいえない。公共的な枯渇資源の管理に際して、民間活動で行われる選択のみに基づいて社会的に最適な状況が管理できるという結論が正しくない場合は以下に例を挙げるような場合を含め、多く存在するからである。

2.2 市場利子率で割り引くことの問題点 (1)

上記の議論では、汚染蓄積が生産に及ぼす悪影響は考慮されていなかった。地球温暖化問題のようなグローバルな外部性・公共性を伴った問題を扱う際には、このような議論は妥当なものとはいえない。生産の外部効果を考慮すると、(21)ではなく、(18)ないし(18')式の $(d\mu/dt)/\mu-\rho=F_K(1-\beta)-\delta$ を使わねばならない。この場合、ラムゼイ方程式(23)は、

(23') $\rho + \eta g = F_K(1-\beta) - \delta$

と変更される。いうまでもなく、マイナスの外部効果を考慮すると、資本の社会的限界生産性はそれを控除したものでなければならないが、汚染者支払い原則が完全に市場原理に組み込まれていない現状では、資本の社会的生産力は外部効果を考慮していない市場の実質利子率 F_K に $(1-\beta)$ を乗じたものを用いなければならないのである。この点はワイツマンが明確に

---

48) IPCC の第3作業部会による第2次評価報告書 (Bruce *et al.* (1996)) 以来、温暖化問題に適用されるべき社会的割引率に関する多くの研究がなされている。たとえば、Dasgupta *et al.* (2000), OXERA (2002), Pearce *et al.* (2003), Schumacher (2005), Heal (2005, 2006), Hepburn (2006) などのレビューを参照。

定式化しているが (Weitzman (1994)) このような指摘は、一般的な割引率の議論では無視されることが多いようである。

ワイツマンは、E/Q = g(M/Q) のような関数を想定して議論しており、$\varepsilon = -(g'/g)/(M/Q)$ というパラメータを用いている。かれは、米国において ε がほぼ1と0.5の範囲にあると論じている。われわれの記号では、$\beta = (M/Q)(1 + 1/\varepsilon)$ と表されるので、かりに長期的な緩和支出が国内総生産の5%であるとすれば、β は0.10から0.15の範囲にある。この場合には、ノードハウスのいう3%という値は、2.1%から2.4%の範囲まで引き下げられねばならない。いずれにせよ、ノードハウスの計算方法では、市場利子率は時差選好率推定値の上限値の枠を決めるのであって、外部効果や緩和政策の低い有効性などを考慮すれば、市場利子率から時差選好率を推定する場合には、それよりも低い値を用いなければならないのである。[49]

2.3 市場利子率で割り引くことの問題点 (2)

上記の議論では、環境汚染（温暖化）が効用に直接影響する部分は含まれていなかった。それを含めるとどうなるか。[50] この場合には、(22) 式は

(22') $d\mu/dt = \mu(U_{CC}/U_C)(dC/dt) + \mu(U_{CB}/U_C)(dB/dt)$

となる。消費の限界効用は高い環境サービスの消費水準の下では高まると考えられることから、消費の限界効用の環境サービス消費水準に関する弾力性を $\zeta(= (\mu/B)(U_{CB}/U_C) > 0)$ と想定すれば、(22) 式は

(22'') $(d\mu/dt)/\mu = -\eta g + \zeta b$ （ただし、b=(dB/dt)/B）

となる。そして、この関係を用いて (23) 式を導きなおすと

(23'') $\rho + \eta g - \zeta b = F_K(1 - \beta) - \delta$

---

49) なお、ノードハウスはDICEモデルの改訂版において、社会的時差選好率の初期値を3%とし、そこから社会的時差選好率を一定の低減率で経時的に漸減させるという方式を用いている。Nordhaus and Boyer (2000), pp.15-16 参照。そこでは、社会的に見た impatience（我慢のなさ）が趨勢的に低くなるという仮定により、初期値である1995年の効用割引率を年率3%とし、2100年までに同2.3%まで、また2200年までに同1.8%まで一定率で低減するものと仮定している。この方法では、(23) 式は用いられないので、社会的時差選好率そのものを仮定により（倫理的に？）決めていることになる。

50) 同様の議論については、Heal (2006), Hoel and Sterner (2006) 参照。

が得られる。したがって、汚染ストックの上昇により環境サービスの消費量が低下し続ける状況（b＜0）の下では、他のパラメーターの値から最適経路における社会的時差選好率（ρ）の値を推定しようとすれば、それは民間市場で成立している実質利子率よりもさらに低いものと考えなければならないはずである。これもまた、生産活動が消費水準に対してもつ外部性を正当に考慮すれば、仮に民間経済主体の行動パラメーターから社会的時差選好率を推定するという考え方を選ぶにせよ、そこから決定される値はノードハウスの主張する水準を下まわるものと考えるべき重要な理由があるといえる。

2.4 割引率をめぐるその他の問題について

スターン報告書では、割引率をめぐるその他の議論が数多く紹介されており、これらの点はIPCCの第3作業部会による第4次評価報告書の中でも十分に取り上げてその政策的意義を明らかにすることが期待される部分である[51]。それらはいずれも地球温暖化問題の諸特徴に密接に関連し、かつこれまでの統合評価モデリングの作業では必ずしも一般的に取り入れられているとは限らないものである。重要な論点としては、

(1) 消費を割り引く際の重要な要素として、純粋の時差選好率、消費の限界効用の消費量に対する弾力性、消費の成長率の3つがあること（これは従来からもよく知られている）

(2) 割引率は、割引要素（discount factor）の時間的な減少率として定義され、割引要素が異時点間の相対価格に相当すること（同上）

(3) 割引率を構成する要素のうち、幾世代にもまたがるような長期に関する純粋の時差選好率は個人的な顕示選好を通じて観察されるものではなく、倫理的判断によって適切な水準が選ばれるべきもの

---

51) 第3作業部会の政策担当者向け要約（IPCC (2700b), p.9）では、潜在的緩和能力を評価するにあたって、民間の費用と民間の割引率に基づき既存の政策手段や障害の除去により市場の効率性が改善される場合に予想される市場潜在力と、社会的費用・便益と社会的割引率（これは民間で用いられているものより低い）を考慮して、適切な新規かつ追加的な政策手段の導入によって障害の除去と社会的費用・便益を含める場合に達成できる経済的潜在力を明別して論じているので、報告書本文ではより詳細な検討結果が見出せるであろう。

あること
  (4)　ただし、(3)の考慮とは別に、もし社会全体が消滅する確率がゼロでなければ、遠い将来から先を社会的評価の考慮外とする根拠はあること
  (5)　社会的な時差選好率をどう選択するかの判断にとって重要な要因として、世代間の不平等の程度、不確実性への考慮、急激かつ大規模な変化の可能性などがあること

等が挙げられる。

　用いられている割引率の値が適切かどうかは、その適否をもっぱら数値の高さだけで論評したり、多くの研究者に用いられているからという理由だけで否定や肯定を行ったりするにはあまりにも重要な問題点であって、合理的根拠に基づいた判断がなされねばならない問題である。少なくともスターン報告書では最近の議論の展開を踏まえた根拠に基づいて社会的時差選好率ならびに消費割引率の構成要因の選択がなされていることは大きく評価される。したがって、それを含む気候政策の費用便益分析の結果は、気候変化に関する最新の科学的知見とともに重要な知見の1つとして今後の政策的意思決定に反映されるべきものというべきであろう。

　その意味で、スターン報告書における費用便益分析に対して、わが国の温暖化問題の専門家の一部からとくに割引率と政策分析に関する基本的部分で無理解に基づくと思われるコメントが発表されているのは残念である（国立環境研究所（2007）参照）。

　第1に、温暖化問題のように超長期にわたる費用便益分析において割引率をどのように考えるべきかについては、上記のコメントで参考として再掲されているIPCCの第2次評価報告書（12年前に書かれたもの）の議論以降、多くの点で新しい知見が展開されており、スターン報告書にはそれらの論点も取り入れられている。英国政府や米国政府などのように、国内の公共政策の評価に当たって公共事業の費用便益分析を行う際に用いるべき割引率の高さを、このような経済学的知見の進展にあわせて変更してきている国もある。割引率の設定に関する論点として掲げられている疑問は、こういった新展開に対する無理解によるものが多く、スターン報告書の中で十

分に説明されているものさえ少なくない。

　第2に、スターン報告書は、気候変動問題に対処するための政策に関する費用便益分析を行っているにもかかわらず、費用は費用、便益は便益の問題として個々に批判を行っている。影響の分析と対策の分析に別々の割引率を適用する必要性を主張するとか、「あわてて対策をするよりも、じっくり準備を行った後に本格的に取り組むほうが、対策コストが安くなるという主張」を引用して、その場合の便益がどうなるかを無視するといった議論がそれである。

　最後に、『Stern Review では、これらのことに関する論点を、ある程度は考慮するものの、それらの帰結として十分な確度を持って「早期対策の優位性」を誘導しているわけではない。いくらかの恣意性を持ちながらも、しかし早期対策の有利性を広範な立場から推測させるにとどまっている。』（13ページ）と述べているが、このような主張の根拠は明らかでない。この結論を論拠づけるためには、各論点について相当量の論考が必要であると思われる。それが欠けている以上、これは独断と判定せざるを得ない主張であって、コメントとしてふさわしいものではない。割引率や費用便益分析などは国立環境研究所の AIM においてもそれなりの根拠に基づいて分析が行われているはずであるから、それらがスターン報告書とどう異なるのか、その理由は何かなどを論じてコメントすべき事柄であろう。

第3節　温暖化対策の経済的手法

　温暖化対策として用いられる経済的手法には多くのものがあるが、その中心は、環境負荷活動への課税、環境負荷低減活動への補助金、および環境負荷に対する許可証取引制度の3つである。とくに、二酸化炭素排出に税（課徴金を含む）を賦課する炭素税と、温室効果ガス排出枠の取引制度が

---

52)　影響、目標値、対策コスト等に内在的な不確実性があること、CO_2 換算 500-550ppm に安定化しても避けられない被害や適応コストがあることなど。

基本的手法といえる。それらが中心的手法と考えられる最大の理由は、環境負荷物質の排出がもたらす環境破壊が社会全体に損害を与え、経済的な費用の負担をもたらすにも関わらず、その排出主体がそれを負わないという費用の外部性（市場の失敗）を修正し、排出主体に費用削減（したがって環境負荷削減）を自発的に行なわせ、かつ限界単位あたりの排出削減費用が排出主体間で共通化することから、社会全体としての負荷削減費用を最小化しながら環境負荷の低減が実施できるからである。

先進諸国では米国が硫黄酸化物による大気汚染に対して最初に排出取引制度を導入し、欧州諸国は主として環境税を活用するといったように、経済的手法への対応には歴史的違いがあったが、最近ではEUが温暖化対策として欧州排出取引制度を発展させるなど、環境政策手法として取引制度は一般化・グローバル化しつつある。

しかし、欧米先進諸国と対照的に、わが国では中央政府が温暖化対策の経済的手法として税・課徴金や排出取引制度を使うことはほとんどない。それどころか、1993年に成立した環境基本法では、環境の保全上の支障を防止するための経済的措置の中で経済的負担を課するような措置については、「これに係る措置を講じた場合における環境の保全上の支障の防止に係る効果、我が国の経済に与える影響等を適切に調査し及び研究するとともに、その措置を講ずる必要がある場合には、その措置に係る施策を活用して環境の保全上の支障を防止することについて国民の理解と協力を得るように努めるものとする。この場合において、その措置が地球環境保全のための施策に係るものであるときは、その効果が適切に確保されるようにするため、国際的な連携に配慮するものとする。」と定めている（第22条第2項）。同じ経済的措置でも、助成策については同条第1項で「……環境への負荷の低減のための施設の整備その他の適切な措置をとることを助長することにより環境の保全上の支障を防止するため、その負荷活動を行う者にその者の経済的な状況等を勘案しつつ必要かつ適正な経済的な助成を行うために必要な措置を講ずるように努めるものとする。」と国に努力義務を課しているのと対照的である。先進諸国では、むしろ環境政策に補助金を使うことにきわめて神経質であるのに対して、環境基本法の中で税・

課徴金や排出取引制度の採択に厳しい条件を課してその活用を行い難くしているような例は少ないと思われる。むしろ最近のように、先進諸国や発展途上国も含めて温暖化対策に経済的手法を活用するのが盛んであることにかんがみれば、「国際的な連携に配慮して」わが国でもそれらの措置の導入を促進すべき状況にあるといわねばならないのではないか。

環境政策の推進に関する環境税の位置づけに関してわが国と対照的な方針をとっている英国大蔵省の考え方については、当時の Gordon Brown 大蔵大臣が次のように述べている（HM Treasury（2002））。

> 政府として、われわれは子供たちや将来の世代のために環境を保護する義務を負っている。そのため、気候変動、大気の質の改善、市街地区の再生、ならびに田園地帯や自然資源の保護に取り組むため、過去5年間にわたって厳しい長期戦略を実施してきた。……
> 大蔵省は、1997年に環境税に関する決意声明を発表し[53]、税制が環境に関する諸目的達成に貢献できる役割について述べた。よく設計された環境税その他の経済的手法は、さまざまな価格が——「汚染者支払い原則」に従って——環境費用を反映することを確実にし、それにより環境を破壊する行為を阻止するのに重要な役割を果たすことができる。例えば、気候変動税や砂礫税は、環境保全に関する強いシグナルを送っている。

英国政府は京都議定書により設定された削減目標よりはるかに高い国内目標を設定し、その達成に向けて経済的手法を活用する方向で環境税や国内排出取引制度、EU 排出取引制度などで先導的な役割を果たしている。先に述べたスターン報告書は、より長期を見通した際に高い確度で予想さ

---

[53]　「環境税もよき課税としての一般的テストに合格しなければならない。よく設計されていること、望ましくない副作用をもたらさずに目的を達成すること、遵守のための死加重損失を最小限に抑えること、分配面への影響を受入可能なものにすること、国際競争力への含意に配慮することなどがそれである。環境税がこれらのテストに合格する場合には、政府はそれを用いる。」HM Treasury（1997）。

れる温暖化の大きな被害を避けるための方策に根拠を与えようとしたものである。

ひるがえって、わが国の温暖化に対する政府の取組みは、政策手法の裏づけという点で十分な基盤を備えているとはいい難い。京都議定書の目標達成もさることながら、中長期的な削減必要性の認識と、それに対するわが国独自の対策の立案とが平行して進んでいるようには見えないのである。

例えば、2年前（2005年5月）の中央環境審議会地球環境部会の気候変動に関する国際戦略専門委員会の報告の要旨は、おおよそ次のようなものであった（中環審 気候変動に関する国際戦略専門委員会（2005））。

第1に、気温上昇幅が2-3℃になると地球規模で悪影響が顕在化する。2℃以下に抑制することが悪影響顕在化の未然防止になる。

第2に、気温上昇の抑制幅を2℃とする考え方は、長期目標の現段階での検討の出発点となりうる。

第3に、長期目標の設定に関する国内での議論を進展させ、国際社会の合意形成にわが国が主導的な役割を果たすことが期待される。

第4に、気温上昇幅を2℃以下に抑制するためには、温室効果ガス濃度の550ppmでの安定化では十分とはいえず、AIMモデルによる試算では、475ppmの水準が必要とされた。

第5に、今後の課題は、科学的知見の充実による長期目標の更なる検討、気候変動の影響に対するリスク管理手法の開発、緊密化した世界経済の中での影響の解明等である。

専門委員会の役割が国際戦略の検討であるため、国内政策への言及がないのは止むを得ない面があるが、これだけ重要な問題を扱った専門委員会の報告を受けながら、それに引き続いて上位の委員会等において国内外における目標達成戦略に関する議論が伴っていないのは理解に苦しむところである。

もっとも、最近になって環境省に深く関連した注目すべき研究の成果が公表された。日英共同研究の成果の一部であり、2050年を目標年次として温室効果ガス排出量を70％削減している低炭素社会をわが国の長期目

標として設定し、需要面、技術面、費用面からそのような社会像の実現性があることを検証したものがそれである（2005日本低炭素社会プロジェクトチーム（2007））。この研究は、ある意味で前述の委員会報告の延長線上にあるが、2050年に温室効果ガス排出量の70％を削減できている低炭素社会像を描いて、それを実現する技術的・社会的可能性をバックキャスト型シナリオ分析により示し、かつそれに必要な削減費用の評価を試みたものである。

　この研究では、温暖化対策としてではなく、安全・安心、住みやすさ・移動の容易さ、国際競争力の強化等、経済社会においていずれにしても実施されると思われるインフラ投資等による温室効果ガスの排出削減効果は含めず、低炭素社会実現をとくに目的として行われる需要面の対策、技術面の対策として確実性の低くないメニューの中からダイナミックに最適な経路を選択する形で、目的とする温室効果ガスの排出削減が実現できることが示されている。ちなみに、検討された2つのシナリオにおける温室効果ガス排出削減の平均費用は、炭素トン当り24,000-33,400円と20,700-34,700円であった。

　この研究の特徴は、与えられた技術的・社会的条件の中で動学的に最適な（経済的にロスが最も小さい）経路を算出して、目標に到達できることを示している点である。アダム・スミスではないが、まさに見えざる神の手が働き、人々の活動の集積がこのような最適経路の選択に結実するという前提があって実現されるものである。自由経済社会の信奉者は、競争的市場社会がそのような能力を備えていると考えているが、地球温暖化のようなグローバルな市場の失敗が問題の場合は、いわば「市場神」の手の足りない部分を補う人智が必要とされ、それが環境政策における経済的手法の必要なそもそもの理由なのである。次に述べる手法もその1つである。

2成分手法（Two-part instrument）の応用

　わが国で温暖化対策に経済的手法を導入する際の1つの問題点は、温室効果ガス（とりわけ二酸化炭素）の排出削減のために必要とされる費用が国際的に見てきわめて高いと思われることである。これは、わが国のエネルギー資源の乏しさとそれからくる社会的脆弱性を理由として、他の諸国に

比べて産業の省エネルギー化が著しく強化されてきたことに起因する。

　例えば、2007年4月末の欧州気候取引所における2008年12月もののEUA（欧州排出枠）の価格はCO_2トン当り18ユーロ（約2,900円）であった。このような状況で、これよりはるかに高い炭素税をわが国に導入するのに社会的合意を得るのは、かなり難しいことといえよう。大気汚染物質（二酸化炭素もある意味で大気汚染物質である）を排出する事業者に排出削減のインセンティブを与える方法としてこれまでからよく用いられてきた手法に補助金や助成金などの優遇手段がある。しかし、従来型の補助金は、いわゆる「汚染者支払い原則」と合致しないばかりか、有益な資源の無駄遣いを助長することが多かったため、OECDなどでは削減・撤廃の対象とされている。しかし、必ずしもすべての補助金がそうであるとは限らず、2成分手法（2つの成分を持った政策手法）の政策論が示すように[54]、環境負荷活動単位当りに賦課される環境税と同じ方式で環境負荷活動削減単位当りに支給される環境補助金は、補助金率の設定とその支給が適切に管理されるのであれば、従来型の補助金とは異なり、環境税と組み合わせることによって効率的な環境保全活動を誘引できる可能性をもった政策手法となる。

　一般に、企業は生産活動に伴って汚染物質を排出するが、自らの費用で資源を使ってその排出量を削減することができる。これに対して、排出行為に何の制約も課せられなければ進んで削減のために資源を用いることはない。しかし、そのような状況で汚染物質が排出された場合、社会が何らかの費用を負担せざるを得ないことにかんがみ、政府は排出抑制を目的として排出量1単位にある率の税を課す政策をとることができる。環境税がそれである。環境税が課せられると、企業は排出削減に必要な資源利用の費用を費用計算に含めて利潤最大化を行う。一方、政府は企業の経常的な排出量にベースラインを設定し、企業がそれ以下に排出量を削減した場合には、その削減量1単位に対してある率の補助金を支給することができる。企業は、環境税の支払額と同様に排出削減補助金の受取額を利益計算に含め、利潤最大化を行って生産量、排出量等を決定する。

---

[54]　例えば、Fullerton and Wolverton（2000, 2005）、Bennear and Stavins（2007）などを参照。

以上のような排出税（つまり環境税）と排出削減補助金（マイナスの環境税）は、いずれも従量税、従量補助金であるため、その率が同じであれば企業の利潤計算に入る大きさは同額となるため、両者が同率である限りいずれに対しても企業は同じ反応をするはずである。この点は、先に述べた2成分手法という政策パッケージ論にならって、簡単な理論モデルを用いて確認することができる。

いま、消費者の数を n、生産者の数を k、第 i 消費者の効用関数を $u_i = u_i(c_i, h_i, E)$、第 j 生産者の生産関数を $x_j = x_j(m_j)$ とする。ここで u は効用、c は消費量、h は労働量、E は汚染物質の総排出量、x は生産量、m は生産用労働雇用量である。

生産物の市場価格を p、賃金率を w とすると、消費者は p と w を所与として、$p \cdot c_i = w \cdot h_i$ の予算制約の下で効用を最大化するように行動する。ただし、個々の消費者にとって、総汚染量は与件である。最適化の条件は、偏微係数を下附き添え字で表せば、$-u_{ih}/u_{ic} = w/p$ で与えられる。つまり、実質賃金率と消費財表示の労働不効用が均等化させられる。

生産者は、汚染物質排出量1単位当り t の環境税を支払い、他方汚染物質1単位の排出削減に対して s の単位補助金を受け取る。排出削減量は、ベースライン排出量 b_j と排出削減活動後の排出量 q_j との差と定義される。後者は $q_j = a_j(n_j)x_j$ のような関数で決定されると仮定されるが、n_j は削減活動用労働量、a_j は排出係数（a_j は n_j の減少関数）である。生産者の利潤を π_j とすれば

$$\pi_j = p \cdot x_j(m_j) - w(m_j + n_j) - t \cdot a_j(n_j)x_j(m_j) + s \cdot [b_j - a_j(n_j)x_j(m_j)] \quad (1)$$

と表され、生産者は p、w、t、s、b_j などを所与として、これを最大化するように生産ならびに排出削減活動量を決定する。生産者にとっての最適化条件は、

$$\{p - (t+s)a_j\}x_{jm} = w \quad (2)$$

$$-(t+s)a_{jn}x_j = w \text{（ただし、} t+s = 0 \text{ ならば } n_j = 0） \quad (3)$$

となる。これは、生産または排出削減に雇用する労働力の価値生産性と賃金率の均等化である。上の2式はいずれも t と s に関する対称式であり、生産者が環境税と従量型の排出削減補助金に対して同じ反応を示すことが

分かる。

なお、このような状況での社会的最適問題は、

$$\sum_i c_i = \sum_j x_j(m_j) \quad \text{（財の需給均衡条件）}$$
$$\sum_i h_i = \sum_j (m_j + n_j) \quad \text{（労働の需給均衡条件）}$$

の制約の下で

$$\sum_i u_i(c_i, h_i, \sum_j a_j(n_j) x_j(m_j)) \quad \text{（社会的効用）}$$

を最大化する問題として定式化できる。その最適条件は、

$$u_{ie} a_j x_{jm} + u_{ic} x_{jm} + u_{ih} = 0 \tag{4}$$
$$-u_{ie} a_{jn} + u_{ih} = 0 \tag{5}$$

である。市場経済での消費者の最適化行動から、$p = u_i c$、$w = -u_i h$ であるから、

$$t + s = -u_{ie} \tag{6}$$

となるように環境税率および排出削減補助金率を設定すれば、(4)、(5)式は(2)、(3)式と同値になることが分かる。つまり、従量的な環境税と排出削減補助金の和を適切に設定することで、汚染物質の排出に係る外部性を内部化することができるのであって、両者の構成は問わないのである。

この議論は、厚生経済学の始祖と呼ばれる A. C. Pigou 型の最適課税・補助金制度に関するものであり、実際問題として最適な t+s の水準を決定するだけの情報を政策主体が保有していないという周知の問題を含んでいる。しかし、排出削減目標を政策的に決定し、それを達成するために (t+s) の水準を決定して、従量補助金を効率的に配分する手法を考えるとすれば、情報必要量は減少する。何よりも、必要な排出削減量に比べて既存の排出量がまだまだ大きい状況にある場合、税率は低く、単位補助金率を高く設定して、2成分手法の歳出歳入中立化を図ることができる。そして、単位補助金の財源はすべて低率の環境税からの税収であるから、ある意味で汚染者支払い原則との整合性も図れるのである。[55]

---

55) IPCC (2007b, p. 15) では、緩和政策のマクロ経済費用に関するモデル研究の結果についての説明部分で、炭素税収や排出取引制度の下でのオークション収入が低炭素技術の採用促進や既存税制の改革に用いられるという仮定の下での計算のほうが大幅に低い費用で緩和が実現されると述べている。

国内限界排出削減費用が著しく高い状況の下にあるから、排出削減の費用効果性を高める必要性は他国よりもはるかに高いはずである。費用効果的な経済的手法を用いて総削減費用を減らす工夫をしなければならない。

直接規制や情報的手法等の他の環境政策手法は、環境負荷の削減とそのための社会の追加負担を最小化させるという2つの目的を同時に達成することはできず、経済的手法に比べてより多くの費用負担を必要とする。したがって、科学的知見が示唆するように、今後地球温暖化の傾向がさらに強まり、より厳しい環境負荷低減の実施が求められるようになるとすれば、温暖化対策をより強力に進める必要が生じ、環境政策自体の資源負荷を下げることが必須となる。

しかし、環境税や排出枠取引制度の導入に対する反対が、一部主体(排出主体)に対する経済的負担の増大を根拠とした政治的理由によるものであるとすれば、わが国の政策方針を基本的に変えるには長い時間が必要とされるであろう。このような傾向をいささかでも緩和するために、環境政策の経済的手法を根拠付ける経済理論について、政策形成に関係するより多くの人々が理解する状況を作り出すことが極めて重要になる。

スターン報告書がもっとも多くの議論を呼び起こした割引率に関する議論は、1928年のラムゼイの論文以来多くの研究がなされ、とりわけ近年新たな発展が付け加えられている分野である。市場経済主体による経済活動の評価に際して行なわれる割引と、社会的(公共的)政策の評価に際して行なわれる割引との相違とか、市場の不完全性、市場の失敗の影響なども含めて、このような理論的展開に基礎を置いた政策論議が一国の政策の方向(ひいては国際的政策動向)に重要な影響を及ぼすことを、スターン報告書は如実に示している。

第4節　炭素の価格付けと炭素の社会的費用

環境負荷活動が含んでいる外部費用がどれほど大きいものであるかは、これまで個々の環境問題について必ずしも十分に評価されてこなかった。

しかし、地球温暖化の場合には、その大きさが予想をはるかに超えるものとなるのではないかという懸念もあって、研究が急ピッチで進められている。炭素の社会的費用とは、二酸化炭素に含まれる炭素1トンを追加的に排出した場合、それが長い将来にわたってグローバルな社会に及ぼす損害額の割引現在価値を総計したものである。もしその費用が排出主体の負担になるのであれば、その負担額よりも炭素1トン排出を減らす限界削減費用が低いかぎり、排出を抑制するのが有利となって排出活動が起こらなくなると期待される。このような意味で、炭素税の普及や炭素市場の成立といった「炭素の価格付け」とともに「炭素の社会的費用」の日常的な評価が、重要と考えられるようになってきた。

　気候政策を策定するに当たって、どれだけの費用がかかり、それに応じてどれだけの効果が期待できるかは重要な判断材料となるべき情報である。しかし、温暖化の進行を緩やかにし、あるいは温室効果ガスの大気中濃度をある一定の水準に安定化させることから、どのような効果が期待できるかを数値化するのはきわめて難しい作業を要する。そのため、1990年代初めごろからさまざまな推計が行われてきているが、大きなばらつきがあるのが実情である。Downing and Watkiss（2003）が作成した表1からわかるように、推定すべき対象は左から右へ、上から下へ行くほど推定が困難となる。しかし、英国政府の委嘱により行われた2つの調査研究（DEFRA（2005a、2005b））の成果を要約した表2から、炭素の社会的費用に関する最近の研究で得られた大まかな傾向を知ることができる。

　英国政府は、このように諸外国での炭素排出の潜在価格評価のレビューを行った結果、一般的傾向としては限界排出削減費用の推計値を炭素排出の潜在価格として用いている国が多く、炭素の社会的費用（SCC）を政策評価に用いているのは英国のみであるとしている。しかし、京都議定書以後の国際的政策体制を論じる必要性から、気候政策の便益（つまり損害の防止）に関する関心が高まってきたことも事実である。損害の貨幣的評価については、評価が難しいものも少なくなく、すべてを一元的に貨幣額で表すのが果たして適切かという問題もある。しかし、損害額や対応費用の大まかな大きさに関する情報が日常的に多くの人々の目に触れる仕組みを構

第 5 章　気候変動とわが国の政策　105

表 1　炭素の社会的費用算定の際のリスク・マトリクス

評 価 の 不 確 実 性 増 大　→

予想の不確実性増大　↓

	市場	非市場	社会的に起こりうる効果
予想される影響 (例：海面上昇)	沿岸保護 陸域の喪失 エネルギー (冷暖房)	熱波 湿地の喪失	地域的費用 投資
限定的リスク (例：旱害・洪水・暴風)	農業 淡水 気候の急変 (旱魃、洪水、暴風)	生態系の変化 生物多様性 生命の喪失 付随的な社会的影響	比較優位構造 市場構造
システム的変化 やサプライズ (例：大変化)	上記プラス土地・資源の重大な喪失 一定の限度を超える効果	より高次の社会的影響 地域的崩壊 不可逆的損害	地域の崩壊

(出典) DEFRA (2005b)、p.18. オリジナルは、Downing and Watkiss (2003) による。

表 2　DEFRA による炭素の社会的費用推計値 (単位：炭素トン当り英ポンド)

年	2000	2010	2020	2030	2040	2050	2060
既存値	70	80	90	100	110	120	130
FUND モデル	65	75	85	95	97	129	
PAGE モデル	46	61	77	102	127	157	187

(出典) DEFRA (2005b), p. viii.
(注) 既存値とは、英国政府が 2002 年に公表した 2000 年価格での同年における社会的費用であり (Clarkson and Deyes (2002) 参照)、2000 年以降は年間 1 ポンドずつ上昇するものとされている。FUND モデルおよび PAGE モデルは、いずれも英国で作成されている気候変動分析用統合評価モデルであり、表の数値は推計値の平均を示している。

築する必要性が高いのは、そのような情報が気候政策やそれを受けて実施される一般的な経済活動の方向性に大きな影響をもたらすからである。

　気候変動政策に関する不確実性が大きいことが企業の投資選択に影響し、確実性の高い場合に比べて非効率的な選択を強いたり、環境汚染削減投資を減少させたりする可能性があることは、理論的にも実態的にもよく知られている。[56] 気候政策の不確実性は、例えば炭素税や排出取引制度の導入といった政策方針の大きな変更のような一回限りのものと、炭素税率の見直しやアラウアンス価格の変動に伴う不確実性のような炭素価格の変動性に関するものとがあるが、重要なのは前者である。政策方針が明確でない場合には、低炭素技術の採用が先送りされ、高炭素技術の更新により低炭素化が著しく遅れ、あるいは新しい製品や生産過程の低炭素化イノベーションが阻害されるなど、温暖化政策の効果を損なう悪影響が懸念されている。気候変動が不可逆的影響をもつものであるだけに、気候政策では不作為による悪影響の大きさについて真剣な検討が求められている。

　IPCCの第4次評価報告書の要約版でも、同様な結論を述べている。すなわち、異なる緩和経路の選択に関する費用・便益の統合評価分析によれば、経済的に最適な緩和の時期とレベルがどうなるかは、大きな不確実性をもった損害費用曲線の形状と特性についてどんな想定が置かれているかに依存するが、(1) もし損害が緩やかにかつ規則的に増大する形状をもち、よく予測できるものであれば（時宜に即した適応が可能になるため）緩和を先送りし、より緩やかなものにすることが経済的に正当化されるものの、(2) もし損害が急激に増大するか、あるいは非線形性（例えば脆弱性に関する閾値があるとか、確率は小さいが破局的な事象があるとかの特徴）をもっている場合には、早期かつ厳しい緩和が経済的に正当化される。いずれにせよ、排出削減が遅れるようなことになれば、経済社会を高排出型のインフラや発展経路に閉じ込めるような投資パターンを生み出して、低濃度で安定化できる可能性を大きく制約し、気候の変化がもたらす損害をいっそう厳しいものにするリスクを高めることになるというのである（IPCC (2007b), pp. 26-27）。

　56）　例えば、Larson（1998）やIEA（2007）などを参照されたい。

第5節　結語

　世界の主要企業500社に対してアンケート調査により炭素排出情報開示の状況を継続的に調べているCarbon Disclosure Project（CDP）によれば、CDPを支持する機関投資家の増大にもかかわらず、炭素排出問題に明示的・体系的に取り組んでいる企業の株式その他の投資対象に投下されている資産の割合は、約0.1％に過ぎず、投資資産の40％は依然として重大な炭素リスクにさらされているということである（Innovest Strategic Value Advisors（2006））。したがって、世界の投資家社会はこれまでに例を見ないほど気候変動が企業競争および経営財務に及ぼす影響について考慮するようになっているにもかかわらず、認識の高まりや情報開示の進展だけでは気候変動という異常な挑戦に対応できるほど十分な触媒機能は生じていないというのである[57]。

　わが国は、すでに省エネルギー・省炭素の技術やノウハウを豊富に蓄積しており、京都メカニズムのJIやCDMでも多様な活動を始めている。気候政策の経済的手法を活用すれば、わが国自身の排出削減が進むだけではなく、新たな省炭素技術開発が促進され、それが国際的なビジネスの機会をも拡大するであろう。炭素の価格が日常的に情報として消化されるとともに、炭素の社会的費用に関する調査・報告を推進すると同時に長期的な気候政策の不確実性を低下させるような政策を実施すれば、潜在的に蓄積されつつある対策投資や革新的取組みを活性化させることが期待される。わが国が環境立国を標榜するのであれば、気候政策における経済的・情報的手法の活用による炭素の価格付けと、政府主導による炭素の社会的費用に関する情報の提供を一日も早く実現することが適切な方向であって、それにより京都目標実現ならびに京都以後の体制構築のいずれに関してもわが国の前途を明確に見晴るかすことができるのである。

　57）　同報告書の日本版については、カーボン・ディスクロージャー・プロジェクト日本事務局（2006）参照。

【参考文献】

Amano, Akihiro (1998). "Climate Change, Response Timing, and Integrated Assessment Modeling," *Environmental Economics and Policy Studies*, Vol. 1, No. 1, pp. 3-18.

Bennear, Lori Snyder, and Robert N. Stavins (2007). "Second-best theory and the use of multiple policy instruments," *Environmental and Resource Economics* (2007, forth-coming).
http://ksghome.harvard.edu/~rstavins/Papers/Bennear_&_Stavins_for_ERE_Revisied.pdf

Bruce, James P., Hoesung Lee, and Erik F. Haites, eds. (1996). *Climate Change 1995: Economic and Social Dimensions of Climate Change* (Cambridge: Cambridge University Press).

Clarkson, Richard, and Kathryn Deyes (2002). "Estimating the Social Cost of Carbon Emissions," Government Economic Service Working Paper 140, DEFRA, January.

Dasgupta, Partha, Karl-Göran Mäler, and Scott Barrett (2000). "Intergenerational Equity, Social Discount Rates, and Global Warming," a revised paper appeared in Paul Portney and John Weyant, eds., *Discounting and Intergenerational Equity* (Washington, D.C.: Resources for the Future, 1999).
http://www.econ.cam.ac.uk/faculty/dasgupta/pub07/climate.pdf

Department of Environment, Food and Rural Affairs (2005a). *The Social Costs of Carbon: A Closer Look at Uncertainty: Final project report*, London, November.

────── (2005b). *The Social Costs of Carbon (SCC) Review – Methodological Approaches for Using SCC Estimates in Policy Assessment: Final Report*, London, December.

Downing, T. E., and P. Watkiss (2003). "The Marginal Social Costs of Carbon in Policy Making: Applications, Uncertainty and a Possible Risk Based Approach," paper presented at the DEFRA International Seminar on the Social Costs of Carbon, July.

Fullerton, Don, and Ann Wolverton (2000). "Two Generalizations of a Deposit-Refund System," *American Economic Review*, Vol. 90, No. 2, May, *Papers and Proceedings*, pp. 238-242.

────── (2005). "The two-part instrument in a second-best world," *Journal of Public Economics*, Vol. 89, pp. 1961-1975.

Heal, Geoffrey (2005). "Intertemporal Welfare Economics and the Environment," in

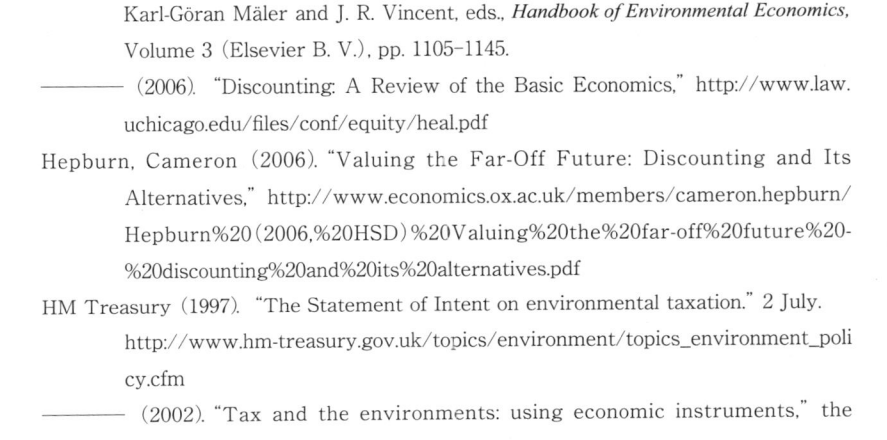

Karl-Göran Mäler and J. R. Vincent, eds., *Handbook of Environmental Economics, Volume 3* (Elsevier B. V.), pp. 1105-1145.

——— (2006). "Discounting: A Review of the Basic Economics," http://www.law.uchicago.edu/files/conf/equity/heal.pdf

Hepburn, Cameron (2006). "Valuing the Far-Off Future: Discounting and Its Alternatives," http://www.economics.ox.ac.uk/members/cameron.hepburn/Hepburn%20(2006,%20HSD)%20Valuing%20the%20far-off%20future%20-%20discounting%20and%20its%20alternatives.pdf

HM Treasury (1997). "The Statement of Intent on environmental taxation." 2 July. http://www.hm-treasury.gov.uk/topics/environment/topics_environment_policy.cfm

——— (2002). "Tax and the environments: using economic instruments," the Stationery Office.

——— (2006). *Stern Review: the Economics of Climate Change*, October.

Hoel, Michael, and Thomas Sterner (2006). "Discounting and Relative Prices: Assessing Future Environmental Damages," Resources for the Future Discussion Paper 06-18.

Innovest Strategic Value Advisors (2006). *Carbon Disclosure Project Report 2006: Global FT500.* http://www.cdproject.net

Intergovernmental Panel on Climate Change (2007a). "Climate Change 2007: The Physical Science Basis, Summary for Policymakers," Paris, February.

——— (2007b). "IPCC Fourth Assessment Report, Working Group III: Summary for Policymakers," May.

International Energy Agency (2007). *Climate Policy Uncertainty and Investment Risk* (OECD/IEA). IPCC (2007). Intergovernment Panel on Climate Change, *Climate Change 2007: The physical science basis:* Summary for policy makers.

Larson, Bruce A. (1998). "How Does Uncertainty over Future Environmental Policy Affect Investment Decisions in Transition Economies?" Development Discussion Paper No. 623, February, Harvard Institute for International Development, Harvard University.

Nordhaus, William D. (1994). *Managing the Global Commons: The Economics of Climate Change* (Cambridge, Massachusetts: The MIT Press).

——— and Joseph Boyer (2000). *Warming the World: Economic Models of Global Warming* (Cambridge, Massachusetts: The MIT Press).

OXERA (2002). Office of the Deputy Prime Minister, Department for Transport, and Department of the Environment, Food and Rural Affairs, *A Social Time Preference Rate for use in Long-Term Discounting.*

http://www.oxera.com/cmsDocuments/Reports/Office％20of％20Deputy％20Prime％20Minister％20Social％20time％20preference％20report.pdf

Pearce, David, Ben Groom, Cameron Hepburn, and Phoebe Koundouri (2003). "Valuing the Future: Recent advances in social discounting," *World Economics*, Vol. 4,No. 2, April-June, 121-141.

Ramsey, F. P. (1928). "A Mathematical Theory of Saving," *Economic Journal*, Vol. 38, No. 152, December, pp. 543-559.

Schumacher, Ingmar (2005). "Reviewing Social Discounting within Intergenerational Moral Intuition," Environmental Economics and Management Memorandum, Center for Operations Research and Econometrics, Université catholique de Louvain.

Weitzman, Martin L. (1994). "On the 'Environmental' Discount Rate," *Journal of Environmental Economics and Management*, Vol. 26, No. 2, March, pp. 200-209.

カーボン・ディスクロージャー・プロジェクト日本事務局 (2006)『カーボン・ディスクロージャー・プロジェクト 報告書2006日本』。

http://www.cdproject.net

国立環境研究所 (2007)『Comment on the Stern Review スターン・レビューに対するコメント』2月。

http://www-iam.nies.go.jp/aim/stern/200702-AIM_Comment_on_Stern_Review(JP).pdf

中央環境審議会地球環境部会 気候変動に関する国際戦略専門委員会 (2005)「気候問題に関する今後の国際的な対応について(長期目標をめぐって)：第2次中間報告」5月。

2005日本低炭素社会プロジェクトチーム (国立環境研究所・京都大学・立命館大学・東京工業大学・みずほ情報総研) (2007)「2050日本低炭素社会シナリオ：温室効果ガス70％削減可能性検討」2月、日英共同研究「低炭素社会の実現に向けた脱温暖化2050プロジェクト」。

http://www.env.go.jp/press/file_view.php?serial=9167&hou_id=8032

第 II 部
市場経済と環境

第6章
環境・リスク・社会[58]

第1節　不確実性と利害対立

科学的議論と倫理的判断

　2001年の初め、ブッシュ新政権は気候変動枠組み条約の京都議定書から離脱することを宣言した。理由の主なものは、地球温暖化の科学的根拠に疑問があること、中国やインドといった大量排出国に削減義務を課していないこと、米国に大きな経済的負担が及ぶことなどであった。

　最初の点について、IPCC（気候変動に関する政府間パネル）の第3次評価報告は、過去50年間に観察された温暖化の大部分が人間活動によるものであり、1990年から2100年の間に平均気温の上昇が1.4-5.8℃、海面上昇が9-88cmと見積もられるとしていた。ホワイトハウスからの要請を受けた全米科学アカデミーの科学技術協議会は、この報告書をほぼ全面的に認めたため、ブッシュ政権の第1の主張は根拠が薄弱となった。

　残りの2つに対しては、ノーベル経済学賞を受賞したジョーゼフ・スティグリッツ氏が次のように批判している。「1人当りでも絶対量でも温室効果ガスの最大排出国である米国の倫理的スタンスは、まったく理解し難い。発展途上国が何らかの義務を自らに課すことをしていないという理由で、米国も何もする必要がないと主張している。温室効果ガスの蓄積は、大部分が先進諸国によるものであるにもかかわらず、また発展途上国が1人当

58）　本章は、天野明弘（2004）を基にして新たに書かれたものである。

たりベースで米国の水準を超える排出をしないという約束を仮にするとしても、そのような制約がかかるのは何十年も後のことであるにもかかわらず、このような主張をしているのである。」

　京都議定書のようなアプローチが、経済学的にみて効率的なものではなく、そのことによって米国に大きな経済的負担が及ぶという議論は、ブッシュ政権誕生の前からあった。なかでも、イェール大学のウィリアム・ノードハウス教授が、ジョーゼフ・ボイヤー氏との共著で1998年に書いた「京都議定書のためのレクイエム」という論文が有名である (Nordhaus and Boyer (1998))。排出削減が附属書I国のみに限定されているため、世界全体が最も効率的に排出を削減した場合に比べて削減費用が8-14倍にもなり、そのことが京都議定書の便益／費用比率を大きく1以下に押し下げるとともに、削減量の割当て方によって米国の負担がとりわけ大きくなっているというのがかれらの主張である。

　第一級の経済学者の手になるこの論文は、ある意味で経済学の議論の立て方としては代表的なものというべきであり、便益（ここでは温暖化低減に伴う損害の軽減）とそれを実現するために必要な費用とを比較し、前者を後者で割った比率を最大にするような政策を推奨するという論法が使われる。もしこれ以外の考慮事項がなければ、この議論を政策分析に用いることにそれほど問題はない。しかし上記論文の場合、費用が過大であると批判され、死者のためのミサ、レクイエムを献呈されることになった京都議定書の比較の対象にされているのは、先進国、移行国、発展途上国、最貧国などを含む全地域が排出削減の義務を負い、同じ条件で排出取引制度に参加することによって実現できるような仕組みであることに注意しなければならない。その仕組みが実際に構築できるのか、それを構築するためにはどんな国際的配慮が必要なのか、といった議論なしに京都議定書を葬ってしまうことは、お湯と一緒に赤ん坊を捨ててしまうようなものである。

　「共通であるが差異のある責任」という考え方が多くの国際環境協定で採用され、発展途上国への技術的・資金的援助が組み込まれているが、もし効率性の基準だけで判断をするのであれば、これらの考慮はほとんど不要になるかもしれない。むしろ、そのような差異化をすることが、効率性

を下げるとして退けられることになろう。この論文のように、附属書Ⅰ国にとっての不公平性、とりわけ附属書Ⅰ国内部での米国の不利益が強調されていながら、グローバルな公平性の議論がなされていないのは、効率性の視点の遍在性に比べて、公平性の視点は「偏在的」であるといわざるを得ない。

第2節　不確実性とシナリオ・プランニング

　地球温暖化の問題は、影響の及ぶ範囲について、分っていることよりも分かっていないことのほうが多いという、厄介な問題である。一時期米国のマスメディアを騒がせた米国国防総省の秘密文書流出事件は、地球温暖化の問題が安全保障問題とも無縁でないことを認識させる結果となった。

　その文書というのは、ペンタゴンの依頼によりピーター・シュワルツ氏とダグ・ランドール氏が作成した報告書で、「急激な気候変動の可能性」と米国の安全保障問題との関連を扱ったものである（Schwartz and Randall (2003)）。ここで急激な気候変動というのは、10年ほどの間に3-6℃もの気温上昇が起こる現象を指し、地球の過去にはそのようなことが起こった証拠がある。この問題については、2002年に全米科学アカデミーが詳しい報告を行っており、それによれば、緩慢な気温上昇がある程度の期間継続すると、それが引き金になって急激な気温の変化が起こる可能性が（小さい確率にせよ）存在する。

　シュワルツ＝ランドール報告そのものは2003年10月に提出されていたが、2004年2月に英国のオブザーバー誌が入手して公表した。著者たちが報告書の冒頭で述べているように、この報告の目的は、「考えられないような事態」を想像して見ることで、気候変動が米国の安全保障に及ぼす潜在的な影響の理解を助けることにある。したがって、科学者の研究が示唆するような状況が万一起こった場合に、食糧生産、飲料水、エネルギーへのアクセスなどに十分な対応が取れない状況で、環境難民の急増や食糧・水の争奪、核兵器の使用を含む軍事的衝突など、どのような安全保障上の

問題が起こるかをシナリオ分析の手法によって明らかにするのが、この報告の主題である。ここでは、その内容を紹介することが目的ではなく、社会的動向も含めて不確実性の大きい事象を前にして、用心・警戒のためにどのような行動が必要かを計画する際に、著者たちが専門とするシナリオ・プランニングが有効であり、この報告もそのためにまとめられたものであると理解することが重要であることを指摘したいのである。

　急激な気候変動が起こる確率はきわめて小さいかもしれないが、起こった場合の社会的混乱はセンセーショナルなものであり、このシナリオは、メディアにとっては格好の材料である。他方、狼少年的陳述と受け止め、一笑に付す反応もあるかもしれない。しかし、そのいずれの受け止め方も、不確実性のきわめて大きいリスクに対するアプローチを理解する上では障害になるものである。筆者は、1984年にロンドン大学に籍を置き、シェル・インターナショナルのシナリオ・プランニングに参加させてもらったが、そのときの統括者がシュワルツ氏であった。半年に及ぶ集中的な討論の結果できあがったシナリオの中で、その後の見通しに重要な貢献をしたのは、中心的な2つのシナリオというよりも、確率は低いが用心のために作成した「サプライズ・シナリオ」であった。当時は第2次石油危機の原油価格高騰期であったが、2年後にOPECの結束が崩れ、石油価格は大暴落した。サプライズ・シナリオは、穏やかではあるが、それを見通していたのである。

　国防総省がブッシュ大統領にもっと積極的な温暖化対策の必要性を認識させる意図があったのかどうかはともかく、地球全体としてサプライズ・シナリオを含めたプランニングに基づく予防的アプローチを取ることは、賢明な行動として評価しなければならない。

第3節　政策提言と科学性

　経済学の理論が政策分析に用いられる場合、第1節で述べたノードハウス＝ボイヤー論文のように公平性といった倫理的判断が必要になる問題がいつの間にか「客観性」を重視する議論の中に紛れ込むことは、しばしば

発生する。10年以上も前に、当時世界銀行にいたローレンス・サマーズ氏が書いたとされるメモ（発展途上国への廃棄物輸出を推奨するような内容のもの）をめぐって議論が起こったことがあった。この問題を経済学と倫理学の観点からとりあげ、『経済分析と道徳哲学』という一書を著したダニエル・ハウスマン、マイケル・マックファーソンの両氏は、経済分析を基礎とした政策提言に倫理的判断や社会思想的立場が含まれる場合には、それと科学的議論との関係を明確に区別することが重要であると述べている。[59] 政策提言の中で、どの部分が経済分析によるものであり、どの部分が倫理的判断を含むものであるかを区別するのは時に難しいが、両者が混在した政策提言を科学的だと主張する議論には注意が必要である。

　新しい科学技術の導入の是非を論じる場合にも、これと同じようなことが起こる。科学技術の発展は、人類のさまざまな課題を解決するのに貢献する一方で、新たな未知の問題を持ち込むリスク要素となる面も備えているので、人々の生活改善・向上に貢献するプラスの影響と、健康・安全・環境面で懸念されるマイナスの影響とが同時に生じるとき、それぞれの影響を科学的根拠に基づいて比較秤量する努力が続けられている。しかし、この評価を科学的知見、それも評価を行う時点で得られている知見だけに基づいて誤りなく行い得るかどうかは難しい問題である。例えば、遺伝子操作を含むバイオ技術の農業や食物への応用に関する対応には、次に述べるように国際的にも大きな違いが見られる。

　FAO（国連食糧農業機関）は、「食物・農業のためのバイオ技術」と題したホームページをもっており、FAO加盟国のバイオ技術政策に関する文書を掲上している。残念ながら、わが国や米国のものはないが、オーストラリアとオランダおよびECの文書を比較してみると視点の違いがよく分る。例えば、バイオ技術を応用した農産物輸出市場の拡大は、オーストラリアの最も重視している側面であるが、ECやオランダではほとんど触れられていない。他方後者では、倫理問題への言及が多くなされ、ECは3つの戦略上の優先課題の1つとして、幅広い公衆の支持を得ることが必須であり、

　59）　この点に関する詳しい説明については、本書第1章第4節参照。

そのために倫理的・社会的な影響や懸念に対応すべきことをあげている。またオランダの文書では、この問題における予防原則の重要性を強調するとともに、近代的バイオ技術の機会を最大限活用するには、安全性、意思決定の透明性、個人の選択の自由、および倫理的受容性を確保できるよう、それらを最もよく保護できるような装置を備えていなければならないとしている。もっとも、欧州ではこの問題に関して世論が錯綜し、政策当局が立ち往生したために、バイオ技術の発展にブレーキがかかっている状態から脱却したいという意向もある。

　このような国や地域の差が生まれている背景には、さまざまな事情があると考えられるが、いまの場合には食糧輸出国と輸入国の違いが大きいように思われる。オーストラリア農林水産省が作成した文書では、バイオ技術生産物の市場アクセスを維持・拡大するために、WTO（世界貿易機関）等で確立された既存の権利義務を弱めることに反対し、リスク評価・リスク管理における科学に基づく意思決定を促進することが政府の戦略的行動の1つであるとまで述べている。リスク管理で重要なことは、新たなリスクを生み出す機会を創ることで利益を享受する側と、そのリスクにさらされて損害をこうむる可能性のある側との意見をどうバランスさせて政策判断を下すかであるから、WTOによるグローバリゼーションの推進やリスク評価・リスク管理が、あたかもバイオ技術生産物市場拡大のための手段であるかのような印象を与える表現がみられることは、国際的視野でこの問題を考える際の難しさを痛感させるものである。

　環境政策も、公共政策としてのリスク管理も、結局は多くの人々の利害や価値観の下でなされる意思決定に依存して成果が決まるものであり、情報の共有（情報偏在の低減）と説明責任、意思決定への参加、不公正に対する救済措置といった民主主義の基本的要素の強化・充実を、さまざまな経済構造を持ち、異なる発展段階にある国々がいかに進めるかが課題であろう。

第4節　予防原則とリスクの管理統制

　生物多様性条約の生物安全性に関するカルタヘナ議定書や、ロンドン海洋投棄条約への1996年議定書など、わが国が近年締結し、またその準備を進めてきた国際条約やその議定書で予防的アプローチの採用を謳っているものが多い。もちろん、オゾン層の保護のためのウイーン条約、気候変動枠組み条約などでも予防的アプローチや予防的措置をとるべきことが定められているし、もっといえば、1992年の地球サミットでリオ宣言に参加した国々はすべてそれぞれの能力に応じて予防的アプローチを採択することとなっているのである（原則15）。実際、わが国の第2次環境基本計画（平成12年）では、環境政策の指針となる4つの考え方の1つとして「予防的な方策」が掲げられており、第3次環境基本計画（平成18年）でも「予防的な取組方法」として同様な考え方が示されている。

　予防原則とそれに基づく予防的アプローチは、科学的な結論がまだ明確に得られていない事柄に対して意思決定を行わねばならない場合に、結論を先延ばしにすることで人の健康や環境に重大な（場合によっては取り返しのつかない）危害や損害をもたらすような事態を回避する工夫として考案されたものである。とくに、新しい物質や新しい生産物、新しい生産方法など、ある面では人々の生活向上に役立つ技術について、健康・安全・環境面で危害や損害をもたらすおそれのあるものをどう識別して排除するかという難しい問題があり、これは技術革新が盛んになればなるほど日常的に起こってくることでもある。

リスク分析

　このような問題の解決に科学的根拠を提供しようとして構築されてきたのが、「リスク分析」である。リスク分析が、「リスク影響評価（アセスメント）」、「リスク管理統制（マネージメント）」、および「リスク情報交換（コミュニケーション）」の3つのステップから構成されることについては、広く共通の認識がもたれている。

　たとえばCODEX/FAO/WHO（1997）によれば、リスク影響評価とは、

科学に則って、(ⅰ) 複数の危険要素の特定、(ⅱ) 危険要素が持つ特徴の明確化、(ⅲ) 暴露の影響評価、および、(ⅳ) リスクの特徴の明確化の4つのステップを踏んでなされる影響評価であり、リスク管理統制とは、リスク影響評価の結果に照らして、政策代替案を比較秤量する過程である。必要な場合には、規制的手段を含めて、統制[60]のためにどのような選択肢を実施に移すのが適切であるかの選択が行われる。そして、これらの諸過程を通じて、リスク評価者、リスク管理者、消費者その他多くの利害関係者の間でリスクおよびリスクの管理統制に関する情報と意見の相互交換が行われるのが、リスク情報交換である[61]。

このように、リスク影響評価の段階が科学的方法論に可能な限り従って進められるとしても、リスク情報交換の過程では規制当局、生産者、消費者など科学者以外の利害関係者が含まれ、そのコミュニケーションを通してリスクの管理統制が行われる。管理に際して、代替的な政策案の評価がなされる際には、当然科学的基礎に立ったリスク影響評価の結果が反映されるが、政策手段の選択に当っては、リスクと経済的利益ならびに社会的影響等の比較秤量を避けることはできず、そこには当然異なる価値のウエイト付けが関わってくる。その意味で、「リスク分析」は、その用語から受ける印象とは異なり、科学性のみで完結できないプロセスなのである。

リスク管理統制の役割

米国農務省の担当者の意見によれば、規制主体が社会に対して受容可能なリスクの水準を設定する場合には、責任をもって (1) 利用可能な最良の技術情報と専門家の意見を用い、(2) 影響を受けるすべての利害関係者から意見を聴取し、そして、(3) 意思決定がなされた場合、全員がその内容をすべて吟味し、問題があれば提起できるようにしなければならない (Bridges (1998))。第2、第3の責務は、いずれもリスク情報交換に関す

---

60) ここでいう統制とは、危険要素の防止、消滅、または削減、ならびにリスクの最小化を意味する。

61) CODEX/FAO/WHO (1997). 米国や欧州の公式文書にも、ほぼ同様な記述が見られる。例えば、Bridges (1998) および Commission of the European Communities (2001) 参照。

るものである。そして、政策的意思決定が規制行動を伴う場合には、一定期間を経てその事後評価がなされ、必要に応じてプログラムの改善が実施される。つまり、リスク管理統制は、必要性がなくならない限り連続的に継続されるサイクルなのである。

政策代替案の選択にしばしば参考にされるものに経済分析（関連するすべての費用と便益の分析）がある。しかし、経済的価値で測れない便益や危害が重要なこともあるし、全体的な費用と便益の比較だけでは、結果やプロセスの公平性を十分考慮に入れることができないなどの問題もある。このため、費用／便益以外の考慮も、必要に応じて含めるべきことが認められている。リスク管理は、経済的価値以外の価値や、公平性や正義の問題を含むものであり、さまざまな利害関係者とのリスク情報交換がリスク分析の不可欠の構成要素とされているのは、そのためである。

リスク分析と経済的利害関係

新製品や新技術の悪影響に関する科学的根拠が不確実性を含む場合、より確実性の高い情報が得られるまでそれを規制する行動を延期しようとする傾向は、科学的根拠を求めれば求めるほど強くなる。新しい化学物質や生物技術が人類に利益をもたらし、それと平行して生産者に利潤をもたらす場合、科学性に対する要求を高める大きな誘因が働く。他方、利益の面と科学性の重視が一致するからといって規制の意思決定を遅らせれば、危害・損害や不可逆的悪影響が起こってしまうかもしれない。しかし、不確実な情報の下で悪影響をこうむる側の人々が、規制の必要性を科学的に説明することは難しい。リスク管理統制で用いられる経済分析は、功利主義的社会思想を前提として全体的なバランスから結論を導く傾向があるため、実際に被害をこうむる側の利益が十分に守られない場合が少なくない。

リスク評価の考え方が分かれる基本的な要因は、予防原則や予防的アプローチをとる際に市場経済活動への政策的介入をどこまで認めるかであろう。この点をきわめて明快に示したのが、英国政府の作成した予防原則の対照的な考え方を比較した表1である。リスク分析の具体的内容について国ごとの意見の相違が解消されていないことは、予防的アプローチを謳っ

た気候変動枠組み条約の京都議定書と生物安全性に関するカルタヘナ議定書のいずれについても米国がそれを批准していないことを見ても明らかである。そして、その背後にあるもっとも重要な要因は、表1に示されたような国ごとの経済的利害に関する考え方の相違であろう。

リスクと環境民主主義

　欧州環境庁は、早期警戒に対する遅すぎた対応の教訓として、1986－2000年の間に起きた12の事例（漁業資源の乱獲、X線、ベンゼン、アスベスト、PCBなどから最近の狂牛病まで）を専門家の意見をもとに展望し、人々が科学に基づく情報によりよく、より多くアクセスできることと、経済活動のガバナンスに多くのステークホルダーがより効果的に参加できることが、健康や環境の費用を最小化し、革新を最大化する途であるとして、予防原

表1　予防原則に関する対照的な見方

弱い予防原則	適度の予防原則	強い予防原則
市場先導型の発展と技術革新を制約しない前提。	基本的には左と同じ。ただし、社会的懸念が高い場合にこの方針が撤回されることがあり得る。	市場先導型、技術優先型の発展は前提としない。
規制主体は、リスクに関する積極的な科学的根拠があり、かつ規制政策が費用効果的である場合に限り介入する。	政策的介入の前提は、弱い予防の場合と同様であるが、ケース・バイ・ケースで挙証責任をリスク創始者側に移す。	リスク創始者がその活動の安全性を証明しなければならない。介入に関する費用効果性はほとんど問われない。
リスク管理統制が前提とされ、禁止措置はきわめてまれである。	リスク管理統制が基本的には前提とされるが、最後の手段として禁止措置がとられることはある。	リスク回避が前提とされる。禁止もあり得る。
客観的な科学的基準に基づく自由な取引が前提。個人的選好や社会的関心事は重視されない。	科学的基準に基づく自由な取引が基本的には前提とされるが、個人的選好や社会的関心事にも配慮される。	自由な取引が自動的に認められるという前提はない。個人的選好や社会的関心事が支配的である。

（出典）ILGRA（2002）．

則の重要性を例証している（European Environment Agency（2001））。環境問題に関係したリスクは、因果関係の複雑さ、同時決定性、動学性などの点で、経済的リスクなどと比べて不確実性への対応がはるかに困難な問題である。しかし、不確実性を理由に決定を遅らせることのペナルティが大きいこともこれらの教訓が示すとおりである。

予防原則や予防的アプローチの考え方とほぼ同時に姿を現した「環境民主主義」への動きは、この難問題への取組みを方向づけるものとして今後ますます重要性が高まるものと思われる。このような動向は、化学工場の爆発事故に端を発し、米国で1986年に制定された「緊急計画とコミュニティの知る権利法」を嚆矢とするが、同国の「1990年大気清浄法」において、国が同法を十分に施行していない場合に一般人が訴訟を起こす権利を保障したことも、このような動きの促進に影響を及ぼしている。このようなガバナンスへの取組みが欧州へ移り、「オーフス条約」[62]として結実した。1998年6月25日にデンマークのオーフス市で行なわれた国連欧州経済委員会[63]の会議で採択され、2001年10月に発効した（欧州共同体も2005年に批准している）。既存の環境情報に対する人々の請求権と公共当局による積極的な新規情報の開示、定められた部門やプログラムに関する環境政策の策定について選択肢がまだ残っている早い段階での公衆参加、そして市民が司法的手段を用いて同条約や国内環境法のよりよい施行を支援できる権利などが定められている。欧州議会は、いわゆるオーフス規制と呼ばれる規制を制定し、オーフス条約の内容をEUの制度・組織に適用するためのルールを定めている[64]。

2003年5月21日に、ウクライナのキエフにおいてこの条約のPRTR（汚

---

62) 正式名は、「環境に関する、情報へのアクセス、意思決定における市民参加、および司法へのアクセスに関する条約（Convention on Access to Information、Public Participation in Decision-Making and Access to Justice）」である。条約条文の日本語訳は、
http://www.unece.org/env/pp/treatytext.htm または
http://www.aarhusjapan.org/modules/xfsection/article.php?articleid=1 で見ることができる。

63) 国連の5つの地域委員会の1つで、United Nations Economic Commission for Europe（UNECE）という名称にも関わらず、米国、カナダ、トルコ、ルーマニア、ブルガリア、旧ソ連邦所属国を含む。

64) European Union（2006）参照。この規制は、2007年6月27日から施行される。

染物質の排出・移動登録）に関する議定書が36カ国と欧州共同体の署名により成立した。キエフ議定書と呼ばれ、16カ国以上が批准または同意すればその90日後に発効し、PRTRに関して国際的に法的拘束力をもつ初の法的手段となる。[65]

コフィ・アナン前国連事務総長も述べているように[66]、オーフス条約は地域的な条約という特徴をもつものの、グローバルな重要性をもったものであり、市民参加のもとで環境問題への取組みを進めるという点で環境民主主義のアプローチの意義を明確に認めたものといえる。環境リスクへの取組みが主権国家間のガバナンスの問題を解きつつ進まねばならないことを考えると、経済的利害の対立する中で国際環境協定と国際経済協定との整合性を図ることがグローバルな予防原則確立の鍵であり、環境民主主義のアプローチを国内に広く根付かせるとともに、このような国際的動向にわが国も積極的に貢献する努力が必要であろう。

【参考文献】

Bridges, Victoria, E. (1998). "Risk Analysis -An Introduction and Its Application in APHIS: VS."

CODEX/FAO/WHO (1997). The Codex Alimentarius Commission and the FAO/WHO Food Standards Programme, *Basic Texts on Food Hygiene*, 2nd ed., amended 1999.

Commission of the European Communities (2001). "Communication from the Commission on the Precautionary Principle."

European Environment Agency (2001). *Late Lessons from Early Warnings: the Precautionary Principle 1896-2000*, Environmental Issue Report No. 22.

---

65) PRTR作業部会は、2008年に第1回会合を開く準備を行なっているといわれている。
66) http://www.unece.org/env/pp/ 参照。

European Union (2006). "Regulation (EC) No 1367/2006 of the European Parlia-ment and of the Council of 6 September 2006 on the application of the provisions of the Aarhus Convention on Access to Information, Public Participation in De-cision-making and Access to Justice in Environmental Matters to Community Institutions and Bodies," *Official Journal of the European Union*, L 264/13, 25 September.

Hausman, Daniel M., and Michael S. McPherson (1996). *Economic Analysis and Moral Philosophy* (Cambridge, UK: Cambridge University Press).

ILGRA (2002). Interdepartmental Liaison Group on Risk Assessment, "The Precautionary Principle: Policy and Application," UK Government, September. http://www.hse.gov.uk/aboutus/meetings/ilgra/pppa.pdf

Nordhaus, William, and Joseph Boyer (1998). "Requiem for Kyoto: An Economic Analysis of the Kyoto Protocol," Cowles Foundation Discussion Paper No. 1201, November.

Schwartz, Peter, and Doug Randall (2003). "An Abrupt Climate Change Scenario and Its Implications for United States National Security," October. http://www.gbn.com/ArticleDisplayServlet.srv?aid=26231

天野明弘 (2004)「政策決定と不確実性・効率性・公平性（思想の言葉）」思想、岩波書店、第7号 No. 963、pp. 2-5。

第7章
貿易と環境の国際的統合化を求めて[67]

第1節　序論

　20世紀の後半以来、国際的な経済活動の急速なグローバル化とともに、環境問題の基盤もグローバル化してきた。第二次大戦後の貿易政策は、GATT および GATT/WTO 体制の下で財・サービスの貿易自由化を推進し、経済発展に大きく寄与したが、GATT/WTO 体制における環境問題への対応にはまだ十分なものがあるとはいい難い。

　他方、個別の環境問題に関する国際環境協定も急速に増えてはいるが、地球規模の環境政策を推進するために参加国に対して法的拘束力をもった体制が整っているという点では、まだ GATT/WTO に比肩できるまでには至っていない。また、オゾン層の破壊、地球温暖化などのグローバルな環境問題、地球規模での生態系の破壊、越境的環境汚染の拡大などに対処するための国際環境協定と、持続可能な発展を標榜することになった GATT/WTO 体制との連携も不十分な点が多い。むしろ、国際経済協定と国際環境協定との不調和があるために、それぞれの協定に期待された役割が果たされていないことが、問題として解決を求められている。

　本章では、貿易と環境の間に存在する多くの課題の中から、次の2つの問題を取り上げて検討を加えたい。それは、南北貿易と環境問題との関係で「汚染逃避地仮説」によって示唆されている傾向の有無についてど

---

　67)　本章は、天野明弘（2006）に基づいて書かれたものである。

う考えればよいかという問題、ならびに、環境政策の経済的手段の適用とGATT/WTO体制の無差別原則との関係で、「国境税調整」の適用可能範囲についてどう考えればよいかという問題の2つである。

これらの2つの問題は、相互に関連しており、また地球温暖化対策を講じるに当って検討を迫られる問題でもある。以下、第2節では汚染逃避地仮説とそれと対立的なものとして提唱された要素賦存仮説について検討し、それらの意義について考察する。次いで第3節では、国境税調整というGATT/WTO体制において認められた貿易政策手段の適用可能な範囲をめぐる国際的論争について考察し、とくに地球温暖化対策として環境政策の経済的手段を講じようとする際に、それがなぜ効果的に活用できない状況にあるのか、また将来この問題を改善する方向は何かについて考察する。そして、第4節で結論を述べる。

第2節　汚染逃避地仮説と要素賦存仮説

先進国で環境規制が強化されると、汚染集約産業では環境対策費用の増加から企業の国際競争力は弱まり、条件の変更のない諸外国、とりわけ環境規制が緩やかなままの発展途上国ではその競争力が高まるという結果をもたらす可能性がある。もしこれが現実になれば、後者の国々における汚染集約財の生産量の拡大とか、先進国から発展途上国への汚染集約型産業の企業移動などが誘発されるであろう。さらにグローバリゼーションにより生産拠点の国際移動の自由度が高まったことから、工業化による発展を指向する国々は、産業誘致のため環境規制緩和競争に走ることも懸念される。「汚染逃避地仮説（pollution haven hypothesis）」とは、環境規制の緩やかな国や地域に汚染集約産業活動が誘致される傾向が存在すること、また政策的にそのような状況をつくりだそうとする傾向があることを主張する作業仮説である。

このような傾向の有無や、一国における環境保全が他国における環境負荷の増大を引き起こすという、いわゆる環境保全効果のリーケージ（漏損）

がどの程度存在するかを検証するためには、各国における貿易構造の決定要因と、環境汚染の原因となる汚染物質排出量の決定要因の解明が必要となる。

汚染物質の全体的な排出量は、①汚染集約産業における単位当り汚染物質排出量（汚染集約度）、②経済全体における汚染産業の構成比、および③経済全体の総生産規模の3つの要因によって決定される。そして次節で述べるように、貿易構造ないし輸出入産業の別は、比較優位構造の決定要因を見ることで明らかにされる。

貿易阻害要因が除去されると、比較優位産業の拡大と比較劣位産業の縮小が起こる。そして、産業の比較優位は、諸国間における財の相対価格の相違によって決定される。すなわち、相対価格の低い産業部門に比較優位が、また相対価格の高い産業部門に比較劣位が生じる。相対価格の主要な決定要因としては、ある産業で相対的に集約的に使用される投入要素が国内に豊富にあり、安価であれば、その産業の比較優位が高まるという、供給側の要因と、国内需要が他の財に比べて相対的に強いと相対価格が高まる（すなわち、クリーンな財に対する需要が相対的に強い国では、汚染集約産業の比較優位は弱くなる）という需要側の要因の2つが重要である。

汚染集約型産業の代表として挙げられる鉄鋼、非鉄金属、工業用化学、石油精製等の産業は、資本集約的であり、多くは資本蓄積の進んだ先進国の比較優位産業である。したがって、貿易自由化の進展により、先進国ではこれらの産業の輸出拡大とともに産業構成比は上昇する。また、対照的にこれらの諸産業に比較劣位をもつ発展途上国においては、輸入の拡大、国内生産の縮小を通じて、国内生産におけるこれら産業の構成比は低下する。いずれの側においても、貿易利益は拡大するが、発展途上国ではクリーンな産業の構成比が拡大し、その面では環境上の利益も発生する。また、汚染産業の汚染集約度は、厳しい環境規制や環境技術革新などによって通常先進国で低いため、世界全体として見た汚染物質の排出量も減少する傾向がある（Copeland and Taylor (2003a, b)）。この結論は、先の汚染逃避地仮説とは対立的であり、コープランド＝テイラーは、これを「要素賦存仮説」と呼んでいる。

これらの2つの仮説は、グローバリゼーションが先進諸国の主導のもとに進められ、その結果として発展途上諸国が汚染者の逃避地と化して環境汚染の悪影響にさらされているという主張と、むしろ環境汚染の集積は先進国で起こり、貿易利益と環境規制強化の利益は世界的に享受されるとする主張という形で対立的に展開されている面がある。

　しかし、南北間の比較優位はここで考慮されている以外の諸要因によっても影響され、先進国の比較優位産業が低技術・資本集約産業から高技術・人的資本集約産業へと移行しつつある点も考慮しなければならない。これに対して、発展途上国では、発展政策の影響もあり、中・低技術の資本集約産業ならびに自然資源集約産業の比較優位が拡大している傾向が見られる。これらの諸要因は、貿易自由化により発展途上国での環境悪化を（多くの場合、世界的な悪化も）生じさせるものである。このため、コープランド＝テイラーも、「汚染逃避地仮説」は正しいとはいえないが、「汚染逃避地効果」が存在することは認めている。

　したがって、問題は貿易自由化やそれに伴う経済発展の環境影響という観点からは、南北間で利害対立を引き起こすことがないような対策を講じることであり、また対立が生じるとすればそれを解消するために留意すべき点を明確にしておく必要がある。少なくとも次のような諸点が重要であろう。

　第1に、貿易自由化の推進は、資源利用の効率性向上、生活水準の向上に資するが、汚染型産業や生態系破壊型産業に比較優位をもつ国では、環境政策の適切な運営が同時になされなければならず、グローバル・コモンズのような環境資源が関わる場合には、気候変動に関する国際連合枠組条約で規定されているような「共通ではあるが差異のある責務」という考え方に基づき、発展途上国や最貧国に対する国際的支援が行われねばならない。

　第2に、経済活動規模の拡大が環境を劣化させるかどうかは、産業構成の変化や各産業における汚染集約度、自然環境資源集約度などの大きさとかその変化にも依存するため、明確な結論を導くためには影響評価が不可欠になる。

第3に、環境政策の厳しさに対する人々の要求は、生活水準とともに高まる傾向があり、政府の環境政策もそれを反映して変化する。つまり、環境政策がどれほど厳しく運営されるかは、外生的に与えられるものというよりは、中長期的には経済の変化に応じて内生的に決定されている部分も存在する。先進国から発展途上国へと比較優位産業のパターンが時間差をもって移動する、いわゆる雁行形態的発展には、技術移転や要素蓄積などの要因に伴うものの他、1人当り所得水準の上昇にともなう環境問題の発生とその対策を原因とした比較優位構造の変化も影響を及ぼしている部分がある。したがって、長期的な影響評価に当っては、環境政策の国際的進展に関しても適切な考慮を加えるべきであろう。

　以上のように貿易と環境が交錯しながら変化を遂げる様相を評価するとともに、最後に国際協定のあり方についても次の点に配慮しなければならない。それは、財・サービスの貿易にかんする国際協定が歴史的に環境問題に先んじて発展してきたため、環境面への配慮が未だ十分でない面があり、貿易協定参加国の権利と国際環境協定参加国の権利とが競合しないような体制に前者を変えていく努力が必要だということである。次節では、このような観点から国境税調整の問題を取り上げる。

第3節　国境税調整

　気候変動枠組条約の第3条の3は、温暖化対策を講じるに当って地球規模の便益を最小費用で確保することに配慮すべきことを定めている。しかし、締約国が独自に費用効果的な温暖化対策として経済的手段を採用しようとする場合、そのことから生じる自国産業の国際競争力への悪影響を懸念して、当該措置の実施を差し控える強い傾向があり、強力な温室効果ガス排出削減措置の実施が妨げられている。

　多くの国が同じ政策を共同で実施するような協定の交渉がなかなか進捗しない現状では、自国産業の撤退やいわゆる汚染逃避地へ向かう企業移動を起こさずに、気候変動枠組条約の第3条の3に定める措置を実施できる

可能性をもった方法が、国境税調整である。GATT/WTOの定義によれば、国境税調整とは、輸出国において同種の国内産品が国内市場で消費者に売られるときに課せられる税の一部または全部を輸出品から免除し、また輸入国において同種の輸入国産品に対して課せられる税の一部または全部を、消費者に売られる輸入品に課すことを可能にする財政措置、すなわち仕向地原則に対して部分的に、または全面的に実効性をもたせる財政措置をいう（GATT (1970), WTO (1997)）。

GATT/WTOにおいて産品への課税が従うべき基本的原則は、最恵国待遇（GATT第1条）と内国民待遇（同第3条）であり、国境税調整はこの原則に従う。GATTの規定では、輸出産品に関する国境税調整（第16条）と輸入産品に関するそれ（第2、3条）とが別々に規定されているが、1970年の作業部会報告書では同じ国境税調整の原則が輸出入両面に適用されることが確認されている（WTO (1997)）。すなわち、同種の国内産品に対して、または輸入産品の全部または一部がそれから製造・生産されている物品に対して、内国民待遇の原則に合致して課せられている内国税に相当する課徴金を輸入産品に課すことができ（GATT第2条の2 (a)）、また、輸出産品の輸出に際して、輸出国において消費に向けられる同種の産品に課せられている税が免除されても、それはGATTの規定上ダンピング防止税や相殺関税の対象とはならない（GATT第6条の4）。

さらに、1994年の補助金および相殺措置に関する協定（その附属書Ⅰ）では、輸出される産品の生産において消費される投入物に対して前段階の累積的な間接税[68]が課せられている場合には、国内消費向けに販売される同種の産品について当該間接税の免除、軽減、繰延べなどが認められていない場合でも、輸出産品については免税や払い戻しなどが認められると定めている。[69]ここで、生産工程における投入物の消費とは、生産工程において輸

---

68) 前段階の間接税とは、産品をつくる際に直接または間接に使用される財・サービスに課せられる間接税をいい、累積的間接税とは、ある生産段階において課税された財またはサービスが、その後の生産段階において使用されるときに前段階の課税をクレジットとして認めるメカニズムが存在しないため、多段階のそれぞれで課せられる税をいう。カスケード税とも呼ばれる。付加価値税が導入されるまで、多くの国で採用されていたが、現在では一部の発展途上国のみで実施されている。

出される商品に組み込まれ、これと一体をなしている投入物、生産工程において用いられるエネルギー、燃料および油、ならびに輸出される産品を得る過程で消費される触媒をいう（同協定、附属書Ⅱ）。

しかし、輸出入される産品の生産への投入物については、最終産品に物的に包含されるものへの課税が国境税調整の対象となるという点に関して広い合意があるものの、いわゆるオカルト税（すなわち、最終産品に物的に包含されない投入財やエネルギーへの課税のように見えなくなってしまう税・課徴金）[70]が調整可能かという点に関しては、GATT/WTO内部で完全な合意が得られておらず、締約国による個々の異議申し立てに対する調停機関の判例により決定されているのが実情である[71]（WTO（1997））。以下、5つの事案について検討するが、最初の2つは環境政策に伴う課税の国境税調整に係るものである。次の3つの事案は、国境税調整に直接関係するものではなく、環境政策目的からの輸入禁止措置の妥当性をめぐる紛争に係るものであるが、他国の生産方法や生産過程を理由に貿易措置を講じることができるか否かが争われたため、国境税調整の運用に密接に関わる事案である。これら5つの事例を通じて、この問題についてのGATT/WTOにおける考え方がどのように変わってきたかを明らかにする。

---

69) Hoerner（1998）は、エネルギー税の場合一度しか課税されないので、ここでいう前段階の累積的間接税には該当しないため、この規定によって国境税調整の対象と考えることはできないと述べている。この規定に関する限り、かれの議論は妥当であるが、付加価値税は一度しか課税されなくても国境税調整の対象であり、その前身であるカスケード税を適用対象にするというのがこの規定の趣旨であると考えれば、累積的か否かということよりも、本質的には課税の根拠と税額が明確であって、保護主義的目的に悪用されないということが重要であろう。したがって、付加価値税と同様に、売買契約に伴い仕切り状に炭素税額が記載される「付加炭素税」のようなシステムが構築されれば、累積的でなくても国境税調整の対象となることは十分に可能である。（Biermann and Brohm（2003），p. 26 参照。）

70) 他の課税物品の生産や輸送に使用される資本設備、補助原料、およびサービスへの消費税、広告、エネルギー、機械、運輸への課税等。

71) 旧GATT体制では、GATTパネルが紛争調停を扱い、その設置および審査報告は全加盟国の確認により採択されることとされていた（採択されない場合もあった）。1995年のWTO創設後は、WTOパネルに加えて上訴委員会（Appellate Body）が設置された。当初、上訴委員会は法的問題や法律解釈等について上訴が可能とされていたが、実際には上訴審の役割を果たすようになった。しかし上訴委員会よりさらに上への上訴はできない。上訴委員会の報告書は、全加盟国が参加する紛争解決委員会で全会一致の反対がない限り発効する。

(1) 米国スーパーファンド税に関する事案（1986年）

米国は、1980年に有害物質による土壌汚染対策支援のための基金（スーパーファンド）を設置したが、1986年の再授権に当りその財源を主として3種類の内国消費税（製油所に入る原油および輸入石油製品に対するバレル当りの税、指定化学品に対するトン当たりの税（化学原料税）、および指定された化学原料を含む物質またはそれらの原料からの誘導品の輸入に課せられるトン当たりの税）と大企業に対する特別法人税に求めることとなった。直接税は国境税調整の対象にならないので、問題になるのは前者のみである。3種類の税は、いずれも投入物に対する税であり、最終産品そのものに別個に税が課せられることはない。

これらの内国消費税は、輸出の際に払い戻され、また指定化学品とその誘導体の輸入の際には国内税相当分が課税されるという国境税調整が行われた。輸入者は、製造過程での指定化学品の使用情報を申告し、それに基づいて税額が算定される。申告がないものは、米国内の代表的生産方法を用いて算定された額が、また代表的生産方法がない物質については一律の税が賦課される。

カナダ、メキシコ、および欧州共同体（EC）がいくつかの理由をあげて異議を申し立てたが、GATTパネルは米国の調整を是認する決定を下した。この事案により、原料に課せられる税についての国境税調整が明確に認められたが、生産過程における投入物が最終産品に物的に包含される場合に限定されるか否かについての明確な判断は、それが争点となっていなかったこともあって示されなかった。

(2) 米国オゾン層破壊物質税に関する事案（1989年）

オゾン層破壊物質に関するモントリオール議定書に定められた義務を遵守するため、米国はオゾン層を破壊する特定の化学品に内国消費税を課すことを決めた。税率は、一般的にオゾン層破壊力に比例して定められ、輸出の際に払い戻され、輸入の際に最初の販売または使用に対して国内と等しい税率が課せられた。オゾン層破壊物質からつくられたもの、またはそれを含む産品の輸入者は、最小限（ゼロを含む）の裾きりを越えるものに

対して国境税調整が適用された。スーパーファンド税に比べてかなり高い税が課せられたため、脱税や密貿易が多く行われた。もっとも、税を使わなかったEUでも不法な輸入が多く行われたといわれている (Brack et al. (2000), p. 80参照)。

しかし、高い税率にもかかわらず、国境税調整により国内オゾン層破壊化学品産業は国際競争への不利な影響から護られ、かつオゾン層破壊物質の組織的削減が成功裏に行われることになった。また、この件の国境税調整に対しては、他国からの異議申し立ては行われなかった。

(3) ツナ・ドルフィンの事案 (1994年)

米国は、イルカ等海洋哺乳動物を保護する国内法に基づき、イルカ混獲漁法によるマグロの輸入を禁止した。メキシコ等の異議申し立てに対し、GATTパネルは同種の産品の輸入に対し非生産物関連の生産過程・生産方法[72]により差別扱いするのは、GATT規定違反であり、また一国が動物保護や枯渇資源保全のために自国の法を他国に強要することはできないという決定を下した。しかし、このパネルの決定は、加盟国により採択されることにはならなかった。

(4) シュリンプ・タートルの事案 (1998年)

絶滅が危惧されるウミガメを保護するため、米国はウミガメの多い海域でのウミガメ排除装置を備えていないエビの底引き網漁法を国内法で禁止し、また規制計画を備えているなどの理由により認証を得た国以外からのエビの輸入を禁止する措置をとった。インド、マレーシア、パキスタン、タイなどの国からの提訴を受け、WTOの上訴委員会はGATT (1994) 第20条の規定により加盟国が環境保全のために貿易規制を行う権利を持つとして米国の輸入禁止措置そのものは認めたが、輸入禁止措置に先立ちカリブ海諸国に対しては3年間の予告期間を設けたのに対してアジア諸国に

---

72) 原料等が生産物に物的に残存する場合の生産過程・生産方法を「生産物関連生産過程・生産方法」、そうでないものを「非生産物関連生産過程・生産方法」として区別する。

は4カ月の猶予しか与えなかったのは、第20条の導入規定（chapeau）が求める無差別の条件を満たしておらず、加盟国を差別していると判断した。しかし、これを受けた米国側の改善措置により、上訴委員会は米国の政策がGATTの第20条に合致していると決定した。先のツナ・ドルフィン事案に比べると、生産方法に基づく輸入禁止措置に対してより緩やかな方針が採られているといえる。

(5) アスベストの事案（2001年）

1997年にフランスは温石綿（クリソタイル・アスベスト）を含む生産物の使用および輸入を禁止する法令を発効させたが、主要輸出国のカナダがECを相手取って異議を申し立て、パネルの設置を求めた。パネルは、カナダの主張するように、アスベスト繊維を用いてつくられた製品とその他の繊維（ポリビニルアルコール繊維、セルロース繊維、ガラス繊維など）を用いてつくられた製品は同種の産品であり、それらを差別するフランスの法令はGATT第3条の4に違反するものであるが、同第20条（b）および同条の導入部の規定には合致するため、フランスの輸入禁止を妥当なものと認定した[73]。

しかし、カナダの求めにより審査を行った上訴委員会は、パネルの決定が人の健康リスクを考慮せずに同種の産品と決定したことを誤りとし、アスベスト繊維を用いた産品とその他の繊維を用いた産品とは同種の産品ではないため、フランスの法令が第3条の4に違反しないこと、また第20条（b）の一般的例外も認められるとした。そして紛争解決委員会は、この上訴委員会の決定を採択した。

以上、5つの事案について検討した結果、必ずしも状況が完全に明確になったというわけではないが、判例の積み重ねによっていくつかの点がより明確になってきたと考えられる。

---

73) 第20条（b）は、人、動植物の生命または健康の保護のために必要な措置を一般的例外として認めている。また同条の導入部の規定は、問題の措置を例外として認めるに際して、同様の条件の下にある諸国の間で差別待遇の手段としたり、偽装された貿易制限になるように適用したりしないことという条件を課している。

第1に、スーパーファンド税やオゾン層破壊物質税の事案では、原料として用いられる化学品やエネルギーで輸入産品の生産に用いられるものは、国境税調整の対象に含めることができるということが明らかになった。
　第2に、ツナ・ドルフィンの事例では生産過程を基準として貿易措置をとることができないとされていたが、この判定は採択されず、シュリンプ・タートルの事案では差別的でないやり方の場合にはそれが認められるという形で緩和された。
　第3に、アスベストの事案では、人や動植物の健康被害の有無が産品を区別する基準として認められた。
　つまり、真正の環境・健康・安全を保護する措置が貿易上無差別な仕方で適用されることが明らかな場合には、国境税調整の範囲がこれまで以上に広がる可能性のあることが示唆されたといえる。

第4節　結語

　以上の検討から、今後における展開の方向として、どのようなことが考えられるであろうか。原理上・法制上の問題と、実施上・政策上の問題に分けて考えて見よう。まず原理上の問題については、環境・健康・安全に関する国際貿易法上の不明確な点について、これまでのようにWTO加盟国が個々に一方的政策を実施し、異議申し立てを受けて判例を積み上げていくような方式から、法解釈に関して国際的合意を形成する方向への努力をすることが考えられよう。
　フランク・ビアマンは、WTO設立のためのマラケシュ協定第9条の2が閣僚理事会に対して4分の3の特別多数決によりWTO設立協定や多角的貿易協定の条文解釈に関する共通理解を決定する権限を与えていることを使って、GATT第20条その他の重要条文に関する解釈を定めることを提案している(Biermann (2000))。地球環境政策を実効あらしめるためには、秩序ある仕方で国際貿易に何らかの制限を加えることが必要となる場合があるが、それを個々の国の宣言や命令によるのではなく、多国間での合意

の下で行うことが望ましい。ビアマンは、WTO加盟国が合意する多国間環境協定の一覧表を作成し、それに含まれる協定の条文において、生産過程・生産方法に基づいて人、動物、植物の生命・健康または環境の保護を目的とした貿易制限措置を許容することが明示的に定められている限り、WTOがそれを認知する旨の協定条文解釈了解書を採択することを提案している。このような原理上の問題解決には、かなりの時間が必要とされるかもしれないが、先の事案の検討からも明らかなように、その基盤はすでに整いつつあるように思われる。

　他方、実施上の問題については、過去の事案により明確になった解釈を有効に活用しつつ、問題にあわせて具体的な方法を考案していかねばならない。ただし、エネルギーや温室効果ガスを対象とした税・課徴金への国境税調整の適用については、対象範囲や税額算定など、未経験の課題が多数あることも事実である。

　クリントン政権時代に提案されたエネルギー税案での国境税調整の方法（例えば、Hoerner and Muller（1996）参照）をはじめ、Hoerner（2000）、Ismer and Neuhoff（2004）などの諸提案を検討する必要がある。これらの提案でも述べられているように、対象範囲を少数のエネルギー集約財に限定し、国際的なベンチマーク技術を指定して税額を算定する方法などを工夫することで、実施面で必要とされる作業の量を限定することができるであろう。

　以上の原理上、実施上の問題解決に向けた取組を進めることと平行して、地球規模での環境政策の経済的手段そのものは、計画的・段階的に低レベルから導入を開始し、影響の大きい部門に対する減免措置や影響緩和策を併用しながら、問題のより基本的解決が図られるにつれて国境税調整を本格的に活用すれば、汚染逃避地効果も低減でき、環境効果的かつ費用効果的な環境保全政策と国際貿易政策の統合化が推進できるであろう。

【参考文献】

Biermann, Frank (2000). "The Rising Tide of Green Unilateralism in World Trade Law: Options for Reconciling the Emerging North-South Conflict," Potsdam Institute for Climate Impact Research Report No. 66, December.

─────── and Rainer Brohm (2003). "Implementing the Kyoto Protocol Without the United States: The Strategic Role of Energy Tax Adjustments at the Border," Global Governance Working Paper No. 5, January.

Brack, Duncan, with Michael Grubb and Craig Windram (2000). *International Trade and Climate Change Policies* (London: Earthscan Publications Ltd).

Cone, III, Sydney M. (2002). "The Asbestos Case and Dispute Settlement in the World Trade Organization: The Uneasy Relationship Between Panels and the Appellate Body," *Michigan Journal of International Law,* Vol. 23, No. 1, Fall.

Copeland, Brian R., and M. Scott Taylor (2003a). *Trade and the Environment* (Princeton: Princeton University Press).

─────── and ─────── (2003b). "Trade, Growth and the Environment," National Bureau of Economic Research Working Paper 9823.

GATT (1970). General Agreement on Tariffs and Trade Working Party on Border Tax Adjustments, "Border Tax Adjustments: Report of the Working Party adopted on 2 December 1970," L/3464.

Hoerner, J. Andrew (1998). "The Role of Border Tax Adjustments in Environmental Taxation: Theory and U.S. Experience," paper presented at the International Workshop on Market Based Instruments and International Trade, Amsterdam, 19 March.

─────── (2000). "Burdens and Benefits of Environmental Tax Reform: An Analysis of Distribution by Industry," Redefining Progress 2000 and Center for a Sustainable Economy, February.

─────── and Frank Muller (1996). "Carbon Taxes for Climate Protection in a Competitive World," A Paper Prepared for the Swiss Federal Office for Foreign Economic Affairs, June.

Ismer, R., and K. Neuhoff (2004). "Border Tax Adjustments: A Feasible Way to Address Nonparticipation in Emission Trading," University of Cambridge, Cambridge Working Papers in Economics CWPE 0409.

WTO (1997). World Trade Organization Committee on Trade and Environment,

"Taxes and Charges for Environmental Purposes: Border Tax Adjustment, Note by the Secretariat," WT/CTE/W/47, 2 May.

天野明弘（2006）「貿易と環境の国際的統合化を求めて」、環境経済・政策学会編　環境経済・政策学会年報　第11号『環境経済・政策研究の動向と展望』東洋経済新報社、pp. 27-39。

第8章
企業の社会的責任[74]

第1節　序論

　21世紀に入り、企業の社会的責任（Corporate Social Responsibility, CSR）に関する国際的な取組みが大きく進んだ。OECD（経済協力開発機構）は、2001年に多国籍企業に関する企業責任のガイドラインを作成し[75]、欧州連合理事会も同年企業の社会的責任に関するグリーン・ペーパーを発表した（Commission of the European Communities (2001)）。このような流れを受けて、ISO（国際標準化機構）は企業の社会的責任に関する国際規格を作成するのが適当かどうかを検討した後、それを妥当とする報告書（ISO (2002)）を得たうえで、組織の社会的責任（Social Responsibility, SR）に関する国際規格づくりの検討を進めている（ISO (2003a, 2003b)）。

　本章では、企業が社会的責任を果たすべき課題としてどのようなものが議論の対象とされているのか、その課題について、どのような取組みがなされようとしているのか、そして、企業の社会的責任が、それ自体の重要性とともに、環境問題と平行して論じられることが多いのはなぜかといった問題について検討する。

---

74) 本章は、天野明弘（2004）を改訂したものである。なお、補論の部分は、天野明弘（2005）による。

75) OECD（2001）。

第2節　2つのアンケート調査

　企業の社会的責任に関する議論に入る前に、2つの興味深いアンケート調査の結果を見ておきたい。いずれも米国で行われたもので、1つはビジネスウイーク誌とハリスポール社が1996年2月、1999年12月、2000年6月、2000年8月と4回にわたり、それぞれ約1,000名の成人を対象にして米国企業の評価に関する世論調査を行ったもの（BusinessWeek Online（2000））、もう1つはプライスウオーターハウスクーパーズ社が2002年および2003年に企業の社長に対して行ったアンケート調査である（Pricewaterhouse Coopers（2002, 2003））。

　まず、ビジネスウイーク／ハリスポール社の調査は、米国経済が長期の経済的繁栄を謳歌していた時期に行われたものであり、「米国のビジネス界は、1990年代の繁栄に多大の貢献をしたか」という問いには、68％がそう思う、または強くそう思うと回答して、人々が市場経済の成果に高い評価を与えていることが示されている。しかし、それと同時に「企業がアメリカ人の生活に対して過度の力を振るったり、余りにも多くの側面に影響し過ぎたりしていると思うか」という質問に対しては、82％（6月調査）および72％（8月調査）がそう思う、または強くそう思うと答えている。世論調査の最後の問いは、次の2つの考え方、すなわち

(1)「米国の企業は、ただ1つの目的——株主のために最大の利潤をあげること——を追求すべきであり、そうすることが長期的にみてアメリカにとって最善のことであろう。」

(2)「米国の企業は、1つよりも多くの目的をもつべきである。企業は従業員や操業地のコミュニティにも負うところがあるものであり、ときには利潤の一部を割いて従業員やコミュニティの状況をよくするために用いるべきである。」

という考え方のどちらに強く共鳴するかを選ばせるものである。その回答は、1999年も2000年も、95％という圧倒的多数が後者に賛同する結果となっている。1999年には5％が前者を選び、2000年には4％が前者、1％が不明（もしくは無回答）であった。

それでは、企業の側ではどのように考えているのであろうか。2002年1月に発表されたプライスウオーターハウスクーパーズ社の第5次グローバルCEOサーベイ（PricewaterhouseCoopers（2002））では、「持続可能性とは、概ね広報・渉外などの対社会的関係の問題であると思うか」という問いに対して、そう思わない（32％）、強くそう思わない（35％）と否定的な見解が3分の2を占め、「持続可能性はどの企業にとっても収益性を決める重要問題であると思うか」という問いに、そう思う（38％）、強くそう思う（41％）と肯定的な見解が8割を占める結果となった。

表1は、同社が翌年に行った同様なアンケート調査（PricewaterhouseCoopers（2003））の中で、持続可能性へのアプローチに関連して、企業が現在取り組んでいる課題について、回答の多かった順位を示したものである。あらためて、行動綱領や経営倫理の見直しを行っていることとともに、自社の活動、サプライチェーン、製品ライフサイクルなどの面での環境負荷低減や、雇用の機会均等、従業員の生活面での時間的余裕などに配慮した取組みが行われていることがわかる。しかし、人権問題や温暖化対策が相対的に低い位置にあるなど、米国社会の一端を示している面もある。

表1　重要な取組み項目

現在取り組んでいる項目 （取組み企業の割合）	％
1. 価値、倫理、行動綱領	87
2. 雇用の機会均等と多様化	76
3. 経営活動の環境影響	71
4. サプライチェーンの持続可能性パフォーマンス	64
5. 仕事と生活のバランス	55
6. 製品のライフサイクルを通した環境負荷	51
7. 環境訴訟	49
8. 人権問題（児童労働を含む）	48
9. 温室効果ガス排出削減	40

（出典）PricewaterhouseCoopers（2003）. Exhibit 13.

表2は、同じアンケート調査から、企業の持続可能性へのアプローチに強い影響を及ぼす要因の順位を示したものである。第3位から第7位までの要因が企業の収益性に影響する実体的要因であるのに対して、自社の名声・ブランドと、社員・従業員の評価といった要因は、ステークホルダーによる企業の総合的評価を示す要因であり、環境問題や社会的問題への経営のアプローチが新たなボトムラインとして加えられるようになった背景を如実に示している。なお表3は、2002年の第5次アンケート調査から、会社の社会的名声に影響を及ぼすと考えられている要因を参考までに掲げたものである。社員・従業員を含むステークホルダーへの責任ある対応が、伝統的な株主価値の創造に勝る要因として認識されていることが確認できる。

表2　持続可能性へのアプローチに重要な影響を及ぼす要因

持続可能性アプローチへの影響 （著しい影響＋かなりの影響の割合）	％
1. 名声、ブランド	79
2. 社員にとっての魅力	69
3. 原価管理／原価削減	66
4. リスク管理	64
5. 株主価値の増大	63
6. 政府の規制	62
7. 取締役会の影響	61
8. 投資家の圧力（社会的責任投資を含む）	39
9. 外部の圧力団体	26

（出典）PricewaterhouseCoopers (2003), Exhibit 14.

表3　会社の名声に重要な影響を及ぼす要因

会社の社会的名声に影響を及ぼす要因 （回答企業の割合）	％
1. 健康で安全な職場環境の提供	96
2. 法的要件の有無にかかわらず全ステークホルダーに責任ある対応をすること	84
3. 株主価値の創造	74
4. 良好な環境パフォーマンス	71
5. コミュニティ事業の支援	71
6. 慈善事業への寄付	54
7. 外部の認定	51

（出典）PricewaterhouseCoopers (2002), Exhibit 6.

第3節　企業の社会的責任とは

　企業、とくに大企業に対する社会の信頼度が今日ほど低下したことはなく、それを回復することが緊急の課題であることは、国際的な共通認識となっている（たとえば、IISD-ISO (2003) 参照）。しかし、企業の社会的責任がどういうものかを定義するのは、簡単ではない。企業が置かれている文化的・社会的・経済的諸条件によって、ステークホルダーの範囲や関係は異なり、したがってそれらとの関係でみた企業の責任の内容も異なり得るからである。

　一例として、欧州委員会は、「企業の社会的責任とは、企業が自主的にその社会的・環境的関心を自らの活動に統合化するとともに、ステークホルダーとの相互関係の中にもそれらを統合化することである。」と定義している。そして、社会的責任を果たすということは、単に法的な要請を満たすだけではなく、遵守を超える目標を掲げ、その達成のため、人的資源、環境、およびステークホルダーとの関係に投資することであって、環境面で責任ある技術や経営実践への投資が企業の競争力向上に繋がり、労働環境や職場の健康・安全への投資が生産性を高めることは、これまでの経験から知られていると述べている（Commission of the European Communities (2001), pp. 6-7.）。

　ISO は、先にあげた報告書の中で、持続可能な発展に関する世界経営協議会（World Business Council for Sustainable Development, WBCSD）や社会的責任経営（Business for Social Responsibility, BSR）によるものを含むいくつかの定義を検討している。

　WBCSD の定義：企業の社会的責任とは、企業が、従業員、かれらの家族、地域コミュニティ、社会一般とともに働き、彼らの生活の質を改善する目的をもって持続可能な経済発展に貢献するコミットメントである。

　BSR の定義：企業の社会的責任とは、社会が企業に対して抱いている倫理的、法的、商業的、公共的な期待を満たし、さらにそれを超えて企業活動を行うことである。先導的な企業から見れば、CSR

とは個別の実践や職業的意思表示、あるいはマーケティング、広報、その他の企業利益のための活動の寄せ集めではなく、トップマネジメントが支持し奨励する経営活動ならびに意思決定過程全般を通して統合化された政策・実践・事業プログラムの包括的な集合体である。

そして、ISO は、企業の社会的責任の定義が多くの場合トリプル・ボトムラインと呼ばれる経済的、社会的、環境的側面での企業のパフォーマンスを測定し報告する枠組概念と重なっていることを指摘し、とりわけ次の5つの点が重要視されつつあると述べている。第1に、製品やサービス自体と同様に、それらを生産し、提供する過程が重要であること、第2に、顧客、従業員、かれらの家族に始まり、供給業者、より広いコミュニティ、環境、投資家、株主、および政府など、サプライチェーンを経由して企業に関連するすべてのステークホルダーから企業はかなりの恩義を受けていること、第3に、法の文言と精神を遵守することは必須であるが、企業の社会的責任はまた、法に規定されていない問題にも対処することを企業に対して求めるものであること、第4に、透明性、説明責任、一般への開示、株主の実質的関与とそれへの報告などが基本的重要項目であること、そして第5に、過程とパフォーマンスに対する統合的、整合的、包括的、かつ首尾一貫したアプローチが必須であることなどである（ISO（2002），pp. 4-5）。

第4節　企業の社会的責任に関する問題項目とその重要度

OECD は、2001年に多国籍企業の責任に関する包括的なガイドラインを策定したが（OECD（2001a））、その際、企業の責任を定めた他のいくつかの文書とガイドラインとを比較検討している。中でも、これらの文書がどのような問題領域を取り上げているかを比較しているので、共通性の高い問題が何かを知ることができる。比較に取り上げられた文書は、(1) コー経営原則、(2) グローバル・レポーティング・イニシァティブ、(3) グロー

バル・サリバン原則、(4) OECD 多国籍企業ガイドライン、(5) ベンチマークス・グローバル企業責任原則、(6) 社会的責任 SA 8000、(7) 国連グローバル・コンパクトの7つである。[76]

OECD の委嘱を受けて BSR はこれらの文書で取り上げられている問題を、(1) 説明責任、(2) 企業行動、(3) 地域コミュニティへの関与、(4) 企業統治、(5) 環境、(6) 人権、(7) 市場・消費者、および (8) 職場・雇用の8つの範疇に分けている。

BSR は、これらの8つの範疇をさらに54の項目に細分化しており、それらを見れば企業の社会的責任の中でどのような範囲の問題が問われているかが分かる。以下は、その範疇の項目を示したもので、かっこ内の細項目も含めて総数が54である。

(1) **説明責任**：透明性、ステークホルダーの関与、報告（業績報告、環境成果、人権問題）、モニタリング・検証（業績報告、環境成果、人権問題）、基準の適用（当該企業、提携企業）……10項目
(2) **企業行動**：一般的責任、法の遵守、価格固定・談合・独占行為等の競争行動、汚職、政治活動、特許権・知的財産権、不正の告発、利害対立……8項目
(3) **地域社会への貢献**：一般的事項、地域経済経営への関与、地域従業員・地域の雇用促進、慈善活動……4項目
(4) **企業統治**：一般的事項、株主の権利……2項目
(5) **環境**：一般的事項、予防原則、製品ライフサイクル、企業の環境問題に関するステークホルダーの関与、環境教育、環境管理システム、公共的環境改善……7項目
(6) **人権**：一般的事項、健康と安全、児童労働、強制労働、結社の自由、賃金・各種給付、先住民の権利、人権教育、規律、保安要員、労働時間・超過勤務……11項目
(7) **市場・消費者**：一般的事項、マーケティング・広告、製品の品質・

---

76) これらの諸原則については、次の文献を参照。(1) Caux Roundtable (1986)、(2) GRI (2002)、(3) Mallenbaker.net (1999)、(4) OECD (2001a)、(5) Global Principles Network (2003)、(6) Social Accountability International (2001)、(7) United Nations (2003)。

安全、消費者のプライバシー、欠陥製品の回収……5項目
(8) **職場・雇用**：一般的事項、差別の撤廃、訓練、人員削減・レイオフ、ハラスメント・職権乱用、子供・高齢者問題、産休・育休……7項目

　OECDのものも含めた7つのガイドラインで、すべてのものが取り上げた項目は、説明責任と人権の2項目だけであり、その他の項目の取り上げ方については、かなりのばらつきがある。もっとも包括的なものはBenchmarksで、54項目中の44項目を取り上げている。OECDのガイドラインがこれに次いで38項目を扱っている。いずれも8つの範疇すべてをカバーしているが、同様に8つの範疇について何らかの言及をしているのは、コー原則（27項目）とGRI（27項目）である。残りの3つは、企業統治と市場・消費者という2つの特定範疇を除外したサリバン原則（19項目）およびグローバル・コンパクト（12項目）と、逆に説明責任、企業統治、人権、および職場・雇用の4つの範疇のみを扱った社会的責任8000（20項目）で、比較的一般的な枠組みに関する原則を示そうとしたものか、あるいは特定の問題領域に集中した原則を示そうとしたものである。

　8つの範疇の諸項目で、これら7つのグローバル諸原則中に取り上げられた総数は、説明責任44、人権29、企業行動25、職場・雇用21、環境20、地域社会への貢献14、市場・消費者13、企業統治6などとなっており、分野ごとの項目数当たりの割合（各分野で取り上げられた総数を当該分野で用意された項目総数で除した比率）で見れば、説明責任0.63、地域社会への貢献0.50、企業行動0.45、企業統治および職場・雇用0.43、環境0.41、人権0.38、市場・消費者0.37となっている。取り上げられた総数という意味では、説明責任、人権、企業行動、職場・雇用などの面での企業の社会的責任への関心が高いが、グローバルな原則としての取り上げ方（設定された項目の中で実際に取り上げられたもの）という意味では、説明責任、地域社会への貢献、企業行動、企業統治・職場と雇用などの優先度が高い。説明責任、企業行動、職場と雇用などはどちらの観点からも高い優先度を示しているが、人権と地域社会への貢献がかなり違った位置づけをされているのは、理念と実践の食い違いを表しているようで、興味深い。地域社会への貢献は、項目数は少な

いが、どの原則にも比較的まんべんなくあげられているのにたいして、人権は、少数の原則に詳しく取り上げられているものの、他の多くの原則ではそれほど関心が払われていない状況が示されているからである。

第5節　社会的責任への対応が企業にもたらす利益

　前2節で述べた原則や考え方は、かなりの企業（とくに多国籍企業や大企業）に受け入れられつつあり、社会的責任原則の確立と実施は、企業の収益性に対立するものではなく、むしろ両立するものであるとの認識が広まってきている。環境保全あるいは企業の社会的責任の遂行が企業の財務的業績とどんな関係にあるかについては、理論的には、企業価値のステークホルダー理論により、多数のステークホルダーのニーズを調整し、全体的に対応を図るような経営管理の適応が長期の企業業績に貢献することが示されている。もっとも、実証研究によって明確な検証がなされたかという点については、これまでのところ必ずしも全面的な意見の一致が見られているとはいえない。しかし、Orlitzky *et al.* (2003) は、これまでになされた52の実証分析（全サンプル数33,878）を対象に綿密なメタ解析を施し、企業の社会的・環境的責任パフォーマンスと財務的パフォーマンスとの間に統計的に有意な相関が認められるという結果を得ている。[77]

　事実、社会的責任活動、より一般的には持続可能性経営により、企業の名声が向上し、あるいは不名誉な結果をもたらす活動が減少する効果は大きいようである。先進国、発展途上国を含む世界15カ国131社を対象にISO14001の認証取得の動機や効果についてのアンケート調査を行ったRains (2002) によれば、認証取得の目的としてもっとも多くあげられたものは、ステークホルダーとの良好な関係の構築・維持と、自らが属する産業部門におけるリーダーシップの発揮であった。経費削減、効率性向上等の経済的目的も多かったが、先の2つに比べれば優先度は低かったと報告

---

77)　この問題については、本書第3部で詳しく取り上げる。

されている。規制主体や、操業地における地域住民、また広く市民一般との良好な関係の構築などは、企業の社会的責任活動の目的であると同時に手段でもあることから、両者の相互促進的作用が働くのであろう。

　もっとも、環境保全や職場の安全・健康管理等の実施により、経営の資源／エネルギー効率や労働生産性の向上から経費削減が実現される面も無視できない。また、経営者のリスクに対する感受性が高まり、リスク管理手法向上への努力が強められるとか、会社のイメージ向上によって、社員の採用面への好影響、組織内定着率の上昇、倫理観の向上、能力開発への取組みの進展など、人事面でもプラスの影響が見られる。

第6節　ISOによる社会的責任規格の検討

　企業の社会的責任に関する関心の高まりを反映して、ISO（国際標準化機構）も企業その他の組織が社会的責任を果たすのを支援する管理システムツールの必要性を認めるようになった。2002年6月に開催されたISOの消費者政策委員会（COPOLCO）の年次会合で、「企業の社会的責任に関するマネジメント・システム規格を策定することは、消費者の観点から望ましく、かつ実現可能であり、ISOでさらに検討を進めるに値する問題である」との結論に到達した。「グローバル市場における消費者保護」作業グループが作成した「ISO CSR規格の望ましさと実現可能性に関する報告書」と2002年6月10日に「CSR：概念と解決策」と題して行われた特別ワークショップでの結果に鑑み、消費者政策委員会はISO評議会がこの問題をさらに検討するためのステークホルダー会合を設立するよう勧告した。上記報告書の作成およびワークショップの開催は、ISO評議会がこの分野におけるISO基準の実現性を探るために2001年に消費者政策委員会に要請して行われたものである。

　2003年初め、産業界、政府、政府間組織、労働界、消費者、NGOを含む広範なステークホルダーから構成される戦略的顧問グループ（Strategic Advisory Group, SAG）が設置され、綿密な議論と検討を経て、翌年4月に

ISOが社会的責任に関する国際規格の開発に取り組むべき条件を明らかにした報告書を発表した。そこでは、①この問題に取り組む際に満たされるべき条件、②提供物の内容と範囲、および③開発の過程で注意すべき問題の3つが述べられている。これらは、ISOによる社会的責任に関する国際規格の開発を性格づける重要な視点が含まれているので、やや詳くに紹介しておこう。

まず①については、国際機関・国際条約ならびに各国政府がこの問題で果たすべき役割との関係を明確にし、また社会的責任の達成に関する唯一の基準が存在しないこと、そして適切な国際規格を考える上で関連のある利害関係者がすべてカバーされているかを必要に応じて見直すことなどが挙げられている。②の問題では、認証取得のための明細基準ではなく、ガイダンスを与えるための規格であり、規模の大小を問わず、企業その他の組織一般を対象とし、それらの組織のマネジメント・システム自体ではなく、その環境的・社会的業績の改善をもたらすものであることが重視されている。そして③については、発展途上国の参加が強調されている。[78]

第7節　持続可能性とトリプル・ボトムライン

企業の社会的責任は、持続可能性の概念と密接な関係をもって議論されてきており、この概念はまた、トリプル・ボトムライン（経済、社会、環境の重視）という表現とほぼ同義に用いられることも多い。もっとも、前者を目標、後者を目標実現への行動を開始させる指標と見ることもできる。いずれにせよ、これらの概念は、企業の個々の行動に制約を課すものとしてではなく、企業行動に関して一般的な方向付けや責務を示す性格のものといえよう。

そのような意味での一般的責務は、どのようにすれば履行が確保されるのであろうか。米国の「知る権利法」に基づいて、民間当事者あるいは

---

78)　ISO（2004）参照。

一般市民からの訴訟により履行確保を図るのは、1つの方法である。たとえば、米国の大気浄化法では、誰でもこの法の履行確保が行われていないと思えば、訴訟を起こすことができる旨、規定されている。また、最近いわゆる環境民主主義を敷衍するための国際条約であるオーフス条約の下でPRTRに関する議定書が締結され、各国の批准を待っているが、これも情報開示に対する締約国一般市民の権利を拡大する性格をもっている。

　しかし、当面のところこのような形で一般的な企業の社会的責任の履行確保を図る法的措置は、それほど多くはない。むしろ、民間の自律的な活動がそれに近い働きをしている傾向のほうが先行しているように見える。たとえば、消費者に近い製品のメーカーは、会社の反社会的活動に関するメディアの報道や市民の反対運動によって大きな損害を被る可能性がある。また、それらの企業に融資をしている金融機関に対する反対運動も起こり得る。具体的な法律がなくても、公共の利益にそぐわない事業活動が社会的に制約される例は少なくない。このような動向を、会社の取締役や経営者がどう理解するかは、会社によって異なるであろう。現行法の規定よりも進んだ形で公共の利益を守る企業活動を行うことが、現在ならびに将来の利益につながる（もしそのような法律が存在するようになれば、当然そうなる）との判断が正しくなされるかどうかが、成功・失敗の分かれ道になる。

　ある公共の利益を守るという具体的な条項が立法化された状態を予想し、まだそれが実現されていない状況の下で考えると、公共の利益を守るために必要な遵守費用は、現時点では必要とされないが、立法化された暁には必要になる。これは、環境破壊を禁止する法律が制定される場合と同様である。公共の利益を守る費用が払われずに企業活動が継続されているとき、「公共の不利益」は現実には当該企業以外の誰かの負担となっている。これは、経済学でいう外部費用である。したがって、公共の利益を守る条項を立法化することは、その外部費用の一部または全部を内部化することにほかならない。

　このように見てくれば、環境問題と社会問題との類似性は明らかである。環境と経済の統合という考え方がトリプル・ボトムラインという概念を生み出したのは、その意味で自然な拡張であったといえよう。広範な経済活

動を行い、経済システムの面ではもちろんのこと、生態系と社会システムのそれぞれの面で公共の利益にそぐわない活動部分に対して企業の責任を問うためのメカニズムが存在しなければならないという発想であり、その責任を遵守するための費用を経済システムの中に組み込むという点では、環境問題も社会的責任も共通点をもっている。また、どちらの場合についても、そのメカニズムがもっぱら何らかの公的な立法化や規制による場合も、民間の活動ルールとして半ば自発的に制度化される場合もあり得る点も共通している。もちろん、2つの方法が混合している場合もあり、実際にはこの形が多いといえよう。資本主義的経済制度の進化の過程で見られた会計制度、労働制度、独占禁止制度などさまざまな制度的発展の延長上に、持続可能性という視点からこれまで軽視されてきた環境を含む企業の社会的責任の問題が見直され、新たな制度化に向けた長い道のりをたどり始めたと考えるべきであろう。

補論　企業の社会的責任と中小企業

　21世紀に入って、企業経営のあり方に関する社会の考え方が大きく変わり始めている。このような潮流には、地球温暖化のような地球規模での環境問題の深刻化から、環境問題への企業の取組に対する社会の要請がこれまでになく高まってきたことが一つ、そしてグローバリゼーションや国際的な規制緩和・民営化の政策的推進と並行して表面化してきたさまざまな業界における企業の不正・不祥事の頻発がもう一つの背景となっている。

　海外では、国際連合や経済協力開発機構、欧州委員会などの国際機関や、NGO、企業活動を支援する各種団体などが「企業の社会的責任（CSR）」という表現で、企業が社会的に果たすべき責任の内容やそれを遂行する過程についてのガイドラインを発表している。たとえば、国際商業会議所は、責任ある経営行動とか、自主的な企業のイニシャティブといった用語法がより望ましいとしながらも、一般によく使われている表現であるとして「企業の社会的責任」という用語を受け入れ、それを「経営体がその活動を責

任ある仕方で管理することについて自主的に義務を負うこと」と定義している。そして、包括的な価値と原理を定め、それらを経営政策および経営実践と意思決定の過程全体を通じて経営活動に統合する形で企業の責任を果たすアプローチを採用する企業がますます増えつつあるとしている。

しかし、「企業の社会的責任」の定義や内容については、きわめて多くの考え方や提言があり、国際的に厳しい競争にさらされている企業に対して、共通の土俵を与える必要があるとの見方もある。この問題について、よりフォーマルな枠組みを積極的に推進する立場をとっている欧州委員会は、企業の社会的責任のあり方を基本的には企業の自主的活動としながらも、2001年に発表したグリーン・ペーパーの中でそれらの活動を「社会的責任報告書」の形で公開し、第三者による検証を受ける必要があるという考え方を示している。

実際、英国政府は英国企業の国際競争力を高める目的で、2004年暮れに会社法を改正し、一定規模以上の企業に対して「事業活動・財務報告書」を年次報告書の一部として公表することを義務付けた。この報告書では、環境、雇用、社会、コミュニティなどに関する経営政策について、それらが当該企業やより広い範囲の利害関係者に対してどんな影響を与えるかを株主が知る必要があると取締役会が判断するかぎり、それらを報告書に含めなければならない。

こういった形での企業の社会的責任に対する取り組みは、大企業や多国籍企業をまず念頭において発想され、進められているが、中小企業は埒外にあるかといえば必ずしもそうではない。たとえば、東京商工会議所が会員企業を対象に2004年第3四半期に行った調査によれば、9割を超える企業が何らかの形でCSRに取り組んでいると回答している。次のページの図1は、複数回答で重要と考えられる項目の割合を示したもので、法令遵守は当然として、環境問題をCSRの重要項目として認識していることと、顧客・取引先の信頼獲得、ならびに従業員の教育や人権の尊重などをそれに次いで重視している傾向が明瞭に見られる。さらにこの調査では、CSRに取り組む意義・メリットについて、消費者や顧客からの信頼性の向上（88.6%）と従業員の意識向上（74.7%）の2項目が他を圧倒して高く、商

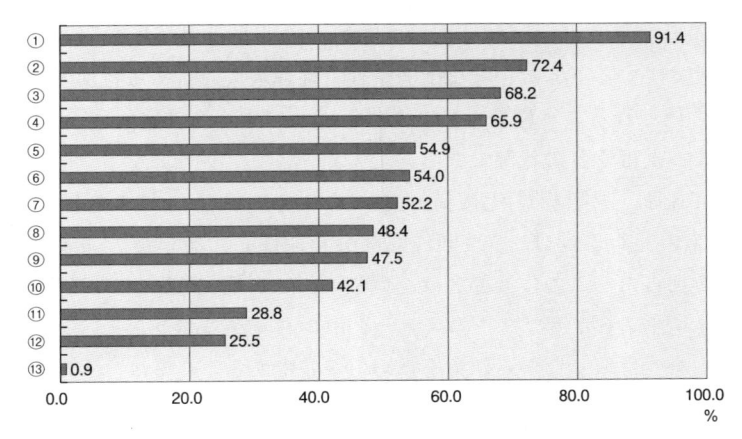

①法令順守 91.4
②環境への配慮 72.4
③顧客(消費者)の信頼獲得 68.2
④取引先の信頼獲得 65.9
⑤従業員の教育 54.9
⑥人権の尊重 54.0
⑦社会貢献 52.2
⑧地域社会との共生 48.4
⑨個人情報等の適正な管理 47.5
⑩株主・債権者の理解と支持 42.1
⑪社員・従業員が自己発現できる環境づくり 28.8
⑫社会とのコミュニケーション 25.5
⑬その他 0.9

①法令順守
②環境への配慮
③顧客(消費者)の信頼獲得
④取引先の信頼獲得
⑤従業員の教育
⑥人権の尊重
⑦社会貢献
⑧地域社会との共生
⑨個人情報等の適正な管理
⑩株主・債権者の理解と支持
⑪社員・従業員が自己発現できる環境づくり
⑫社会とのコミュニケーション
⑬その他

(注) 有効回答数337社、複数回答
(出典) 東京商工会議所 (2004)

図1 CSRの重要項目

品価値の向上 (33.7%) や投資家からの良い評価 (38.3%) を大きく引き離している。そして、これらの結果には、企業規模による差異は特に見られないことが報じられている。

　その一方で、中小企業には大企業に比べてCSR活動に割ける人材や時間の余裕が少なく、資源も豊富ではないことが多い。企業と持続可能社会に関する英国の研究センターであるBRASSが行った中小企業調査でも、多くの企業がCSR活動のメリットを認めながら、それが企業の利益に真に貢献しているか確信を持てず、政府が中小企業のより広範な関与を求めるのであれば、もっと支援策を講じるべきであると考えていることが明らかにされている。わが国では、環境問題への取組みについては「エコアク

ション21」があり、(財)地球環境戦略研究機関がその認証機関としての役割を務めている。また、環境配慮型経営促進事業に対する特別の融資制度なども見られるようになってきた。しかし、中小企業に対するCSR支援は始まったばかりの状況である。

　2005年3月、国際標準化機構（ISO）は社会的責任に関する国際規格ISO26000の発行に向けた第1回作業部会を開催し、数年後の発表へのスタートを切った。この作業部会は、産業、政府、労働、消費者、非政府組織、およびその他の6カテゴリーのステークホルダーからバランスのとれたインプットを受け取りながら作業を進める予定である。企業は、もはや経営者や社員・従業員、株主だけのためにあるのではなく、幅広いステークホルダーやコミュニティの発展のためにあるべきことが、今後ますます明確になってくるであろう。わが国でも、環境問題に限らず、広く労務、消費者、人権、健康・安全などを含めた中小企業のCSRへの取組みを支援する官民のプログラム開発がもっと進められねばならない。

【参考文献】

Business Week Online (2000). "Business Week/Harris Poll: How Business Rates: By Numbers," September 11.
　http://www.businessweek.com/2000/00_37/b3698004.htm

Caux Roundtable (1986). "Principles for Business," University of Minnesota Human Rights Library.
　http://www1.umn.edu/humanrts/instree/cauxrndtbl.htm

Commission of the European Communities (2001). "Green Paper: Promoting a European Framework for Corporate Social Responsibility," COM (2001) 366 final, Brussels, July.

――― (2002). "Corporate Social Responsibility: A Business Contribution to Sustainable Development," COM (2002) 347 final, Brussels, July.

第 8 章　企業の社会的責任　　157

Global Principles Network (2003). The Steering Group of the Global Principles Network, "Principles for Global Corporate Responsibility: Bench Marks for Measuring Business Performance," third edition.
　　http://www.bench-marks.org/downloads/Bench%20Marks%20-%20full.pdf
Global Reporting Initiative (GRI) (2002). "Sustainability Reporting Guidelines."
　　http://www.globalreporting.org/guidelines/2002/gri_2002_guidelines.pdf
Gordon, Kathryn (2001). "The OECD Guidelines and Other Corporate Responsibility Instruments: A Comparison," OECD Working Papers on International Investment, Number 2001/5.
Hinkley, Robert (2002). "28 Words to Redefine Corporate Duties: The Proposal for a Code for Corporate Citizenship," *Multinational Monitor*, Vol. 23, No. 7&8, July/August.
IISD-ISO (2003)."A Background Paper to the International Organization for Standardisation's (ISO) Strategic Advisory Group on Corporate Social Responsibility," *IISD-ISO CSR Briefing* #1, January.
ISO (2002). "The Desirability and Feasibility of ISO Corporate Social Responsibility Standards," Final Report, May.
────── (2003a). "Report of the First Meeting of the ISO Strategic Advisory Group on CSR," January.
────── (2003b). "ISO/TMB Advisory Group on CSR (Corporate Social Responsibility) Recommendations to TMB," ISO/TMB AG CSR N9, February.
────── (2004). "ISO Strategic Advisory Group (SAG) on SR," Update Briefing #8: May.
　　http://www.iids.org/pdf/2004/standards_csr_briefing_8.pdf
────── (no date a). "Preliminary Working Definition of Organizational Social Responsibility," ISO/TMB AGCSR N4.
────── (no date b). "Social Responsibility ─ Preliminary Issues," ISO/TMB AGCSR N4Rev.
Mallenbaker.net (1999). "Global Sullivan Principles."
　　http://www.mallenbaker.net/csr/CSRfiles/gsprinciples.html
OECD (2001a). "OECD Guidelines for Multinational Enterprises 2001," Annual Report 2001, OECD, Paris.
　　http://www.oecd.org/document/28/0,2340,en_2649_34889_2397532_1_1_1_1,

00.html
―――― (2001b). "Promoting a European Framework for Corporate Social Responsibility: Green Paper," COM(2001) 366 final, July.
―――― (2002). "Communication from the Commission concerning Corporate Social Responsibility: A Business Contribution to Sustainable Development," COM (2002) 347 final, July.
Orlitzky, M., F. L. Schmidt, and S. L. Rynes.(2003). Corporate Social and Financial Performance: A Meta-Analysis, *Organization Studies*.
PricewaterhouseCoopers (2002). 5th Annual Global CEO Survey.
―――― (2003). 6th Annual Global CEO Survey.
Social Accountability International (2001). "Social Accountability 8000."
http://www.cepaa.org/Document%20Center/2001StdEnglishFinal.doc
United Nations (2003). "The Global Compact: Corporate Citizenship in the World Economy."
http://www.unglobalcompact.org/irj/servlet/prt/portal/prtroot/com.sapportals.km.docs/documents/Public_Documents/gc_brochure.pdf
天野明弘 (2004)「企業の社会的責任について」天野明弘・大江瑞絵・持続可能性研究会編著『持続可能性社会構築のフロンティア』関西学院大学出版会、第 6 章、pp. 146-158.
―――― (2005)「企業の社会的責任と中小企業」、*TOYRO BUSINESS*(自然総研) 6 月号、pp.4-5.
東京商工会議所 (2004)「平成 16 年 7 月期 企業経営者の景況感に関する調査結果」。
http://www.tokyo-cci.or.jp/kaito/keikyo/h16/160824.pdf

第9章
循環型社会の構築とサービサイジング[79]

第1節　はじめに

　市場経済システムを採用する国々では、環境問題の解決のために外部費用と呼ばれている環境負荷にかかる費用を経済活動の意思決定に含めなければならない。最近では、このことが経済の専門家でなくてもかなり理解されるようになってきた。環境負荷をかけることで社会に負担を負わせても、それが費用として自らの負担にならなければ、経済活動を行う際にできるだけコストのかからない環境資源を使って、自らが費用を支払わねばならない他の資源を節約したほうが有利なので、環境資源は乱用されてしまうからである。

　環境費用は、まず環境負荷を引き起こすような経済活動を始める主体（多くの場合、生産活動を行う企業）が支払うという原則が確立されれば、環境資源を利用することは利用者にとって費用がかかることになり、他の資源と同じように節約の対象になる。また、環境資源が少なくなってそれを利用する費用がかさむようになれば、さらにそれを節約する誘因は強くなるであろう。これは、通常の市場経済システムの原理と同じであり、これまでは「ただ」であった環境資源も、少ない資源を効率よく利用して生活を豊かにする仕組みの一部となるのである。このような原則を「汚染者支払原

---
[79]　本章は、地球環境関西フォーラムの循環社会技術部会に2005年3月に提出した原稿を改訂したものである。天野明弘・藤川清史（2006）参照。

則」といい、先進国をはじめ、発展途上国でも環境の持続性を保持しながら市場経済システムを運営するための原則として受け入れられている。

　ところが、市場経済システムでも公共的サービスの多くは市場原理とは別の仕方で供給されている。多くの国で、比較的最近まで、廃棄物の処理は、府県や市町村など地方自治体の担当する仕事とされ、廃棄物を処理するための直接的な経費は税金によってまかなわれてきた。製品が売られ、消費され、廃棄されて、環境負荷をつくり出すような方法で処分されても、その費用の一部が地域住民からの税金でまかなわれるような状況は、汚染者支払い原則とは合致しない。つまり、生産者は、原料や製品の生産に伴う環境負荷に対して環境資源利用料を支払うだけではなく、それが使用済みとなり、廃棄物として処分されるときの環境負荷にかかる費用も支払うというのが、汚染者支払い原則と整合すると考えられるようになってきたのである。この考え方がヨーロッパで広まり、「拡大生産者責任」と呼ばれるようになった。

第2節　拡大生産「者」責任と拡大生産「物」責任

　容器・包装廃棄物や使用済み製品などの最終処分場となる埋立地の逼迫から、拡大生産者責任の考え方がドイツでまず容器包装廃棄物に関して制度化された。容器・包装についてリサイクル率を定め、それを達成するような引取り・リサイクルのシステムは、生産者が運営するのを原則とするが、その費用を負担すれば、物理的な引取り・リサイクルの義務は免除されるとする制度が立法化され、容器・包装廃棄物の削減に効果を発揮した。この考え方は、その後他の先進諸国へも波及し、その対象も容器・包装か

---

80)　「汚染者負担原則」といわずに「汚染者支払原則」というのは、企業の場合、環境利用費用を製品・サービスの販売価格に含めて実質的な負担の一部または全部を回収できるため、製品・サービスの買い手も実質的に負担する部分があり得るからである。この場合でも、最初に環境汚染のきっかけをつくる企業は、その費用をまず支払わねばならない。つまり支払を少なくすれば環境汚染を少なくできるという誘因のメカニズムは、当該企業が最終的にその費用を負担しなくても働くのである。

第 9 章　循環型社会の構築とサービサイジング　　161

ら家電・電子機器、食品、建設資材、自動車などへと拡張されている。

　他方、廃棄物最終処分場の逼迫が問題にならない米国では、拡大生産者責任の考え方は連邦レベルでは受け入れられなかった。米国には、1976年に制定された「容器包装の回収を含む資源保全・回収法（Resource Conservation and Recovery Act, RCRA）」があったが、それに拡大生産者責任の考え方を盛り込んで改正する再権限化法案を1992年に議会に提出したところ否決されてしまい、欧州その他の国々のように拡大生産者責任を立法化できる見込みはなくなってしまったのである[81]。

　しかし、クリントン政権下で設けられた「持続可能な発展に関する大統領諮問委員会」は、1996年に環境、経済、社会の国家目標を達成するための政策提言を発表し、その中で拡大生産者責任とは異なる「拡大生産物責任」を提案した。相違点は、次の4つにまとめられる[82]。

（1）責任は、生産物の全生涯にわたる環境影響に関するものであり、消費後の段階のみに限定されるものではないこと
（2）責任は、消費者、政府、生産物チェーンに関わる全主体で分担されるべきもので、製造業者や小売業者など一部の主体にターゲットを絞るべきではないこと
（3）責任は、必ずしも物理的・金銭的なものばかりではなく、例えば消費者教育なども含まれてよいこと
（4）強制的なものではないこと

の4つである。もっとも、製品の環境負荷がその使用済み段階のものだけではなく、製品の全ライフサイクルに関わることは、そのとおりであるが、政府も含め、生産物チェーンに関わる全主体の責任分担が明確に特定化されていないこと、および物理的・金銭的責任以外の責任が特定化されていないことなどから、拡大生産物責任の考え方は、実施面での政策効果の確保が課題と考えられている。

　しかし、米国では連邦政府のほかに州政府が欧州諸国と同様な拡大生産

81）Fishbein（2000）, p. 73 参照。
82）Fishbein（1998）参照。

者責任に基づく政策を採用しているところもあり、1990年代以降、産業全体として2つの考え方の間で不整合を起こさないような取組みや、自主的に自社製品に関して生産物責任計画を策定・実施する企業も多く現れるようになった。「生産物」に関する環境負荷低減と企業価値の増進を両立させるような取組みが米国において多く創案されるようになった背景には、このような米国特有の事情も一役買っていたものと思われる。

第3節　拡大生産者／生産物責任論の基本的狙い

　いま、使用済み製品の再使用・再生利用・汚染物質の適正処理・廃棄物の最終処分などにかかる費用を政府が負担し、その財源を税金でまかなう場合と、生産者・流通業者等が政府の規制または民間の自発的措置に基づいてそれを負担し、その費用を製品価格に転嫁して消費者が支払う場合を考えてみよう。後者のケースでは、これらの費用は民間企業の経費削減努力の対象となって、その費用の削減、したがってまた環境負荷削減を進める経済的誘因が働くようになる。とくに生産者は、原料の種類や量の削減、生産過程での省エネや有害廃棄物削減、製品設計の変更、製品寿命の長期化、メンテナンス・修理の強化、リサイクルの容易化など、さまざまな技術革新や組織改革を通じて経費削減と顧客確保を実現できれば、他の生産者に対して競争上の優位を獲得することができる。また、消費者は、こういった努力をあまりしない生産者の製品よりも価格や品質の面で競争力のある生産者の製品を選択するようになるであろう。これに対して、前者のように政府が負担する場合には、生産者・流通業者にも、最終消費者にも、問題の経費を削減しようとする経済的誘因は働かない。というのは、民間企業はこれらの経費を支払う必要はないし、消費者はみずからの消費選択とは無関係に税金を徴収されているからである。もちろん、政府は民間企業の行動を意図的に規制する以外に、問題の費用を日常的な活動の一環として低減させるような手段は持ち合わせていないであろう。

　このような結果、前者の場合には生産者、流通業者、最終消費者すべて

が廃棄物増大に伴う高い費用を支払いながら、環境負荷増大を見過ごすことになってしまう。拡大生産者／生産物責任論は、その責任を明確化することにより発生する経済的誘因を活用して、環境負荷を低減させようとするものといえるであろう。

第4節　欧州の統合生産物政策

　製品のライフサイクルを通じた環境負荷削減に向けた取組みが各国で進められるにつれて、欧州連合のような地域統合体では各国における製品政策の違いによって国際取引面で市場の歪みがつくり出されるのを避ける必要が生じてきた。欧州連合で進められている統合生産物政策（Integrated Product Policy, IPP）は、拡大生産者責任のように生産者の責任に焦点を合わせたものから、製品のライフサイクル全体を考慮した統合的な生産物政策について、域内諸国の取組みに整合性を持たせようとするものである。

　欧州委員会によれば、統合生産物政策とは、原材料の採掘、製品の生産、流通、使用、および廃棄物管理などから生じる製品のライフサイクル全体を通じた環境影響の低減を目指したものであって、その中心となる考え方は、当該製品のライフサイクルにおける各段階での環境影響を統合化することが必須であり、統合化された環境影響の大きさを反映してさまざまなステークホルダーの意思決定がなされなければならない、ということにある。[83] 欧州委員会は、このような目的のためにとられるべき公共政策が直接介入ではなく、主要目的を設定することと、さまざまなステークホルダーに対してこれらの目的を達成するための手段ならびに誘因を提供することの2つを中心とした促進政策であるべきだとしている。また、環境問題の内容によっては、ステークホルダーとの討議と協力に基づく環境政策を実施する段階において、あるいは法制定の準備段階において、IPPアプローチを採ることが実業界指向型の解決策を見出すのに役立つかもしれないと

83）　Commission of the European Communities（2001），p. 5 参照。

述べている。[84] これらの点は、米国における自主取組みを主体とする拡大生産物責任論や、以下に述べるサービサイジングあるいは製品サービス・システムなどの考え方とも共通するところが多いといえよう。

第5節　サービサイジング

　どの国においても、一般的な傾向として経済発展とともに製造業からサービス産業へと産業構成比がシフトする傾向があるが、サービス産業の中でも伝統的なサービス業に比べて新しいタイプのサービス業が構成比を高めている。伝統的サービス産業とは、人の労働や専門技術に基づくサービス（娯楽、宿泊、整髪、法務、金融、ヘルスケア等）を供給するものであるが、新しいサービス産業は、何らかの製品をサービス提供の用具としてサービスを提供するタイプのものである（洗濯機を売る代わりに洗濯機による洗濯サービスを売ること、化学品を売る代わりに化学品管理サービスを売ること、書類のコピー機を売る代わりに書類コピー・サービスを売ることなど）。これらは、製品の機能化（function-alization; Stahel（1997））、あるいは製品のサービス化（servicizing; White et al.（1999），p. 2）などと呼ばれている。

　製造業者は、もともと製品の価値を高め、また競争企業との差別化を図るために、製品にさまざまなサービスを付加して販売しているが、サービサイジングはそれを一歩進めて、製品が顧客に対して提供している機能そのものをサービス化して、それを提供しようとするものだということができる。それと同時に、モノの供給を中心としたこれまでの製造業にくらべて、人力・知力に頼ることの多いサービスの生産は、環境への負荷が小さく、したがってモノのウエイトが下がり、サービスのウエイトが高まることは、製造・流通・使用済み製品の回収・リサイクル・最終処分などのさまざまな局面における環境負荷低減にも貢献するのではないかという期待も持たれている。

84）　前ページの注83参照。

第6節　サービサイジングの定義

「サービサイジング」という言葉を広めることになった White et al.（1999）の論文では、サービサイジングの定義らしいものは与えず、いくつかの概括的な説明でそれに代えている。第1に、製品の保証契約やメンテナンス契約のような伝統的な製品ベースのサービスに対して、化学品管理サービスや移動サービス、調度管理サービスなどの新しい形態の製品ベースのサービスを指す言葉であり、消費者が製品自体の購入から、その製品のつくり出すサービスの購入へと消費対象を移している点に特徴がある。第2に、生産者の生産物への関与が製品のライフサイクル諸局面に拡大し、製品リースのように製品の使用段階でも所有権が生産者の手元に残ったままであることや、残らないまでも製品の使用段階でサービス提供のための生産者の関与が大きくなることなどの特徴がある。そして第3に、拡大生産物責任が製品ないし製品システムのライフサイクル全般にわたる環境負荷を低減する原則であるのに対して、サービサイジングは顧客のニーズにいっそう合致するように製品に体化されている機能の提供方法を変更するような企業戦略だということである。

ミクロ経済活動を分析しようとする場合には、もっとシャープな定義が必要であるとして、Toffel（2002）は以下の4つの特徴をもつ取引をサービサイジングとしている。すなわち、

(1) 製造業者は顧客に対して製品そのものは売らずに、製品の機能を販売すること
(2) 製品の所有権は、常に製造業者の手元に残され、他のどの主体にも移転されないこと
(3) 顧客は、製造業者に対して製品の使用量単位あたりの料金のみを対価として支払うこと
(4) 製造業者は、追加の費用を課すことなく、その製品のメンテナンスと修理を行うこと

の4つである。

なお、製品の実際の使用を製造業者が行うか、あるいは顧客が行うかに

よって、サービサイジングには、2通りの形態が考えられる。製造業者が製品を使う場合というのは、いわば製品を投入物として、そこからサービスが生産され、そのサービスを顧客が使う場合であり、化学品（塗料、研磨剤などの）管理サービスがその典型例として挙げられる。化学品会社が自動車メーカーに塗料を売る代わりに、車1台当たりいくらという料金で塗装作業を行うサービスを提供するのである。他方、顧客が製品を使う場合は、コピー機や洗濯機のように顧客の手元に製品が置かれ、顧客の使用量に応じて定期的に料金が支払われる例が挙げられる。

第7節 サービサイジングと製品サービス・システム

サービサイジングとよく似た概念として、「製品サービス・システム（Product-Service System, PSS）」というものがある。人によって定義は幾分異なるが、例えばUNEP（2001）では、ビジネスの中心を単に物的な製品の販売のみから、製品およびサービスをさまざまに含むシステムによって総合的に顧客の特定の需要を満たせるシステムの販売へとシフトさせるような革新戦略の結果生まれるシステムであると定義している。また、Mont（2001）は、「製品、サービス、およびそれらを支えるネットワークならびにインフラからなるシステムで、在来型のビジネスモデルよりも競争力、顧客にとっての安全性、より低い環境影響などを持つように設計されたもの」と定義し、製品サービス・システムが新しい形のビジネスモデルであることを明確にしている。この考え方の中で注目すべき点は、同システムに含まれるサービス部分として、製品が消費者に利用可能となるまでのサービス（マーケティング、広告、販売等）と、製品の市場投入に関連するあらゆる外部性を物理的・経済的に内部化するためのサービス（逆ロジスティックス）を含むものとしていることである。

ロジスティックスとは、一般に商品、サービス、それらに関連する情報などが商品生産の出発点から消費点まで効率的かつ費用効果的に流れて顧客の要求を満たせるよう、企画・実施・統制するプロセスであるといわれ

るが、これに習っていえば、逆ロジスティックスとは、原材料、中間製品、最終製品と、それらに関連する情報などが、商品の消費点から生産の出発点まで逆方向に効率的かつ費用効果的に流れて、その過程で使用済み商品の価値の回復またはその適正処分が行えるよう、企画・実施・統制するプロセスであるといえるであろう。ロジスティックスが通常のビジネスの一環として行われてきたのに対して、逆ロジスティックスの部分を完全な形でビジネスに組み込むには高い費用が必要になる。したがって、それらを含む総費用を最小化するためには、製品サービス・システムを設計する最初の段階から、逆ロジスティックスを含めて最適化を図らねばならない。これは、従来「環境設計(Design for Environment, DfE)」と呼ばれていたものが、製品の設計を念頭に置いていたのに比べて、それをより広い範囲を含めた設計にまで拡張しなければならないことを意味している。

製品の販売から機能の販売に移行するとすれば、製造業者の他の主体との関係は大きく変わるであろう。消費者との間ではサービスを提供するために長期的な関係が生じ、市場シェアの確保というメリットも生じる。サービサイジングは、顧客企業との長期契約や提携関係を必要とするものが多く、製品チェーンに沿った主体間でのパートナーシップが求められる。逆ロジスティックスは、異なる部門の主体との連携や、地方自治体との関係を含むかもしれない。また、企業内部でも、新しいタイプのサービス生産を効率的に促進するための組織改革や誘因の付与、逆ロジスティックスを容易にするような製品や部品の標準化などの改革が必要になる。つまり、企業はこれまで一定不変のものと考えてきた諸活動の境界を変更し、新しい境界を模索しながら最適化を行い直すことになるのである。そして、最適化の範囲が広がる場合、初期費用を別にすれば、一般に最適化後の費用は少なくなり、効果は大きくなる傾向がある。事業者が循環型社会の構築の中に環境負荷の低減と同時に事業上の機会拡大を見ているのは、このような理由があるからと考えられる。

もっとも、サービサイジングや製品サービス・システムを導入すれば、必ず事業の成功と環境負荷の低減が実現するというわけではない。そのような機会を発見し、技術的・組織的・制度的イノベーションの導入がなさ

れて初めて結果が生まれるようなものであって、ビジネスモデルとはもともとそのような性格のものである。しかし、それらの革新が容易に行えるような状況を設定し、革新を妨げるような障害物（それは旧くなった制度に付随したものであることが多い）を取り除いて行くような公共政策を策定したり、一般消費者の理解を助けたりするのは重要なことといえる。

第8節　サービスの「サービス化」について

　廃棄物の埋立地の不足のように、目に見える実体的環境負荷とともに、人間のサービス消費も大きな環境負荷の原因となり得る。例えば運輸業はモノを運ぶというサービスを提供するが、自動車による輸送は温室効果ガスを大量に排出して環境負荷を高める。製品のサービス化によって同じ機能を提供するのに環境負荷がより少なく、しかも顧客にとってよりよい機能の利用が可能になるというのがサービサイジングの魅力であるとすれば、サービス業についても同様の発想があってしかるべきといえよう。以下に紹介するのは、そのような実例の1つである。

　環境省が環境大臣を囲む懇談会を催し、環境に優しい事業活動を通じて企業業績を上げる、いわゆる環境と経済の好循環を実践している模範例を集めた機会があった。その1つとして佐川急便が選ばれたが、筆者は同社のさまざまな取組みの中で、運輸サービスをいわば「サービサイズ（サービス化）」しているともいえる事例があることに大きな興味を覚えた。

　一般の物流では、仕入先で購入すべき商品の品揃えをし、それを輸送し、検品をして倉庫まで輸送し、棚入れ、在庫管理を行う。出荷に当たっては、顧客の需要に合わせて商品の組み合わせを選択したり、トラック混載のための積荷をとりまとめたりする作業（ピッキング）や値付け（値札の貼付等）を行い、出荷検品を行って出荷場まで輸送し、そこから最終的に出荷先まで輸送して納品することになる。輸送業者は、それぞれの段階で（上の例では少なくとも4回）輸送サービスを提供するが、佐川急便のSRC（佐川流通センター）構想では、入荷検収・棚入れ・在庫・ピッキング・値付け・

出荷検品・梱包・出荷作業等をすべて1個所で行えるよう、顧客に対して建物の一部を物流スペースとしてレンタルするとともに、その間の物流加工等の管理サービス・関連情報管理等のサービスを提供している。輸送が必要とされるのは、最初と最後の部分のみとなるので、輸送サービスの提供は大幅に減少し、したがって輸送に伴う環境への負荷削減が実現される。同時に、顧客側は輸送コスト、時間、各種ロジスティックスの作業等にかかる経費を節約でき、そこから生じる利益をレンタルや佐川急便への管理サービスの支払いに当てても有利になるわけである。

製品をベースにしたサービサイジングでも、本来の主要業務であった製品の販売量が減り、その代わりにサービスの販売から収益が上がるのと同様、運送会社の本来業務である輸送量は減少するものの、別の形のサービス提供でより多くの収益が上がる点では、サービサイジングと本質的に同じタイプのイノベーションが行われているのである。

要するに、モノから出発してサービス化を行うか、ある特定のサービスから出発して別のサービスに転換するサービス化を行うかの違いはあるが、環境負荷を下げ、ビジネスの機会を広げるという本質的な部分は共通している。また、ロジスティックスの中での在来型の業務機能分担を越えたイノベーションも含まれている。サービスの中にも製品に劣らぬ環境負荷をもたらすものがある以上、そのいっそうの「サービス化」について環境と経済の統合化に資するビジネスモデルを数多く発想することが、狭義のサービサイジングとともに経済と環境の好循環を生み出し得るメニューの拡大につながるのである。

---

85) 佐川急便（2002）参照。

【参考文献】

Commission of the European Communities(2001). "Green Paper on Integrated Product Policy," COM(2001) 68 final, Brussels, 07.02.2001.

Fishbein, Bette K.(1998). "EPR: What Does It Mean? Where Is It Headed?" *P2: Pollution Prevention Review*, Vol. 8, pp. 43-55.

―――― (2000). "The EPR Policy Challenge for the United States," in Bette K. Fishbein, John R. Ehrenfeld, and John E. Young, eds., *Extended Producer Responsibility: A Materials Policy for the 21st Century* (New York, N.Y.: INFORM Inc.).

Mont, Oksana(2001). "Product-Service System Concept as a Means of Reaching Sustainable Consumption?" Paper presented at the 7th European Roundtable on Cleaner Production, 2-4 May, Lund.

Stahel, W.(1997). "The Functional Economy: Cultural and Organizational Change," in Deanna J. Richards, ed., *The Industrial Green Game: Implications for Environmental Design and Management* (Washington, D.C.: National Academy Press), pp. 91-100.

Toffel, Michael W.(2002). "Contracting for Servicizing," Working Paper (Haas School of Business, University of California - Berkeley), May 15.

United Nations Environmental Programme(UNEP) (2001). *Product-Service Systems and Sustainability: Opportunities for Sustainable Solutions* (Lund, Sweden: International Institute for Industrial Environmental Economics).

White, Allen L., Mark Stoughton, and Linda Feng(1999). "Servicizing: The Quiet Transition to Extended Product Responsibility," Submitted to U.S. Environmental Agency, Office of Solid Waste, May.

天野明弘・藤川清史（2006）「プロローグ：モノを買わずに機能を買う」槇村久子監修、地球環境関西フォーラム循環社会技術部会編『サービサイジング：エコビジネスが売るものとは？』（財）省エネルギーセンター、2006年12月、pp. 5-17。

佐川急便（2002）『環境報告書2002：そらいろレポートⅢ』。

第 10 章
地球環境問題と企業の社会的責任[86]

第1節　はじめに

　ご丁重なご紹介をありがとうございました。本日は、第16回アジア時計商工業促進検討会の開催、おめでとうございます。14年ぶりの日本での開催と伺っておりますが、このような機会に基調講演にお招きに預かり、光栄に存じます。本日は、地球環境問題と企業の社会的責任というテーマでお話させていただきます。

　ご承知のとおり、現在、世界経済には注目すべき3つのグローバリゼーションが進行しております。第1は、経済のグローバル化、第2は、IT革命による情報・コミュニケーションのグローバル化、そして第3は、環境問題のグローバル化であります。このようなトレンドから、企業経営上4つの重要な課題が生まれています。第1に、企業間競争の拡大、第2に、ステークホルダー対応の重要性、第3に、環境規制への対応、そして第4に、企業の社会的責任への取組みという4つの課題です。本日のテーマは、このうち最後の2つ、環境規制と企業の社会的責任（Corporate Social Responsibility, CSR）の2つですが、それを考える際に、企業間競争とステークホルダー対応という前の2つの課題が重要な視点になります。また3つのグローバリゼーションは、これら4つのすべての課題に関連しています。

---

[86]　本章は、2006年10月16日に行われた第16回アジア時計商工業促進検討会での基調講演のプレゼンテーション原稿をもとに作成されたものである。

日本の環境省が最近発表しました来年度の重要施策の要点をまとめてみますと、次の5つの点が重要です。すなわち、①脱温暖化社会、循環型社会の構築のために社会経済の大転換を加速すること、②環境分野から成長力・競争力を牽引すること、③アジアや世界各地域との連携を取りながら、これらのことを進めること、④生物多様性の保全と自然との共生をいっそう進めること、そして⑤安全に安心して暮らせる環境をつくること、の5つです（環境省（2006））。脱温暖化社会、循環型社会、自然との共生、安全・安心な環境という目的を達成するためには、社会経済の大転換、成長力・競争力の強化、国際的連携を実現する手段を採択することが不可欠であるとの認識が示されております。どうすればそれが実現できるのか、それが今日のお話の根底にある質問といえるでしょう。

　他方、欧州委員会は、次世代といいますか、今後20年間の環境政策として、3つの重点領域を掲げています。第1は、大気汚染、海洋環境、都市環境、資源利用、廃棄物、土壌保全、農薬等の個別分野でのいっそうの取組み、第2は、2003年に始まったEUの化学品規制政策の枠組であるREACH取り決めの更なる推進、（なお、REACHとは、Registration, Evaluation and Authorization of Chemicals の頭文字をとったもので、化学薬品の登録・評価・認可制度の基礎となる取り決めです）、そして第3は、環境と経済の双方がウイン・ウインとなる政策手段の採用です（EC Commission（2006））。日本、欧州に限らず、環境政策と経済政策の双方を相互支援的になるような政策上のイノベーションが求められていることは、お分かりいただけることと思います。

　以上にのべましたような先進諸国における取組みは、国際的にも重要な波及効果を及ぼしており、そこからさらに2つの重要な展開が見られます。1つは、EUの廃棄物ならびに有害廃棄物の管理に関する政策で、具体的にはRoHS指令とWEEE指令を指します。RoHS指令とは、電気・電子機器（Electrical and Electronic Equipment, EEE）に含まれる有害物質の使用規制にかんする指令（Restriction of Hazardous Substances）、WEEE指令とは、電気・電子機器廃棄物（Waste Electrical and Electronic Equipment）の規制に関する指令のことです。ご承知の通り、RoHS指令は2006年7月1日以降

にEU市場に投入される電気・電子機器を対象として有害物質を規制しておりますし、またWEEE指令では、使用済み電気・電子機器の2006年末における回収目標を定めております。これらについては、後にもう少し詳しく申し上げます。

　もう1つの問題としましては、先ほど触れました企業の社会的責任（CSR）に関する国際的標準化の試みが進行しています。すなわち、国際標準化機構（ISO）が、2006年からISO26000の草稿作成を開始いたしました。ISO26000の発行は、2009年の第1四半期と予定されております。

第2節　廃棄物管理政策の新展開

　まず、WEEEとRoHSを含む廃棄物管理政策につきましては、WEEE指令の前文（1）で4つの基本原則が確立されております。第1は、安全に対する用心という意味での予防原則、第2は、数量と危険度を減らすという意味での防止原則、第3は、廃棄物が発生してから処理するよりも発生源で減らすという意味での発生源原則、そして第4は、直接的な汚染者がまず費用を支払うという汚染者支払原則です。この最後の原則は、分かりやすくいえば、家庭の消費者が廃棄物処理費用を払わなくてもよいようにするということです。欧州では、これらの4原則が明確に重視されています。なお、蛇足までに申しますと、WEEEは、欧州共同体設立条約第175条に基づいていますため、加盟各国は対象品目を独自に追加することができますが、RoHSは同第95条に基づいていますため、条約事務局への事前通告なしに追加はできません。

2.1　WEEE指令

　それでは、WEEE指令の内容を見てみましょう。WEEE指令の主要目的は、3つあります。1つ目は、電気・電子機器の廃棄物の防止（数量を減らすこと）、2つ目は、発生した場合のリユース（再使用）、リサイクル（再生利用）、およびリカバリー（原料・エネルギーの回収）を通じた最終処分量の削減、

そして3つ目は、全ライフサイクルにかかわる当事者の環境パフォーマンスの向上です。なお、わが国ではリサイクルを再生利用以外の活動も含めて使うことが多いのですが、リデュース、リユース、リカバリーなどは明確に区別したほうがよいでしょう。

WEEEの対象品目は、大型・小型の家電以下、表1に掲げました10のカテゴリーとなっています。なお、指令の条文中には、いくつかの例外が定められています。動力源に電流・電磁場を使っていないものとか、大規模な据付型の工具、家庭用照明器具など、条文や付属書のあちこちで例外が規定されているので、注意が必要です。

2005年8月13日以降、廃電気・電子機器の収集・処理の費用は、生産者が負担することになりました。また、生産者は、再使用、再生利用、回収等の目標を達成する義務も負います。さらに、販売業者は、新製品と1対1で同タイプ・同機能の廃家電を引き取る義務を負います。したがって、家庭の消費者は引き取り費用を負担しません。

2005年8月13日より前に市場に出された製品廃棄物を歴史的廃棄物といいますが、その収集処理費用については、生産者が同等の製品の販売量に対応して負担します。もっとも、家庭以外の最終使用者との間で費用を

表1　WEEE指令の対象品目

1.	大型家電
2.	小型家電
3.	IT通信機器
4.	家庭用機器
5.	照明機器
6.	電気・電子工具（固定式大型工業用工具を除く）
7.	玩具、レジャー用機器、スポーツ用機器
8.	医療用機器（使用済み挿入管や病原菌に感染したものを除く）
9.	モニタリング・制御用器具
10.	自動販売機

（出典）European Commission (2005).
　　　　対象外の製品については、出典を参照のこと。

表2　WEEE の回収目標

製品カテゴリー	製品または構成品・材料・物質	目標最小値
1と10	製品 構成品等	80% 75%
3と4	製品 構成品等	75% 65%
2, 5, 6, 7, 9	製品 構成品等	70% 50%
ネオン管	構成品等	80%

(注) 2008年末までに上記目標の見直しとカテゴリー8の目標を決定する。
(出典) European Commission (2005).

分担する取り決めを結ぶことは可能です。

　残りの歴史的廃棄物については、家庭以外の最終使用者の負担となります。新製品の場合と同様、歴史的廃棄物についても、家庭の費用負担はありません。汚染者支払原則を適用すると言うことの意味は、こういうことなのです。

　表2は、2008年末を期限として、製品カテゴリーごとに WEEE の回収目標を示しています。各カテゴリーについて、製品では70-80％、構成品や材料・物質等では50-80％という目標が定められています。

2.2　RoHS 指令

　次に、WEEE の有害物質規制である RoHS 指令の話に移ります。2006年の7月1日以降、表3に掲げました6種類の有害物質を、規定の含有度を超えて含む電気・電子製品は、EU 加盟国内で新たに市場に出すことはできなくなりました。

　RoHS 指令の対象となるのは、WEEE の10のカテゴリーから8と9を除いた残りの製品です。ただし、RoHS 指令の付則におきまして、水銀や鉛の含有量が少ないものなど、いくつかの例外ケースを定めています。1番から4番までの重金属と、5番及び6番の臭素化合物（難燃剤）です。含有度は重量比の百分率で測られ、含有してもよい最大含有度が規定されてい

表3　RoHS指令で規制される有害物質

有害物質	最大含有度（％）
1. 鉛	0.1
2. 水銀	0.01
3. カドミウム	0.1
4. 六価クロム	0.1
5. ポリ臭化ビフェニル	0.1
6. ポリ臭化ジフェニルエーテル	0.1

（注）含有度は重量比
（出典）European Commission (2005).

ます。

　有害物質の含有度の測り方は、重量比ですが、機械的に分離できる部分は分離して、それぞれの部分について単一の物質の重量比含有度が測られます。従いまして、1つの部分で1つの物質だけでも含有度が基準を超えますと、製品全体が基準を満たさないことになります。

　Manufacturing.net社のリチャード・フィーメイ氏が、RoHS指令を上手に遵守するためのヒントを示していて参考になりますので、以下に引用してみます（Vemeij (2006)）。

1. 規制及びガイダンスを何度も読み直して理解する
2. 全製品についての遵守記録を集中化する
3. 遵守および「相当の注意」を証明するため、データ管理のニーズを完全に把握する
4. 報告作成を念頭において書類を作成する
5. 主要生産工程に「相当の注意」を組み込む
6. サプライチェーンと頻繁に関わる。データ管理システムの共通化
7. 現在の遵守および将来の遵守（新規の規制）に備える

　これを少しまとめてみますと、各国政府が発表した規則やガイドラインを十分に理解して、遵守に必要なデータの管理を集中的に行い、自社だけでなく、サプライチェーン全体について統一的に考え、報告書の作成を念頭においたデータ管理を行って、常に新たな規制に備えることが重要であ

る、ということです。

　日本には、今のところRoHS物質（表3参照）を直接に規制できる法律はありませんが、EUのRoHS指令に合わせて、「資源有効利用促進法」という既存の法律の政令および省令の改正が行われています。2006年の7月1日から家電7商品（パーソナル・コンピューター、ユニット形エアコン、テレビ受像機、電気冷蔵庫、電気洗濯機、電子レンジ、および衣類乾燥機）について、対象となる業者がRoHS物質を表示することが義務付けられました。しかし、今後はより本格的な法令の整備が必要です。

第3節　企業の社会的責任をめぐる動き

　メーカーや販売会社を含めて、世界の主要企業は各国政府の環境規制がどのように導入・強化されるかについて、かなり前からその動きを読んで行動するようになってきました。また、そのような動きに合わせて、自社がどのような取組みを進めているかを積極的に公表するようになりつつあります。図1は、2006年にGRI（Global Reporting Initiative）のガイドラインに従って持続可能性報告書を発行している企業の数を示したものです。

　GRIというのは、企業はじめすべての組織が経済、環境、社会に関する報告書を年次報告書と同様に公表することを推進している団体です。日本が世界の中で発行数が最も多くなっていますが、これはISO14001の認証取得数でも同じような状況になっています。わが国の主要企業は、環境の面でもCSR（Corporate Social Responsibility、企業の社会的責任）の面でも、自主的な報告書作成の点ではまじめに取り組んでいると評価できます。

　企業の社会的責任とは何かという定義に関して、ここでは世界経営協議会（WBCSD）と欧州委員会の定義を紹介しましょう。まずWBCSDでは、企業が、従業員、家族、地域コミュニティ、社会一般とともに働き、かれらの生活の質を改善する目的をもって持続可能な発展に貢献するコミットメントであると考えています。また欧州委員会では、やはり企業がステークホルダーとの連携により、社会的・環境的関心を自主的に企業活動に統

178　第Ⅱ部　市場経済と環境

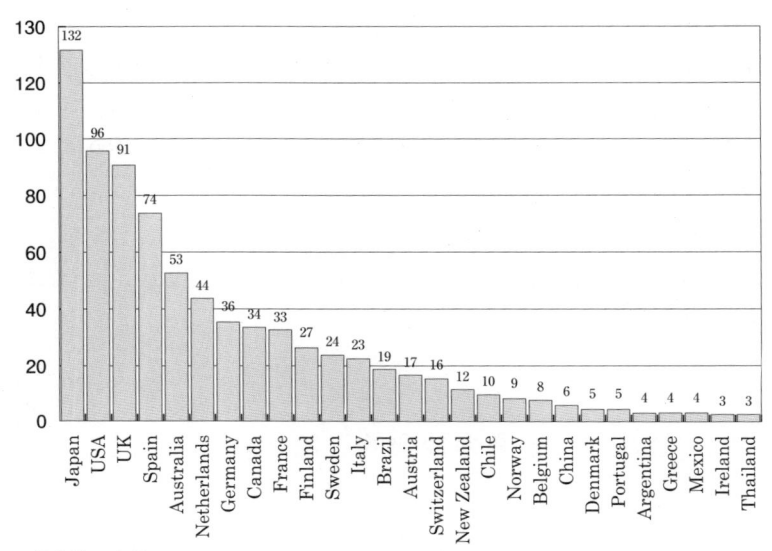

報告数の出所：http:www.globalreporting.org/guidelines/reports/search/asp

図1　国別 GRI 報告書数（2006年）

合すること、遵守を超える目標を掲げ、人的資源・環境・ステークホルダー関係に投資することとしています。どちらにも共通する考え方は、企業がさまざまなステークホルダーとともに働くこと、法遵守を超えた目標を追求すること、その内容は環境的・社会的に持続可能な社会をつくること、の3つであるといえます。

　このような世界的な流れを受けて、国際標準化機構（ISO）は、企業を含む組織一般についての社会的責任に関するガイダンス文書として、ISO26000という国際規格の策定を始めました。具体的な検討が緒に就いたのは2001年ですが、評議会の発議、消費者政策委員会（COPOLCO）での検討、技術管理評議会（TMB）での決定を経て、2005年に作業部会が発足し、2006年の半ばからタスクグループ（TG4-TG6）が草稿の執筆を開始しました。ISO26000の発行予定は、2009年の第1四半期とされています。

執筆は、第4グループが適用範囲、SRの内容、および原理（テーマの1、4、5）、第5グループがガイダンスの中心テーマと問題（テーマの6）、そして第6グループがSR実施のガイダンス（テーマの7）を担当することになっています。

各グループは現在草稿を作成中ですが、そのプロセスはずいぶんとオープンな形で進められておりまして、インターネットで詳しい情報を知ることができます。[87]

表4　ISO26000の構造

0.	序論
1.	適用範囲：規格のテーマ、範囲、限界
2.	引用規格
3.	用語と定義
4.	全組織の活動とSR: 歴史と現状、問題の所在、ステークホルダー問題
5.	SRの原理：各種の原理、原理についてのガイダンス
6.	SRの中心的テーマと問題
7.	SR実施のガイダンス：方策、実践、アプローチ、問題の同定、評価、報告、コミュニケーション
8.	ガイダンス附属書
参考文献	

（注）ISOでは企業以外の一般組織も対象としているので、CSRではなく単にSRとしている。
（出典）ISO（2006）.

87）http://isotc.iso.org/livelink/liveling?func=II&objId=3935837&objAction=browse&sort=name

第4節　おわりに

　ISO26000の発行は、2009年の初めごろまで待たねばなりませんが、企業の社会的パフォーマンスによる競争の時代はすでに始まっています。財務パフォーマンスの良い企業で環境パフォーマンスが高いというばかりでなく、逆に環境パフォーマンスの高い企業の財務パフォーマンスが高くなるという逆の傾向もあることが、国際的に明らかにされつつあります。日本の上場企業を対象にした私たちの研究グループの調査・分析でも、両者の間の好循環関係が確認されました。私たちの研究では、わが国に関する限り、この関係は消費者に近い産業部門で強く、素材・機械産業部門では相対的に弱いけれども、全般的にみれば好循環傾向は明確になっています。[88]

　また、環境パフォーマンスばかりでなく、社会的側面も含めた企業の社会的責任に関する取組みの面での評価が経営評価の重要な要素となる時代が始まっています。本日の短いお話の中から、そのような傾向の意義をお汲み取りいただければ幸いに存じます。

　ご清聴ありがとうございました。

参考文献

DTI and DEFRA (2003). "Directive on Waste Electrical and Electronic Equipment (WEEE), Directive on the Restriction of Use of Certain Hazardous Substances (RoHS): A Guide to the Marketing, Product Development and Manufacturing Actions You Need to Take," October.

European Commission (2005). "Directive 2002/95/EC," *Official Journal L 037*, 13/02/2003

---

88)　天野明弘他編著（2006）。

P. 0019-0023.
European Commission (2006). "Communication from the Commission to the Council and the European Parliament," SEC (2006) 218, Brussels, February 16.
European Parliament and the Council (2002). "The Sixth Community Environment Action Programme," Decision No. 1600/2002/EC, July 22.
Goodman, Paul (2006). "Review of Directive 2002/95/EC (RoHS) Categories 8 and 9 — Final Report 2006-0383.
http://www.renas.no/nyheter/dbaFile8006.pdf#search='Paul%20Goodman%20 Review%20of% 20Directive%202002% 202F95%2FEC'
ISO (2006). *Participating in the future International Standard ISO 26000 on Social Responsibility* (Geneva: ISO Central Secretariat).
Vemeij, Richard (2006). "7 Tips For RoHS Compliance," Industry Outlooks and Growth Strategies 2006.
http://www.manufacturing.net/article/CA6341726.html?text=seven+tips
天野明弘・國部克彦・松村寛一郎・玄場公規編著 (2006) 『環境経営のイノベーション』生産性出版。
環境省 (2006)「平成 19 年度 環境省重点施策」8 月。

第Ⅲ部
企業経営と環境

第11章
企業の環境保全活動と利潤[89]
ポーター仮説の検討

第1節　はじめに

　環境劣化を食い止め、環境を改善するために直接規制を含む環境政策が実施されると、企業の遵守費用が高まり、経済的には悪影響が生じるというように、環境と経済の間には不可避的なトレードオフの関係があるという通念がある。これに対して、環境規制はむしろ企業の技術革新を誘発して生産性を高め、遵守費用を一部相殺するばかりでなく、企業の利潤を高める可能性さえあるということを主張したのが、いわゆる「ポーター仮説」である。もしこれが正しければ、環境と経済の間には、トレードオフではなく、好循環の関係があり、適切な環境政策の採択によって持続可能な発展が実現できる希望が生まれる。

　しかし、この仮説の妥当性をめぐっては、これまで多くの理論的・実証的研究が行われてきた。マイケル・ポーターの当初の議論は、「適切な規制（方法ではなく成果を目指した規制）は、企業の技術再構築を促進し、多くの場合、汚染削減のみならず、費用削減や品質改善をもたらす」というものであったが、後にヴァン・デア・リンデとの共著の論文では、「適切な規制は、イノベーションを引き起こし、遵守費用が部分的に相殺されたり、遵守費用を超える利潤が生まれたりすることもある」と表現されるように

---

89)　本章は、「企業の利潤追求と環境政策への対応」天野明弘・國部克彦・松村寛一郎・玄場公則編著『環境経営イノベーション』生産性出版、2006年、第1章に加筆修正して書かれたものである。

なった。[90]

　この仮説は、環境政策のあり方に対して強いメッセージを送る性格のものであったが、事実政策当局や国際機関等がこの仮説を裏付ける事例を取り上げるようになった。例えば米国の環境保護庁は、大気清浄法が直接規制や市場ベースの政策手法を採用することにより、技術革新やパフォーマンスの改善への誘因を与えており、革新的企業によるオゾン層破壊物質への代替品の開発や自動車排ガス削減のための高性能触媒の開発を引き出したとして、以下のような類似の事例を多く掲げている。[91]

　○発電所からのNOx排出削減のための選別触媒
　○NOx削減のための高度再燃焼技術
　○発電所ボイラーのSO_2 95％抑制を達成したスクラッバー
　○バルブ気密化と漏出発見制御の高精度装置
　○石油系塗料に代わる水溶性・粉末系塗料
　○新配合ガソリン
　○新排気基準自動車（1975年基準よりさらに95％削減）
　○新配合低VOC塗料および消費者向け製品
　○より安全・低汚染の薪ストーブ
　○パークロロエチレン・リサイクル型ドライクリーニング設備
　○CFC無使用のエアコン、冷蔵庫、溶剤

そして、同様な傾向がその後も継続していると指摘している。

　この他にも、革新創造的環境規制として、自動車産業、発電部門、精錬部門、鉱業部門での窒素酸化物や硫黄酸化物排出削減の事例を紹介しているカナダ・カンファレンスボード[92]、環境イノベーションの駆動因に関する調査を行ったスウェーデン技術革新庁[93]など、多くの例を挙げることができる。

---

90) Porter (1991) および Porter and van der Linde (1995) 参照。
91) U.S. Environmental Protection Agency (2001) 参照。
92) Conference Board of Canada (2002) 参照。
93) Swedish Agency for Innovation Systems (2001) 参照。

第2節　経済学者からの批判

これに対して、企業が自らの利潤を高めるイノベーションを行うのに、なぜ政府の規制による助けが必要なのかとか、環境規制の強化が、環境イノベーションの促進と企業利潤の増加を同時にもたらすことはあり得ないとする新古典派的経済理論からの批判も見られる。そのような議論の代表と考えられているカレン・パーマー、ウォレス・オーツ及びポール・ポートニーの見解[94]は、次のようなものである。

企業は、与えられた情報のもとで利潤を最大化するような最適な生産技術を採用して生産活動を行なっている。現在の諸条件のもとで生産活動に伴う環境負荷を低減するような別の生産技術があるとしても、その導入・維持の費用が利潤を減らすようなものである限り採用されない。環境政策が厳しくなったために、従来導入されていなかった新技術を採択する場合があるとしても、その結果として企業利潤が高まることはありえず、厳しい規制の遵守は企業にとって費用を高め、利潤を減少させるものだというのである。

図1において、縦軸は限界削減費用および排出課徴金、横軸は排出量を示す。2本の直線は、2つの技術に関する限界排出削減費用曲線を表している。初期状態は、MAC曲線とOPレベルの排出課徴金で示される。この場合、排出削減量はQA、遵守費用はOQDPの面積に等しくなり、このうちAQDは削減費用、OADPは課徴金支払額である。このとき、限界削減費用曲線MAC*をもつ新技術は、採択されないものとする。これは、MAC*を用いた場合の期間当り遵守費用削減分であるQEDの現在価値が、新技術採択のための投資費用を下回っていると想定されているためである。

ここで、課徴金レベルがOP'へと引き上げられたとしよう。このとき、QGFであらわされる費用削減の割引現在価値が投資費用を上回り、新技術MAC*が採択されるものと仮定すれば、排出削減量はQCまで増大さ

---

94) Palmer, Oates and Portney (1995) 参照。

せられる。以前の課徴金レベルでは、新技術が採択されないという仮定によって、E点の利潤はD点のそれより低い。また、遵守費用の大きさから、G点の利潤はE点のそれよりも低い。したがって、G点の利潤はD点のそれより低い。これが、パーマー＝オーツ＝ポートニーの主張である。環境規制の強化は、新技術の採択を促進するかもしれないが、それにより企業の利潤が規制強化前より大きくなることはあり得ないというのである。

　図1でも、技術的可能性の選択肢の状況いかんでは、環境規制の強化により新技術の導入と排出削減がもたらされる可能性は否定されていない。問題は企業の利潤が必ず低下するという主張と、政策事例で論じられている「有利な環境イノベーション」という表現との関係である。図1は、この2つの視点が、利潤の比較を行う状況の差から生じていることを明らかにするためのものである。

　いま、旧技術MACが採用されている状況で課徴金がOP'のレベルまで引き上げられた直後を考える。その状況では、排出削減量はQBまで増大させられるが、遵守費用はOQFP'となっている。ここで新技術MAC*が

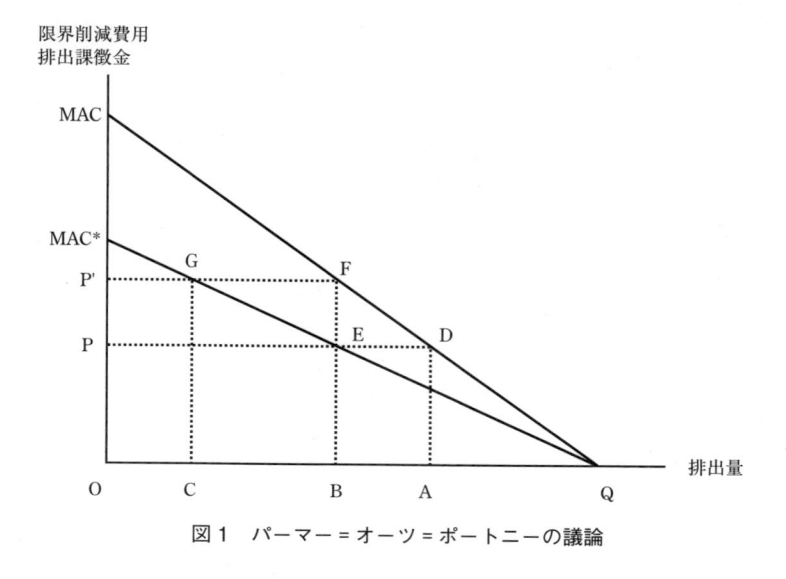

図1　パーマー＝オーツ＝ポートニーの議論

導入されると、排出削減はさらに QC まで進み、G 点での利潤は F 点でのそれより大きくなる。

　課徴金レベルの引き上げは、技術上実施可能でありながら、採算上使用されずに残っていた新技術の可能性の中から採用されるものを引き出す効果をもっており、(QGF の現在価値が投資費用を超えるため) 企業は利潤を得て新技術の導入を行う結果となる。つまり、D 点から新技術が導入されないまま F 点へ移動する過程で利潤の減少が生じ、新技術の導入でそれが一部回復されるのである。

　先に引用した政策事例の評価では、このような意味での利潤の増加を環境イノベーションと結びつけて解していると思われるものが多く、その点に関しては、必ずしも経済学者の議論と矛盾するものではない。環境規制の強化により短期的に大きく利潤が減少して排出削減が実施されている F 点での状況よりも前の D 点での状態に比べて利潤が高まるという主張ではないからである。もっとも、環境規制の必要性という視点を無視して、環境規制が本来企業の利潤を高めるものかどうかという比較の視点からすれば、図1は経済学者の批判に応えるものではなく、最終的にパーマー他の議論は、ある意味で正しいということになる。[95]

　しかし、上述したパーマー他の議論は、新古典派ミクロ経済学が通常設けている諸前提に大きく依存したものであり、そのような背景が必ずしもすべて現実的ではないということまで考えて吟味すれば、ポーター仮説を支持するような別の結論が導かれる理論的可能性もある。以下、いくつかのものを紹介しよう。

---

95) 環境政策はもともと産業政策ではないので、このような視点そのものの政策論としての実質的な意義は疑わしいが。

第3節　ポーター仮説の理論的根拠をめぐる議論

3.1　競争の不完全性

まず、マーティン・クラインとジャクリーン・ロートフェルス[96]は、独占的競争下にある企業が所有と経営の分離に起因するX-非効率性（ミクロ経済理論で考えられるような競争的市場に比べて、競争が不完全なために現実に生じるさまざまな非効率性）を備えている場合に、ポーター仮説が成り立つ可能性があることを示した。すなわち、環境規制がなければ採択されない技術が規制の導入によって採択されることになれば、必要な固定費の増加と適応費用によって生産費が上昇するため、生産物市場での競争は激化し、X-非効率性は減少する。したがって、一般的には価格上昇に伴う市場規模の縮小の結果、企業の利潤は低下する傾向がある。しかし、もし新技術を導入した企業で汚染物質を排出する投入要素の節約による費用減少が大きく、かつ潜在的競争企業の参入を阻止するために既存の独占的企業が生産量を拡大して参入を阻止しようとするような場合には、既存の独占的企業の利潤が高まることもあり得る。

同じように所有と経営の分離に伴う問題を対象としながら、ニール・キャンベル[97]は不確実な革新投資によって経営者が手にする期待報酬が、環境規制の導入によって影響され、規制後のそれが高まることから、環境規制がなければ行われない技術革新が、環境政策の結果として実現されることを示した。

企業の所有と経営が分離され、通常の状態では経営者は利潤の一部を報酬として受け取るが、仮に革新投資が失敗に帰した場合には経営者の職を追われて低い報酬の職につかなければならないような状況を考える。環境規制の導入の有無によって、革新投資を行うことに伴う経営者の期待報酬を決定するメカニズムが左右されないものとすれば、例えばオゾン層破壊物質の使用禁止のように既存の生産技術の一部が使用できなくなる場合、

---

96)　Klein and Rothfels (1999) 参照。
97)　Campbell (2001), (2003) 参照。キャンベルの議論の詳細については、本章への補論1で検討する。

規制導入により経営者の判断に影響するのは、革新投資を行わない場合の企業利潤であり、これは規制導入によって明らかに小さくなる。他方、革新投資を行った場合の期待利潤の分け前と失敗した場合の低収入は影響されないとされている。したがって、環境規制の導入は、他の事情が変わらないかぎり、経営者が革新投資案を採択しない可能性を小さくすることが分かる。つまり、規制導入前に採択されなかった革新投資プロジェクトは、規制導入後には採択されやすくなるといえる。

他方、規制がない場合の企業全体としての利潤は、環境規制がなく、革新投資も行わない場合の利潤と革新投資を行った場合との差であるのに対して、規制が行われた場合のそれは、規制によりそれまでの最適技術が利用できなくなることに伴い、革新投資を行わない場合の利潤は、規制のない場合のそれより小さくなるのに対して、革新投資を行う場合の利潤は、規制のない状態で革新投資を行った場合のそれと同じと仮定されているので、両者の差も規制の導入によって拡大する。

もっとも、キャンベルの議論では環境規制が導入されなかった場合には革新投資が実施されなくても、規制の導入によって経営者による採択のインセンティブが高められ、革新投資が実施される可能性が高まるということは示されるが、企業の期待利潤が規制導入前のそれより高くなるということまではいえない。

サバス・アルペイは、各企業が相手企業の生産量を与えられたものとして自らの生産決定を行うタイプの複占産業という形で不完全競争市場をモデル化し、環境政策の手段として排出許可証取引制度が採用されている場合に、それぞれの企業が排出許可量のキャップのもとで汚染排出削減費用を負担しながら利潤を最大にする生産活動を行う場合を考察している。[98] この場合にも、効率的な排出削減が行えるために排出許可証を売却できる企業は、環境政策の厳格化に応じて削減を強化しながら利潤を増やす可能性があること、また環境規制の厳格化に伴い、他産業も含めた排出許可証市場での許可証価格が上昇する場合には、それまで考慮の対象とならなかっ

---

98) Alpay（2001）参照。

た排出削減強化のための革新投資を行うことが有利となり、企業の利潤が高まる可能性が生じる。アルペイの考察した状況は、排出許可証取引市場が複占産業以外の多くの産業に利用されており、環境規制の強化はそれらすべての産業に及ぶものであることから、許可証価格の上昇が「外部的」に生じるという面があるが、規制強化前に採用されなかった技術が見直される状況が政策当局の行動を原因として説明可能になるのは、キャンベルの場合と同じである。

3.2 組織の失敗

上記のクライン=ロートフェルスおよびキャンベルの議論でも指摘されたように、企業の所有と経営の分離によって大きな組織体の意思決定にある種の効率性低下が生じるという点を、より明確に現在の問題に結びつけたのは、ステファン・アンベックとフィリップ・バルラである[99]。この問題は、経済学で環境問題などが「市場の失敗（market failure）」を原因として発生するといわれるのに対応させて、経営学では「組織の失敗（organizational failure）」と呼ばれることもある[100]。アンベックとバルラは、企業の所有と経営の分離に伴って生じる「組織の失敗」があれば、ポーター仮説が成り立つ場合があることを明らかにした。

ポーターとリンデは、環境汚染は生産効率が低いことから生じると考え、環境汚染を減じることは企業の生産効率を高めることに他ならず、これは企業利潤の改善にもつながると考えたが、アンベックとバルラは、株主が成果の不確実な研究開発投資を行い、それが成功すれば生産性は高まるが、生産性の高い技術はまた環境汚染の少ない技術であると仮定する。投資を決めるのは株主であるが、投資によって生産性上昇の大きい技術と生産性向上のそれほど高くない技術のどちらが開発されたかを知っているのは経営者である。経営者はその技術を用いて生産・販売活動を行うが、いずれの技術が得られたかの情報は経営者のみが知っている。株主は、経営者が

---

99) Ambec and Barla（2001）参照。アンベックとバルラの議論については、本章への補論2で検討する。

100) 例えば、Gabel and Sinclair-Desgagné（1999），p. 7 参照。

偽りの情報を提供することにより株主への利益配分が低下するのを避けようとすれば、正しい情報を提供させるために利益の一部から追加の報酬を支払う必要が生じる。株主の利益はその分だけ小さくなるので、情報の獲得に費用がかからなければ支出したであろう量よりも少ない研究開発投資しか実現できないという状況が生じる。

このようなときに、政府が高環境負荷技術の採用に対して環境汚染を下げる目的で生産量を規制するものとすると、経営者が生産性格差に応じて得ていたレントの総額が生産量削減によって少なくなり、株主への利益配分は向上する。これが株主の研究開発投資を高め、企業の生産性向上をもたらすとともに、企業内に存在したスラックの減少、したがって企業全体としての利潤の増加をもたらすことになる。アンベックとバルラは、不確実性の下での組織の失敗を含むモデルを構築して、①研究開発投資によって高生産性・低環境負荷技術が得られる確率が高いほど、②投資が成功した場合の生産性向上率が大きいほど、そして③環境規制による生産量削減に比べて企業全体としての利潤の低下が大きくないほど、このような状況が生じる可能性が高いことを示した。

3.3　学習効果と外部的な規模の経済

組織の失敗ではなく、ポーター仮説に批判的な新古典派経済学者が考慮していなかった「市場の失敗」として、産業全体の生産経験の蓄積（学習効果）が産業内の個々の企業の生産性を改善させるという外部経済（個々の企業にとって外部的な要因によって生じる有利な経済的効果）があれば、ポーター仮説が成立する可能性があることを明らかにしたのは、ロバート・モーである。[101]

産業全体での生産経験の蓄積によって生産性の上昇が起こるという、外部的な規模の経済、すなわち産業の生産規模の拡大に伴う個別企業の生産性上昇効果が働く状況では、個々の企業は自らの活動を増やして産業全体の生産経験を高め、それが自らの生産性向上となって帰ってくるのを期待

101）　Mohr（2002）参照。

するよりも、他の多数の企業の活動によって生じる生産性向上を待つほうが有利である。つまり、最初に動いたものが優位に立つのではなく、最初に動いたものは損をするのである。このような状況で、現在用いられている技術とは別の新しい技術があり、もしその技術が既存の技術と同じ経験年数まで用いられると既存の技術よりはるかに高い生産性を示すが、経験がゼロの状況では既存の技術よりも生産性が低いものとすれば、個々の企業はこの技術を採用しようとはしないであろう。

　このとき、もし規制主体が産業内の企業に対してこの新しい技術に切り替えることを義務付けるものとすれば、採用当初は生産性の低下により企業の費用は高くなるが、一定の期間が経過すると、旧技術を使用し続けた場合に比べて高い生産性が実現されることになり、長期的に見れば企業の利潤は増大する。外部的な大規模生産の有利性が存在するために、個々の企業の行動にゆだねれば採択されない技術が、規制主体の強制によって採択され、長期的に見みれば産業全体としては環境の改善と企業利潤の増大をともに実現することが可能になる。

　もっとも、このような状況では、プラスの外部経済を市場経済に内部化するための公的政策を実施するのが適切な政策であって、企業の選択を無視して特定の技術の採用を義務付けるのは、必ずしも最善の政策ではなく、この議論はポーター仮説の成立可能性を簡略に示すための一例として考えるべきものであろう。

3.4　革新投資の不確実性

　研究開発投資には、もともと不確実性がつきものである。新古典派経済理論が前提としている生産関数、環境汚染物質を排出する投入、環境規制に伴う規制遵守費用、企業の合理的行動、および環境負荷削減のための研究開発投資などを含めた理論モデルにおいても、環境負荷削減のための研究開発投資に不確実性がある場合には、ポーター仮説が成り立つ状況が一定の確率で起こり得ることをシミュレーション実験で示したのがデイビッド・ポップである。[102]

　すなわち、環境規制が行われている状況では研究開発投資を行うほうが

利潤の平均値（期待値）が高く、規制がない場合には研究開発投資を行わないほうが利潤の平均値が高くなるような状況を設定し、モデルのパラメターの一部（研究開発投資が汚染を削減させる程度）を変えて確率的シミュレーションを繰り返して研究開発投資の有無と利潤の大小を比較した結果、環境規制が行われている状況で研究開発投資をした場合の利潤が、同じ情況で研究開発投資を行わない場合の利潤や、規制が行われていない状況での研究開発投資を行う場合・行わない場合の利潤に比べて高くなるというケースが8％ -24％の割合で得られており、ポップはこれがポーター＝リンデのいう完全な相殺のケースに当ると考えている。

　合理的な企業は、もし規制が実施された場合には期待値で見て汚染削減プロジェクトが有利であると考え、また規制が実施されない場合には期待値でみて汚染削減プロジェクトを実施しないほうが有利であると考えているが、実際に規制のない状況においてプロジェクトを実施していないのかもしれないが、同プロジェクトを実施してみて初めて規制がなくてもそれがより有利であったことが分かる場合もあるわけである。ポップは、そのような企業が存在するからといって、理論的にその可能性まで否定する必要はなく、どんな条件のもとでそのような事例の割合が大きくなるかを考えることが必要だと主張している。

　確率的シミュレーションの結果から、ポップは諸要因の中でも研究開発支出の大きさが重要であることを見出した。環境規制がある場合にのみ研究開発投資が高い利益をあげる可能性をもつのは、どこにでもありそうな小規模なイノベーションではなく、生産過程の大幅な変更を要するような大規模な革新であろう。この点は、ポーター＝ヴァン・デア・リンデも同様な指摘をしているところである。

　もっとも、ポップは大規模革新の効果が開発企業外にあふれ出て競争企業を有利化する点が今後の研究課題として考慮されるべきことを付け加えている。このスピルオーバー効果は、上述のモーの議論と同様、他の企業に対してプラスの外部効果を生み出す要素であり、これが大きいと企業は

102）　Popp（2005）参照。

最初に動かず、他企業の開発を待つ傾向が生じるからである。しかし、イノベーションはプロセス・イノベーションのようにもっぱら費用上の優位性を生み出すものばかりではなく、プロダクト・イノベーションのように企業のブランド価値を高め、差別化を強化するものもある。このような効果を正当に扱うためには、費用面以外でのイノベーションの成果に対する市場評価も含めた分析が必要になる。

第4節　おわりに

　環境問題への対処のために政府が厳しい規制を行うことは、必ずしも企業の費用を高め、経済に悪影響を与えるだけではなく、適切な政策を実施すれば、企業のイノベーションを誘発・促進し、環境改善と経済状況の改善を同時に目指すことも可能であるという、いわゆるポーター仮説に対して、当初は新古典派経済学者から厳しい批判がなされたが、どのような状況の下でこの仮説が意義を持つかに関する研究も進められ、標準的な競争経済モデルで無視されている諸要因、例えば生産物市場での競争の不完全性、企業内部における組織の失敗、学習効果による外部的な規模の経済性、研究開発投資に伴う不確実性、環境規制と不確実性を伴うイノベーションの関連性など、ポーター仮説の成立を根拠づける多くの要因の存在が明らかにされてきた。

　企業組織内での複雑な意思決定様式から生じるX-非効率性や、イノベーションの形態や過程が環境保全活動にどのような含意をもつか、あるいはさまざまな市場において企業の環境保全活動に関してどのような評価がなされるか、といった問題に対して経済理論は必ずしも明快な分析を与えているわけではない。

　しかも、ポーター仮説をめぐる経済学的な議論は、企業の環境パフォーマンス改善に必要とされる費用と利潤の関係といういわば一点に焦点を合わせた議論であるが、企業の目的が利潤追求だけであり、かつそれが企業の社会的責任のすべてであるという認識は、現在大きく変わりつつある。

この問題を本章で詳しく論じることはしなかったが、企業の目的ならびに社会的使命が利潤追求のみであり、環境規制は必然的に利潤を低下させるものであるといった伝統的な通念に対して、実際の企業の環境パフォーマンスと経済的（財務的）パフォーマンスがどうであるかを以下の諸章で実証的に分析する予備的な考察として、本章ではポーター仮説が主張するような環境と経済の好循環をもたらす政策の可能性が決して簡単に否定されるものではないことを確認したわけである。

第11章への補論1　キャンベルの議論[104]

キャンベルの議論は、次のような状況から出発する。すなわち、ある研究開発への投資を行えば、成功の暁にはオゾン層破壊物質（フロンガス）を排出することなく、しかも以前より低費用で事業を行う機会があるが、企業は当初採算が取れないため、投資を行わないものとする。しかし、国際条約および国内法によってオゾン層破壊物質の生産・使用が禁止されると、企業は投資を行ってその事態に対応する。このような状況は、次のようなモデルによって説明される。

まず、環境規制がない場合について考える。経営者が期待利潤最大化を行うものとして、開発投資が利潤を生むための条件は、

$$g\pi_s^A + (1-g)\pi_0^A - I > \pi_0^A \tag{1}$$

または

$$g(\pi_s^A - \pi_0^A) > I \tag{1'}$$

である。ただし、g = 成功確率、I = 投資費用、$\pi_s^A - I$ = 投資が成功し、環境規制がなかった場合の利潤、π_0^A = 投資も規制もない場合の利潤である。また、経営者が当初、投資を行わないための条件は、

$$g\gamma(\pi_s^A - I) + (1-g)T < \gamma\pi_0^A \tag{2}$$

---

103) この点については、天野（2003）、第5部を参照されたい。
104) Campbell（2001），（2003）

である。ただし、γ = 成功した場合に経営者が得る利潤の割合、$T=$ 失敗した場合に解雇された経営者が得る低い報酬である。

(1)の両辺にγを乗じ、(2)の辺々を差し引けば

$$(1-g)\{T - \gamma(\pi_0^A - I)\} < 0$$

であるから、$T < \gamma(\pi_0^A - I)$であれば、有利な投資機会があっても、経営者はそれを採択しない。

次に、オゾン層破壊物質が禁止された場合については、投資が採択されるための条件は、

$$g\gamma(\pi_S^A - I) + (1-g)T > \gamma\pi^{NBA} \qquad (3)$$

と表される。ただし、π^{NBA} = 規制の下で、規制導入後も投資を行わない場合の利潤（$\gamma\pi^{NBA}$は、そのときの経営者報酬）である。また、革新の期待利潤がπ^{NBA}よりも大きくなる条件は、

$$g\pi_S^A + (1-g)\pi^{NBA} - I > \pi^{NBA} \qquad (4)$$

または

$$g(\pi_S^A - \pi^{NBA}) > I \qquad (4')$$

である。(4′)と(1′)を比較すると、$\pi_0^A > \pi^{NBA}$であるから、投資を行わない場合に比べて、投資を行った場合の期待利潤の差が大きくなり、投資が利潤を高める可能性が大きくなっていることが分かる。

最後に、規制導入後、経営者が投資を採択しない条件を求めると、

$$g\gamma(\pi_S^A - I) + (1-g)T < \gamma\pi^{NBA}$$

より、

$$\gamma\{g(\pi_S^A - \pi_0^A) - I\} + (1-g)\{T - \gamma(\pi_0^A - 1)\} + \gamma(\pi_0^A + \pi^{NBA}) < 0 \qquad (5)$$

が得られる。左辺第3項はプラスであるから、規制の導入により、経営者が投資を採択しない可能性も小さくなることが分かる。

つまり、パーマー＝オーツ＝ポートニー流にいえば、$\pi_0^A > \pi^{NBA}$で、効率性改善投資がなされない状況では明らかに利潤は低下している。しかし、環境規制の導入により、投資による利潤機会が高まり、経営者が実際にその選択肢を採択する可能性も高まることが明らかにされているといえる。

第11章への補論2　アンベックとバルラの議論[105]

このモデルでは、株主 (F) は、投資 (I) を行い、経営者 (M) と契約して報酬 (w) を支払って生産量 (q) の生産を実施させる。株主の利益は、B(q) − w − I で表される。投資は、一定生産費の技術をもたらす。技術の種類は、単位生産費に応じて $\alpha = \ell, h$ の2つのケースとし、$h > \ell$ とする。生産費の高い低生産性技術 (h) は d(q) の環境損害を与えるが、生産費の低い高生産性技術 (ℓ) の環境負荷はゼロとする。(α, ℓ, h などは、生産技術の種類を表すと同時に単位生産費の大きさをも示している。)

株主は、投資の段階でどちらの技術が開発の結果得られるかを知らないが、経営者に対してそれぞれの結果に応じて (w_ℓ, q_ℓ) または (w_h, q_h) の条件を提示する。経営者は、投資の結果 α を知り、経営者に報告する。株主は明らかになった生産費を見て契約を改訂することができるものとする。

経営者は、契約に基づき生産を実施して生産費 αq を負担し、報酬 w_α を受け取る。株主は、自らの利潤を最大にするため、$w_\ell = \ell q_\ell, w_h = h q_h$ としようとするが、経営者が α の報告を偽って過大な利益を得るのを防ぐため

$w_\ell - \ell q_\ell \geq w_h - \ell q_h$　　（$\alpha = \ell$ のときに h と報告させないため）

$w_h - h q_h \geq w_\ell - h q_\ell$　　（$\alpha = h$ のときに ℓ と報告させないため）

---

105)　Ambec and Barla (2001).

という2つの条件を満たす契約を提示する。これらの条件を満たす契約は

$$w_h = hq_h, \quad (1)$$
$$w_\ell = (h-\ell)q_h + \ell q_\ell \quad (2)$$

となる。(2) 式右辺の第1項は、低環境負荷技術を正しく報告させるために必要とされるインセンティブ、すなわち経営者が得る情報レントである。

環境規制がない場合の株主の期待利益を Z とすると、

$$Z = E[B(q_\alpha) - w_\alpha | I] - I$$

である（E は期待値オペレーターを表す）が、株主と経営者の純利益を合わせた企業の純利益を

$$B(q_\alpha) - \alpha q_\alpha - I = \pi(q_\alpha, \alpha) - I$$

と表せば

$$Z = E[\pi(q_\alpha, \alpha) + \alpha q_\alpha - w_\alpha | I] - I$$

である。(1), (2) を考慮すると

$$Z = p(I)\{\pi(q_\ell, \ell) - (h-\ell)q_h\} + (1-p(I))\pi(q_h, h) - I \quad (3)$$

が得られる。ただし、p(I) は高生産性技術が実現する確率である。

環境規制がない場合の均衡値を上添え字の * で、また環境規制がある場合のそれを上添え字の o で示すと、$\alpha = \ell$ の場合には環境汚染はないので、$q^* = q^o$ であるが、$\alpha = h$ の場合には環境規制によって政府が環境損害 d(q) に上限を設定するものとする。この場合は、$q^* > q^o$ となる。

環境規制のない場合の投資量を I^U、環境規制がある場合のそれを I^R とする。環境規制の導入により、$qh^o < qh^*$ となるので、(3) から株主の期待利益は増加するため、$I^R > I^U$ となる。環境規制の導入によって経営者の情報レントが引き下げられるためである（(2) 式参照）。

他方、環境規制の導入によって株主の期待利益が環境規制のない場合よりも高められるための条件は、

$$E[B(q_\alpha^R) - w_\alpha^R | I^R] - I^R \geq E[B(q_\alpha^R) - w_\alpha^R | I^U] - I^U$$

である。ここで $I^R > I^U$ であるから、十分条件として

$$E[B(q_\alpha^R) - w_\alpha^R | I^R] \geq E[B(q_\alpha^U) - w_\alpha^U | I^U] \geq E[B(q_\alpha^R) - w_\alpha^R | I^U]$$

が考えられる。(3) から、これは

$$p(I^U)(h-\ell)(q_h^* - q_h^\circ) \geq (1 - p(I^U))\{\pi(q_h^*, h) - \pi(q_h^\circ, h) \quad (4)$$

のように表すこともできる。この条件が満たされ易いのは、次のような場合である。すなわち (1) 投資により低費用・低環境負荷の技術が得られる確率が高いこと、(2) 投資が成功した場合の生産性改善が大きいこと、そして (3) 環境規制による生産量の減少に比べて、企業の利潤の低下がそれほど大きくないことである。

【参考文献】

Alpay, S. (2001). Can Environmental Regulations be Compatible with Higher International Competitiveness? Some New Theoretical Insights, FEEM Working Paper No. 56.2001.
http://papers.ssrn.com/sol3/papers.cfm?abstract_id=278808

Ambec, S., and P. Barla.(2002). A theoretical foundation of the Porter hypothesis, *Economic Letters*, Vol. 75, No. 3, pp. 355-360.

Campbell, N. (2001). CFC Prohibition and the Porter Hypothesis, Massey University, Discussion Paper No. 01.07.

――― (2003). Does Trade Liberalization Make the Porter Hypothesis Less Relevant? *International Journal of Business and Economics*, Vol.2, No.2, pp. 129-140.

Conference Board of Canada. (2002). Including Innovation in Regulatory Frameworks, 4th Annual Innovation Report.

Gabel, H. L., and B. Sinclair-Desgagné. (1999). The Firm, its Procedures, and Win-Win

Environmental Regulations,

Klein, M., and J. Rothfels. (1999). Can Environmental Regulation of X-Inefficient Firms Create a 'Double Dividend'? Halle Institute for Economic Research Discussion Paper No. 103.

Mohr, R. D.(2002). Technical Change, External Economies, and the Porter Hypothesis, *Journal of Environmental Economics and Management*, Vol. 43, No. 1, pp. 158-168.

Murphy, C. J.(2002). The Profitable Correlation Between Environmental and Financial Performance: A Review of the Research, Light Green Advisors, Inc.

Orlitzky, M., F. L. Schmidt, and S. L. Rynes.(2003). Corporate Social and Financial Performance: A Meta-Analysis, *Organization Studies*, Vol.24, No.3, pp.403-441.

Palmer, K., W. E. Oates, and P. R. Portney.(1995). Tightening Environmental Standards: The Benefit-Cost or the No-Cost Paradigm? *Journal of Economic Perspectives*, Vol. 9, No. 4, pp. 119-132.

Popp, D. (2005). Uncertain R&D and the Porter Hypothesis, *Contributions to Economic Analysis & Policy*, Volume 4, Issue 1, Article 6, pp. 1-14.
http://www.bepress.com/bejeap/contributions/vol4/iss2/art6

Porter, M. E. (1991). America's Green Strategy, *Scientific America*, No. 264, p. 168.

Porter, M. E., and C. van der Linde. (1995). Toward a New Conception of the Environment Competitiveness Relationship," *Journal of Economic Perspectives*, Vol. 9, No. 4, pp. 97-118.

Swedish Agency for Innovation Systems (2001). Drives of Environmental Innovation, Vinnova.

U.S. Environmental Protection Agency(2001). The United States Experience with Economic Incentives for Protecting the Environment, National Center for Environ-mental and Economics, Office of Policy, Economics, and Innovation, Office of the Administrator, EPA-240-R-01-001.

天野明弘（2003）『環境問題の考え方』関西学院大学出版会。

第12章

企業の環境・財務パフォーマンス[106]
実証分析の動向

第1節　はじめに

　企業の環境パフォーマンス[107]（環境問題に対する課題解決への達成度）と財務パフォーマンスの関係については、代表的な仮説として次の3つのものが取り上げられることが多い。すなわち、(1) 両者の間にはプラスの相関がある、(2) 両者の間には、どちらか一方から他方への因果関係があるというよりも、むしろ双方向の因果関係がある、(3) 環境パフォーマンスの向上は、管理能力や、市場・社会・政治・技術・環境等に関する知識を高めて企業の効率性を向上させる（対内的効果）とともに、ステークホルダー（企業への利害共有者）への名声・評判を高める（対外的効果）、という3つがそれである。

　まず、プラスの相関関係があるという仮説の根拠としては、第1に、経営者と各ステークホルダーとの間には、環境問題の解決に必要なさまざまな形態の交渉・契約の過程があるため、組織の財務目的達成職務を経営者が遵守するのを確保するメカニズムが維持されるということと、第2に、多数のステークホルダーの環境問題に関する要請に対応し、それらのバラ

---

106)　本章は、「企業の利潤追求と環境政策への対応」天野明弘・國部克彦・松村寛一郎・玄場公則編著『環境経営イノベーション』生産性出版、2006年、第2章を改訂したものである。
107)　近年では、環境問題に限らず、人権、差別、近隣社会との関係などの社会問題をも広く含む社会的パフォーマンス全体が対象とされるようになりつつあるが、本章では環境問題に限定した研究に焦点を合わせている。

ンスを図ることを通じて、経営者は外部の要求に適応する組織の効率性を高められるということがあげられる。

　次に、双方向の因果関係があるという仮説の根拠としては、一方で企業が環境問題に関する責任を果たし、対応力を持つためには、資源の余裕が必要であって、利潤の高さがそれを可能にするということ、また他方で高い環境パフォーマンスを達成することは、さまざまな要求に対して公正かつ合理的に評価・対応することを可能にし、企業の競争力を向上させ、ひいてはその財務業績を高めるということ、そして両者の力が同時に働けば、両パフォーマンスの好循環が生じるということがあげられる。

　また、環境パフォーマンス向上の対内的効果としては、それを高める際に、社員・従業員の関与、組織全体の協調、将来指向型思考の定着化、情報検索・解析能力の向上などが必要とされるため、結果として財務業績が向上すること、そして対外的効果としては、高い環境パフォーマンスを外部に開示することで、顧客、投資家、金融機関、供給業者等にプラスのイメージを構築でき、これが財務パフォーマンスの向上につながるという点が指摘される。

　以下、第13章以下での実証分析を行うに当って先行研究を調査した際に、興味深いアプローチと思われたものをいくつか紹介する。

第2節　ラッソとファウツの分析

　Russo and Fouts（1997）は、環境パフォーマンスの指標としてフランクリン研究開発会社による環境格付け（477社、1991年）を、また財務パフォーマンスの指標として資産収益率（ROA）（1991-92年）を用いている。さらに、財務パフォーマンスの大きさを決定する環境パフォーマンス以外の説明変数として、産業の集中度、企業成長率、企業規模、資本集約度、研究開発支出集約度、広告支出集約度、産業の成長率、およびダミー変数（1991年）を用い、243社のデータを2年分プールした486標本で推定を行っている。標本は、クロスセクション・データと時系列データをプールしたものであ

り、ダミー変数はデータ収集年次の違いに対処するためのものである。

表1は、ラッソとファウツの推定結果を簡略に表示したもので、説明変数の被説明変数に及ぼす影響の方向を正負の符号で示し、統計的有意性は、p値の範囲で示されている（例えばp<0.05であれば、95％の確率で係数推定値がゼロと有意に異なる）。表からわかるように、環境パフォーマンスは財務パフォーマンスにプラスの影響を及ぼし、統計的に有意であること、環境パフォーマンス変数の導入により相関係数は有意に改善したこと、また、産業の成長率が高いほど、環境パフォーマンスの財務パフォーマンスに及ぼす影響が確実になることなどが明らかにされている。

表1　ラッソとファウツの推定結果：財務パフォーマンスの推定式

明変数	モデル1	モデル2	モデル3
企業の成長率	(+)**	(+)**	(+)**
広告支出集約度	(+)**	(+)**	(+)**
企業規模	(+)†	(+)*	(+)*
資本集約度	(−)†	(−)*	(−)*
産業の集中度	(−)	(−)	(−)
産業の成長率	(+)**	(+)**	(+)**
1991年ダミー変数	(+)**	(+)**	(+)**
環境格付け	−	(+)**	(+)**
同×産業成長率	−	−	(+)**
R^2（重相関係数）	0.29	0.30	0.32
ΔR^2（重相関係数の変化）	−	0.01	0.01
ΔR^2のF値	−	8.26**	8.18**

†: p<0.10　*: p<0.05　**: p<0.01

第3節　コナーとコーエンの分析

　Konar and Cohen（1997）では、企業の環境パフォーマンスを代表する変数として①毒性化学物質総排出量、および②企業を被告とする係争中の環境訴訟数の2つを考え、他方企業の財務パフォーマンスを表す変数として、企業の無形資産の市場価値と有形資産の市場価値の比率（トービンのqマイナス1）を採用している。すなわち、環境パフォーマンスを企業の保有する無形資産と考え、それを市場がどう評価しているかを見ようとするわけである。そのため、企業価値を左右すると考えられる諸変数とともに環境パフォーマンス変数を含めて重回帰分析が行われる。サンプルは、金融を除くS&P 500の321社である。企業価値を決定する諸変数としては、企業資産の置換価値（工場設備等、現金・短期資産、売掛金、および棚卸資産）、広告支出*、研究開発支出*、市場占有率、産業の集中度、売上高成長率（2年平均）、工場資産年齢、資本支出マイナス減価償却*、輸入／売上高比率、リバレッジ率（負債／市場価値）などが採用されている。ここで*印をつけたものは、企業資産の置換価値に対する比率として表されたものである。

　表2は、コナーとコーエンの推定結果を表1と同様の仕方で表示したものである。この表は、企業の無形資産の市場価値と有形資産の価値の比率の決定要因を推定したもので、環境パフォーマンスの変数として導入された2変数はいずれも期待通りの符号と、高い統計的有意性を示している。表3は、環境パフォーマンスの無形資産への影響を金額ベースで推定するために、絶対額を用いて環境パフォーマンスが無形資産価値に及ぼす影響を回帰した推定式を示している。そして、環境パフォーマンスを示す変数の無形資産価値への影響額をENVで表し、それを推定結果（2）の係数推定値を用いて

　　ENV= -89.236×[化学物質総排出量] - 0.16118×[係争中の環境訴訟数]

という式により試算した結果が表4に示されている。紙・パルプ、化学、一次金属などのエネルギー集約産業について、環境パフォーマンスの向上が企業業績の向上につながることが明確に示されている。「各種製造業」での影響が大きいのは、もう1つのエネルギー集約部門である窯業がそれ

に含まれているためと思われる。

表2 コナーとコーエンの推定結果：無形資産価値と有形資産価値の比率の推定式

説明変数	(1)	(2)	(3)
企業資産の置換価値	(−)	(−)**	(−)**
広告支出	(+)	(+)	(+)
研究開発支出	(+)**	(+)***	(+)***
市場占有率		(+)***	(+)***
企業集中度	(+)**		
売上高成長率	(+)***	(+)***	(+)***
工場資産年齢			(+)
資本支出−減価償却			(+)
輸入／売上高比率	(+)	(+)	(+)
リバレッジ率	(−)***	(−)***	(−)***
化学物質総排出量	(−)***	(−)***	(−)***
係争中の環境訴訟数	(−)***	(−)***	(−)***
調整済 R^2（重相関係数）	0.366	0.385	0.384

*: $p<0.10$　**: $p<0.05$　***: $p<0.01$

表3 コナーとコーエンの推定結果：無形資産価値の推定式

説明変数	(1)	(2)
企業資産の置換価値	4293.2***	4389.3***
広告支出	34.235**	37.184**
研究開発支出	14432	11147
市場占有率	8292.5*	9043.3*
売上高成長率	4198.6***	4498***
工場資産年齢		−9433.4
資本支出−減価償却		32461
輸入／売上高比率	1356	4934.4*
リバレッジ率	5015.2	6660.8
化学物質総排出量	−66.122**	−89.236**
係争中の環境訴訟数	−0.12924**	−0.16118*
調整済 R^2（重相関係数）	0.292	0.315

*: $p<0.10$　**: $p<0.05$　***: $p<0.01$

表4 コナーとコーエンの推定結果:環境パフォーマンスの無形資産価値への影響

産業	ENV(100万ドル)	置換価値に対する比率(%)
食料品	37.1	1.3
紙・同製品	566.5	19.0
印刷出版	189.3	13.6
化学	895.8	28.2
石油・石炭	233.9	1.2
一次金属	802.6	24.9
非電気機械	99.2	3.8
電気機械	84.7	2.7
輸送用機械	79.4	0.9
計測・光学機器	153.3	7.0
各種製造業	1566.6	27.8
その他	225.1	7.5

第4節 バッツとプラットナーの分析

　Butz and Plattner（2000）では、企業の環境パフォーマンスおよび社会的パフォーマンスの指標としてサラシン銀行（Bank Sarasin）の格付け指標を用い、財務パフォーマンスとして、ジェンセンのα値、すなわち特定株式の実効利回りとCAPM（資本資産価格付けモデル）から計算される利回りの理論値との差を用いて、欧州65銘柄の2年間のデータをプールして推定を行っている。環境パフォーマンスとしては、サラシン銀行の持続可能性格付け指標のうち、製品・サービスのライフサイクルで見た環境負荷と環境管理システムの評価部分、また財務パフォーマンスとしては、サラシン銀行の持続可能性格付け指標のうち、ステークホルダーとの関係の評価部分が使われている。

　まず、環境・財務パフォーマンスの関係について、全株式では、両者の関係は期待通りの符合で統計的に有意な関係があることが示された。表5に見られるように、サービス、金融、通信を除く産業では、環境パフォーマンスを含めた社会パフォーマンス全体の指標についても、ダブル・プラ

ス、シングル・プラス、シングル・マイナス、ダブル・マイナスなど、社会パフォーマンスの個々の指標のすべてについて統計的に有意な係数が得られている。

表5　バッツとプラットナーの推定結果：格付けとジェンセンの α 値

格付け	ダブル・マイナス	シングル・マイナス	シングル・プラス	ダブル・プラス
ジェンセンの α 値	−0.10	−0.05	0.04	0.34

　この結果が示すように、資源効率性を高め、環境リスクを下げることで財務パフォーマンスを向上させることが明らかになってきている。外部費用である環境負荷の社会的費用の一部は、環境規制などによって徐々に内部化されてきているが、資源効率性を高め、環境リスクを下げることは、企業の財務パフォーマンスの向上にもつながるようになってきた。さらに、さまざまなステークホルダーの評価により、社会の平均以下にしか環境費用を内部化していない企業が低評価され、法遵守を超えた先見的環境行動を行う企業にはプレミアムが支払われるまでになりつつある。表5の結果によれば、例えばシングル・プラスまで格付けを上げれば、株価収益率は4％高められる。

　他方、環境パフォーマンスを除いた意味での社会的パフォーマンスと財務パフォーマンスとの関係については、全体をとっても、個々の格付け要素をとっても、統計的に有意な関係は得られていない。その1つの理由は、狭義の社会的パフォーマンス向上による直接的費用削減効果が環境パフォーマンスの場合ほど明確でないことにあろう。しかし、人権・労働条件などに関して社会の批判を浴びるリスク、あるいはこれらの制度構築の遅れによって社会的費用負担などの外部費用の内部化に不公平が生じるといった面では、環境問題と類似の側面をもっているので、環境問題の場合と同様のフィードバック・ループがあるものと考えられるが、現状ではその機能が環境問題の場合に比べて弱いようである。

　一般市民が環境面での企業パフォーマンスの評価を企業利益にフィードバックさせるメカニズムが確立されつつあるのに対して、社会面のパ

フォーマンスを評価し、それが企業利益に反映されるメカニズムは人々の価値観や文化の相違といった相対的に複雑な要因を含むため、より時間が必要とされるのかもしれない。

第5節　マローイ他の分析

Molloy et al. (2002) では、環境パフォーマンスとして毒性化学物質排出量と環境法の不遵守（環境関連9法違反）の罰金額の2変数を、また財務パフォーマンスとして株式利回り（[株式の配当＋株価上昇]／前期末株価）を用い、財務パフォーマンス変数を①CAPMのベータ値等の財務変数（後述）、②環境パフォーマンス変数、③マネジメント変数などの3つの変数群に回帰している。データは、金融、保険、不動産を除く339社の1999年のデータであり、他にフォーチュン誌の選んだ優良企業217社についても推定を行っている。なお、財務変数としては、ベータ値、売上高、普通株の簿価／同市価、売上高成長率、市場占有率など、またマネジメント変数としては、TSIファンド（Summit Investments Total Social Impacts Fund）の総合指標、同環境マネジメント指標、同信頼性・透明性指標、フォーチュン誌優良企業8スコア合成指標、同マネジメント品質指標などが用いられている。

　表6および表7は、それぞれ339社のサンプルと、フォーチュン誌のサンプルを用いた推定結果であるが、いずれの結果も産業別ダミー変数を導入して得られたものである。表6において、化学物質排出量の係数がプラスで強い統計的有意性をもっている点については、化学物質排出量の削減は、対策投資の増加によるものであり、それが費用の増大と将来の収益性減少をもたらすと解釈されている。不遵守の罰金額が増加することは、費用の増加と将来収益の減少をもたらすので、期待される係数はプラスである。表6では、環境変数はいずれも有意であるが、表7では経営品質指標の有意性が極めて高い。

　この結果から、環境パフォーマンスがリスクや将来のキャッシュフローへの影響を通して株価収益率に影響することが明らかにされたが、他方、

表6 マローイ他の推定結果：財務パフォーマンスの推定式（1）：全株式

説明変数	(A)	(B)	(C)
ベータ値	(+)***	(+)***	(+)***
売上高	(−)***	(−)***	(−)***
普通株簿価／同市価	(+)*	(+)*	(+)*
市場占有率	(+)	(+)	(+)
化学物質排出量	(+)**	(+)***	(+)**
不遵守の罰金	(−)***	(−)***	(−)***
マネジメント総合指標	(+)		
環境マネジメント指標		(−)*	
信頼性・透明性指標			(+)
調整済み R^2	0.474	0.475	0.474

*: $p<0.10$　**: $p<0.05$　***: $p<0.01$

表7 マローイ他の推定結果：財務パフォーマンスの推定式（2）：
　　フォーチュン誌選定優良企業

説明変数	(A)	(B)	(C)	(D)	(E)
ベータ値	(+)***	(+)***	(+)***	(+)***	(+)***
売上高	(−)	(−)	(−)	(−)	(−)
普通株簿価／同市価	(+)	(+)	(+)	(+)	(+)
売上高成長率	(+)*	(+)*	(+)**	(+)*	(+)
市場占有率	(−)	(+)	(+)	(+)	(+)
化学物質排出量	(−)	(−)	(−)	(−)	(+)
不遵守の罰金	(−)**	(−)**	(−)**	(−)**	(−)*
マネジメント総合指標	(+)*				
環境マネジメント指標		(+)			
信頼性・透明性指標			(+)		
F誌平均				(+)***	
F誌経営品質					(+)***
調整済み R^2	0.512	0.507	0.511	0.548	0.550

*: $p<0.10$　**: $p<0.05$　***: $p<0.01$

経営品質のように、環境および財務の双方のパフォーマンスに影響する変数があることも判明し、両パフォーマンスの間には双方向の相互関連があることも考慮しなければならないことがわかった。また、環境パフォーマンス改善の動因としては、利潤の増加よりも、むしろ企業組織の高度化、意思決定の透明化、外部の信頼性向上などの要因がより重要であることが示唆されている。

第6節　マーフィーの文献サーベイから得られる示唆

過去10年間の文献を展望したMurphy（2002）では、企業の環境パフォーマンスと財務パフォーマンスの間に明確な相関があることがますます明らかになり、客観的環境基準で見て成果を挙げた企業の収益率が、市場平均（たとえばS&P500）より優れていることが報告されている。また、環境規制で法遵守を上回るパフォーマンスを示す企業は、株価・企業価値の成長でより優れた成果をあげ、遅れている企業は劣った成果を示している。とくに、汚染防止技術革新への企業投資は、株価収益率とプラスの相関を示し、逆に土壌汚染・化学物質の漏出・原油流出などの要因は、環境面でのマイナスを加重する傾向がある。

また、環境パフォーマンスの改善は、株価収益率等の財務会計指標を改善するが、環境賠償責任の開示を不適切に行うと、環境パフォーマンス上のマイナスを加重する。したがって、環境監査、企業ガバナンス等の先進的環境管理戦略を行うことが財務パフォーマンスを強化することにつながる。実際、良好な環境パフォーマンスを示す企業を組み入れた投資信託は、S&P500などの市場平均より高い収益性を示しているという分析結果が増えていることから、環境面でのスクリーニングを加えると投資ポートフォリオの収益率を下げるという見解は、否定される傾向にある。

第7節　オーリツキー他のメタ解析[108]

　環境・財務パフォーマンス間の相関に関する研究文献を展望する場合、有意な結果が得られた数を非有意な結果が得られた数と比較するといういわば得票計算によって結論を導くことが多いが、Orlitzky *et al.*（2003）はその統計学的な問題点を指摘している。すなわち、各文献の標本抽出誤差、測定誤差などを調整しないまま結果を統合してしまうという問題である。メタ解析という手法は、多数の文献から推定結果の統計量を利用することにより、客観的に統合化を行う手法として、1980年代半ばから発展してきたものである。

　オーリツキー他の研究では、環境パフォーマンス（または社会的パフォーマンス）と財務パフォーマンスの定義を含む文献を多数検索し、両者の間の相関係数の推定値（または前者が後者に及ぼす効果の大きさを示すパラメター推定値とそのt統計量から誘導された相関係数）を収集し、諸研究で観察された相関係数とその分散を、標本抽出誤差、および両パフォーマンス指標の測定誤差で修正した相関係数とその分散を計算する。

　表8では、収集された文献により観察された相関係数の標本数が388（元のデータの総評本数は、33,878）にのぼる全研究から得られた修正された相関係数の平均値とその分散が示されており、両者の間にプラスの相関があることがわかる。

表8　オーリツキー他の推定結果：
社会／環境・財務パフォーマンス間の相関係数とその分散

標本数をウエイトとした相関係数の加重平均	その分散	修正された相関係数の平均値	その分散
0.1836	0.0646	0.3648	0.1896

　108）　メタ解析とは、密接に関連する仮説検証を行っている複数の統計的研究の結果を用いて、被説明変数の計り方の相違、標本分散の相違等、各研究の特徴の違いを調整しながら標本数を拡大してより確度の高い分析を行おうとする統計的手法のこと。

表9aと表9bは、CSPが社会と環境の双方の指標を含む場合と、社会指標のみを含む場合とについて、それぞれの変数の時間的な前後関係も入れて相関関係を調べたものである。社会／環境パフォーマンスと財務パフォーマンスの間には、同時期の相関関係等ともに、時期的に前後した関係の点でも相関関係があり、この点は社会的指標のみの場合にも、社会と環境の両指標を含む場合にも妥当する。つまり、両者の間に好循環の関係が見られることがわかる。

　最後に、表10では、さまざまな対内外指標と財務パフォーマンスとの関係について検討されており、内部的な社会／環境パフォーマンス指標よりも対外的指標、とくに名声指標の効果がより高い相関を示していることが興味深い。また、ここでも双方向の関係が明らかである。

　オーリツキー他の研究では、以上のようなメタ解析の結果から、経営者と政策担当者にとってのいくつかの含意を引き出している。第1に、市場は一般に企業の社会的パフォーマンスに対してペナルティを課すことはない。第2に、社会／環境パフォーマンスによって利益を得る鍵は、企業名声を高めることである。第3に、社会／環境・財務パフォーマンス間のプラスの関係についての知見が広く共有されるようになるにつれて、経営者は社会／環境パフォーマンスの向上を財務パフォーマンス追求戦略の一部と考えるようになる。第4に、経営者自身の戦略によるか、あるいは高い財務パフォーマンスを達成する企業を模倣するか、いずれのルートによるにせよ、公共の福祉と生態系の持続可能性を実現する際に強制的な公共政策を必要とする程度は低下していく。ただし、このようなリバタリアン型の政策が主導的になるものとすれば、規制の内容としては、どのような問題に対して、またどの構成員の要求に対して政策のウエイトが置かれるかに関するシグナル機能が重要となる。

表9a　オーリツキー他の推定結果：社会と環境の双方を含む場合

ケース	観察された相関係数の加重平均値	その分散	修正された相関係数の平均値	その分散
1. 社会／環境パフォーマンスと後の時期の財務パフォーマンス	0.1450	0.0602	0.2881	0.1847
2. 社会／環境パフォーマンスと前の時期の財務パフォーマンス	0.1481	0.0578	0.2944	0.1697

表9b　オーリツキー他の推定結果：社会指標のみを含む場合

ケース	観察された相関係数の加重平均値	その分散	修正された相関係数の平均値	その分散
1. 社会／環境パフォーマンスと後の時期の財務パフォーマンス	0.2016	0.0722	0.4005	0.2306
2. 社会／環境パフォーマンスと前の時期の財務パフォーマンス	0.2262	0.0443	0.4495	0.1161
3. 同時期の両パフォーマンス	0.2529	0.0755	0.5027	0.2151

表10　オーリツキー他の推定結果の推定結果：各種指標の関係

ケース	観察された相関係数の加重平均値	その分散	修正された相関係数の平均値	その分散
1. 社会／環境パフォーマンスの対内外指標と会計的財務パフォーマンス指標	0.1630	0.0280	0.3324	0.0572
2. 対外的社会／環境パフォーマンス指標と市場の財務パフォーマンス指標	0.2484	0.1024	0.4942	0.3185
2.a. 名声指標と市場の財務パフォーマンス指標	0.4197	0.0992	0.7593	0.2386
2.a.1. 後の時期の財務パフォーマンス指標	0.3681	0.1869	0.7504	0.6420
2.a.2. 前の時期の財務パフォーマンス指標	0.3558	0.1053	0.7254	0.3182
2.a.3. 同期の財務パフォーマンス指標	0.4463	0.0752	0.9099	0.1488
2.b. 年次報告等での社会／環境パフォーマンス指標の開示	0.0586	0.0192	0.1399	0.0070
2.c. その他の対外的社会／環境パフォーマンス指標	0.1356	0.0978	0.2698	0.3226

第8節　おわりに

　本章では、第13章以下で行う実証分析の参考となる先行研究についての情報を集めるとともに、より広い視点からの実証研究についても、重要な成果の含意を紹介して、わが国のデータを用いた研究を行う際の参考にすることを心がけた。

　本章で得られた重要な知見は、企業の財務パフォーマンスを決定する要因は多様であり、それらの影響を制御せずに社会／環境パフォーマンスとの相関関係を単純に求めることには限界があること、両パフォーマンスの間には、時間的な前後関係の面でも双方向への関連が見られ、相関関係と因果関係の識別が必ずしも明らかではないことなどである。以下の2つの章では、これらの点に留意しながら、わが国の企業における両パフォーマンスの関係について分析を行い、また最後の章では環境以外の面での社会的パフォーマンスを含めた実証分析への拡張を試みることにする。

【参考文献】

Butz, C., and A. Plattner. (2000) Socially Responsible Investment: A Statistical Analysis of Returns, Basel: *Sarasin Sustainable Investment,* January.

Garz, H., C. Volk, and M. Gilles. (2002) More Gain than Pain, WestLB Panmure.

Konar, S., and M. A. Cohen. (2001) Does the Market Value Environmental Performance? *Review of Economics and Statistics,* Vol. 83, No. 2, pp. 281-289.

Molloy, L., H. Erekson, and R. Gorman. (2002) Exploring the Relationship between Environmental and Financial Performance, mimeo.
　　http://fiesta.bren.ucsb.edu/~alloret/epacapmkts/Ray Gorman 10-02.DOC

Murphy, C. J. (2002) The Profitable Correlation Between Environmental and Financial Performance: A Review of the Research, Light Green Advisors, Inc.

Orlitzky, M., F. L. Schmidt, and S. L. Rynes. (2003) Corporate Social and Financial

Performance: A Meta-Analysis, *Organization Studies*, Vol. 24, No. 3, pp. 403-441.

Russo, M. V., and P. A. Fouts.(1997) A Resource-based Perspective on Corporate Environmental Performance and Profitability, *Academy of Management Journal*, Vol. 40, No. 3, pp.534-559.

U.S. Environmental Protection Agency (2000). Green Dividends? EPA-100-R-00-021.

Wagner, M. (2001). A Review of Empirical Studies Concerning the Relationship between Environmental and Economic Performance: What does the Evidence tell us? Center for Sustainability e.V.

http://www.sussex.ac.uk/Units/spru/mepi/outputs/

第13章
環境・財務両パフォーマンスの関連性[109]
日本企業についての実証分析

第1節　はじめに

　近年の環境規制の強化、市民の環境意識の向上により、企業はISO14001の認証取得をはじめ、環境設備投資、環境配慮型製品の開発等など多額の環境費用負担を強いられている。しかし、ここ数年の傾向をみれば、それを「コスト」として対応するのではなく、企業利潤に結びつく「投資」と認識し、環境への取り組みを企業戦略として位置づける企業が増えつつある。たとえば、環境省（2002, 2004）の「環境にやさしい企業行動調査」によると、上場企業の中で環境への取組みを「企業のもっとも重要な戦略の一つとして位置付け、企業活動の中に取り込んでいる」と回答した企業の割合は、1999年には21.0％であったが、2003年には27.1％まで高まっている。環境への取組みが企業業績を左右する1つの要素という認識から、重要な戦略的要因として位置づけるまで、企業の意識が変わりつつあるが、果たして企業の環境パフォーマンスの向上が、現実に企業利潤にプラスの影響を及ぼす市場状況がわが国でも定着しつつあるのかどうか、本研究では環境パフォーマンスと企業の財務パフォーマンスとの関連性を公表データに基づいて定量的に分析する。具体的な分析の主な目的は、以下の2つである。

　(1) 環境パフォーマンスが財務パフォーマンスに有意なプラスの影響

　　109）　本章は、中尾他（2004）および Nakao, *et al.*（2007）に基づいて書かれたものである。

をもっているかを重回帰分析により検証すること。
(2) 時系列データとパネルデータをプールしたデータ・セットを用い、グレンジャーの因果性テストの方法に習い、財務パフォーマンスから環境パフォーマンスへ、また逆方向への統計的因果関係があるかを検証すること。

第2節　分析対象

　本研究では、まず企業の環境パフォーマンスが財務パフォーマンスに対して統計的に有意なプラスの関係にあるという推定結果を得た2つの先行研究、Russo and Fouts (1997) と Konar and Cohen (2001) の実証分析を参考にして、わが国の企業データから同様の仮説検証が行えるかどうかを検討する。Russo and Fouts (1997) では、財務パフォーマンスとして ROA（総資産営業利益率）を、環境パフォーマンスとしてフランクリン研究開発会社の環境格付けを用いている。他方、Konar and Cohen (2001) では、環境パフォーマンスとして毒性化学物質総排出量、および企業を被告とする係争中の環境訴訟件数の2変数を、また財務パフォーマンスに代わる変数として、トービンのqマイナス1を用いている。トービンのqは、市場が評価する企業価値の有形資産置換価値に対する比率であり、それから1を引いた値は、無形資産の市場価値と有形資産の価値との比率を表すと考えられる。したがって、企業の財務パフォーマンスを説明する諸変数とともに、環境パフォーマンスを表す指標がこの変数に有意な説明力をもつか、つまり環境パフォーマンスに対して市場が価値を認めているかどうかを検証することが関心事となる。

　本研究では、被説明変数として企業の収益性を表す指標のROA（総資産営業利益率）あるいはROE（株主資本利益率）を、また市場評価変数として、トービンのqマイナス1といった無形資産価値の代理変数と、1株あたり営業利益を用いる。これら2種類の財務パフォーマンス指標を用いたのは、全般的な利益指標と無形資産への市場評価指標のどちらが環境パフォーマン

スの財務面への影響をよりよく反映しているかを検証できるかもしれないと考えたからである。

　財務パフォーマンスを説明する諸変数としては、2つの先行研究で採用されている変数やデータの入手可能性などを考慮して、以下のものを用いることとした。

　・企業規模　　：売上高
　・成長力　　　：増収率（対前年比）
　・消費者関連度：広告宣伝費／売上高
　・研究開発力　：研究開発費／売上高
　・負債依存度　：財務レバレッジ
　・売上資産比率：売上高／総資産

　環境パフォーマンスを表す変数としてKonar and Cohen（2001）では、汚染物質排出・移動量や環境訴訟といった変数が用いられているが、これらの変数を環境報告書からとるとすれば、データの比較可能性が問題になる[110]。本研究では、Russo and Fouts（1997）に近い方法として、日本経済新聞社が1997年以来実施している「環境経営度調査」対象企業のスコアを用いることとした。この調査は、企業が温室効果ガスの排出量や廃棄物の低減など環境対策と経営効率の向上をいかに両立させようとしているかを評価するもので、調査年次により若干項目の変動はあるが、比較的継続的に何種類かの環境パフォーマンスの個別指標とそれらを総合した総合スコアを利用できるという長所がある。

第3節　サンプル企業の範囲と企業の対象範囲

　本研究では、環境パフォーマンス指標として、日本経済新聞社の『「環境経営度調査」調査報告書』（日本経済新聞社）のスコアを用いるため、採用する企業は、この報告書の調査結果に含まれている製造業19業種[111]（ただ

110）　例えば、神田・北村（2004）参照。

し、エネルギー産業と建設業を除く）に属する上場企業である。[112]

　上記の「環境経営度調査」では、第6回、第7回から国内環境経営度とは別に海外環境経営度の評価も行っている。この2つの年度については、サンプル企業としては、第6回、第7回の「環境経営度調査」の海外経営度の評価対象とされている企業を採用し、財務パフォーマンスのデータは、連結財務諸表（平成14年度、平成15年度）の財務データを用いて作成した。このサンプルでは、環境パフォーマンスとして海外経営度評価のスコアも用いることができる。

　他方、海外ランキングの評価が行われていない年度を含めた5年分のデータについては、環境パフォーマンスとして国内ランキングのスコアを用い、財務データは、企業グループではなく、単独企業の財務諸表（平成10年度－同15年度）から採取した。[113]データ採取源は、下記のとおりである。

　環境パフォーマンス：『「環境経営度調査」調査報告書』（日本経済新聞社）
　株式時価総額：『会社四季報 CD-ROM』（東洋経済新報社）
　基本財務データ：『日経財務データ CD-ROM』（日本経済新聞社）
　各社の有価証券報告書。[114]

第4節　分析方法

　本研究では、2つの分析手法を用いる。第1は、企業の環境パフォーマンスが財務パフォーマンスにプラスの影響を与えているかどうかの検証を、重回帰分析により行うことである。第2は、横断的データと時系列デー

---

111)　食品、繊維、パルプ・紙、化学、医薬品、石油、ゴム、窯業、鉄鋼業、非鉄金属・金属製品、機械、電気機器、造船、自動車・自動車部品、その他輸送機器、精密機器、その他製造業、印刷、および軽工業。
112)　東京証券取引所、大阪証券取引所、名古屋証券取引所、ジャスダックおよびその他新興市場に株式上場している企業。
113)　連結の場合は連結財務諸表、単独の場合は財務諸表と有価証券報告書が使用されている。
114)　日経財務データに記載されていない欠損値を各社の有価証券報告書で補った。

タをプールした標本を用い、企業の財務パフォーマンスと環境パフォーマンスとの間に統計的な因果関係があるか否かを、グレンジャーの因果性テストの手法に習って検証することである。なお、グレンジャー因果性テストは、もともと時系列モデルに関して提案されたものであるが、パネルデータにも拡張されている（Hurlin and Venet（2001））。本研究では、データ利用可能性の関係上、Hurlin and Venet（2001）を簡略化した手法を用いている。[115]

まず第1の分析では、前節で説明したように

(1) （財務パフォーマンス）=（定数項）+ a_1（売上高）+ a_2（増収率）+ a_3（広告宣伝費／売上高）+ a_4（研究開発費／売上高）+ a_5（財務レバレッジ）+ a_6（売上高／総資産）+ a_7（環境経営度スコア）+（誤差項）

の特定化で重回帰式を推定する。被説明変数には、1株当たり営業利益、ROA、トービンのqマイナス1などを用い、また環境経営度スコアには、対象企業の範囲により海外または国内の経営度評価指標のスコアを用いる。予想される説明変数の符号は、下記のとおりである。売上高（+）、増収率（+）、広告宣伝費／売上高（+）、研究開発費／売上高（+）、財務レバレッジ（−）、売上高／総資産（−）、環境経営度スコア（+）。なお、売上高／総資産は、企業の資本集約度の逆数の代理変数と考えられており、わが国の国際競争力が資本集約型企業で強いことから、この変数の符号をマイナスとしている。

第2の分析では、tを期間、pをタイム・ラグの次数として

(2) （財務パフォーマンス）$_{i,t}$ =（定数項）$_{i,t}$ + $\Sigma_{j=1,p} \gamma^{(j)}$（財務パフォーマンス）$_{i,t-j}$ + $\Sigma_{j=0,p} \beta^{(j)}$（環境パフォーマンス）$_{i,t-j}$ +（誤差項）$_{i,t}$

の回帰式を推定し、係数 $\beta^{(j)}$ の推定値がゼロと有意に異ならなければ、環境パフォーマンスは財務パフォーマンスを変える原因にはならないと考え

---

[115] 多くの先行研究では、環境パフォーマンスと財務パフォーマンスの間に双方向の関係があり、また両者に共通の影響を与える要因が存在する可能性に関心を示している。例えば、Molloy et al.（2002）参照。グレンジャーの統計的因果性の分析を応用することは、この問題に新しい光を投げかけるものと思われる。

られる。

　これを帰無仮説として検証を行うときのテスト統計量は、(2)式の推定式における残差平方和を RSS1、また (2') 式

　　(2')　(財務パフォーマンス)$_{i,t}$ = (定数項)$_{i,t}$ + $\Sigma_{j=1,p} \gamma^{(j)}$ (財務パフォーマンス)$_{i,t-j}$ + (誤差項)$_{i,t}$

の推定式における残差平方和を RSS2 としたとき、F 値は

　　(3)　F = [(RSS2 − RSS1) / (p + 1)] / [RSS1 / (NT − (p + 1))]

であり、N は企業数、T は年次数である。統計量 F は、自由度 (p + 1, NT − (2p + 1)) の F 分布に従う。この統計量が統計的に有意でなければ、因果関係なしという帰無仮説が受け入れられ、環境パフォーマンスは財務パフォーマンスに影響を及ぼさないと判定される。変数を入れ替えれば、逆方向への因果性についてもテストできる。なお、以下の分析では p = 1 の場合を考察する。

第5節　重回帰分析の推定結果

　表1は、被説明変数を1株当たり営業利益とし、121社の平成15年度及び14年度のデータをプールして (1) 式を推定したものであるが、売上高および広告宣伝費／売上高の変数はどの推定においても有意でなかったため、最終的には除いている。また、2年分のデータをプールしているので、年度ダミー変数を用いているが、その係数は省略されている。各説明変数は予想通りの符号をもち、国内運営体制と国内資源循環の指標を除き、環境経営度指標はいずれもプラスで有意な係数が得られている。全般的に、環境経営度指標としては、海外指標のほうが国内指標よりも成績がよいが、海外指標のほうが国内指標よりも大きな分散を示しており、企業間の環境経営度の相違をよりよく反映していることがその理由として考えられる。ちなみに、両年度をプールした海外総合スコアおよび国内総合スコアの分散は、それぞれ9853及び5205と倍近い開きがあり、分散の比のF検定に関するp値は9.2E − 07であった。

表1 推定結果（被説明変数：1株当たり営業利益）

1. 海外総合スコア	係数および相関係数	2. 国内総合スコア	係数および相関係数
増収率	3.83**	増収率	4.22**
研究開発費／売上高	5.28*	研究開発費／売上高	5.92*
売上高／総資産	−72.7**	売上高／総資産	−75.7**
財務レバレッジ	−0.153	財務レバレッジ	−0.098
環境経営度指標	0.361**	環境経営度指標	0.271*
定数項	−34.4	定数項	−22.0
自由度修正済み R^2	0.171	自由度修正済み R^2	0.122
3. 海外運営体制	係数および相関係数	4. 国内運営体制	係数および相関係数
増収率	3.82**	増収率	4.25**
研究開発費／売上高	5.07*	研究開発費／売上高	6.47**
売上高／総資産	−72.9**	売上高／総資産	−70.7**
財務レバレッジ	−0.118	財務レバレッジ	−0.072
環境経営度指標	3.45**	環境経営度指標	1.25
定数項	−24.2	定数項	61.0
自由度修正済み R^2	0.164	自由度修正済み R^2	0.107
5. 海外汚染リスク	係数および相関係数	6. 国内汚染リスク	係数および相関係数
増収率	3.93**	増収率	4.35**
研究開発費／売上高	5.70**	研究開発費／売上高	5.99*
売上高／総資産	−70.9**	売上高／総資産	−72.7**
財務レバレッジ	−0.048	財務レバレッジ	−0.130
環境経営度指標	2.98**	環境経営度指標	2.95*
定数項	−8.13	定数項	−38.2
自由度修正済み R^2	0.151	自由度修正済み R^2	0.124
7. 海外資源循環	係数および相関係数	8. 国内資源循環	係数および相関係数
増収率	4.30**	増収率	4.24**
研究開発費／売上高	6.19**	研究開発費／売上高	6.41**
売上高／総資産	−66.1*	売上高／総資産	−73.8**
財務レバレッジ	−0.103	財務レバレッジ	−0.080
環境経営度指標	2.44**	環境経営度指標	1.64
定数項	11.5	定数項	42.5
自由度修正済み R^2	0.133	自由度修正済み R^2	0.111
9. 海外温暖化対策	係数および相関係数	10. 国内温暖化対策	係数および相関係数
増収率	3.82**	増収率	4.31**
研究開発費／売上高	5.84*	研究開発費／売上高	6.02*
売上高／総資産	−75.3**	売上高／総資産	−74.0**
財務レバレッジ	−0.151	財務レバレッジ	−0.090
環境経営度指標	3.30**	環境経営度指標	3.18**
定数項	−19.1	定数項	−45.0
自由度修正済み R^2	0.161	自由度修正済み R^2	0.126

** $p<0.01$, * $p<0.05$ （サンプル数 = 242）

これらの暫定的な推定結果から、企業の環境パフォーマンスを日経環境経営度指標として見る限り、それは企業の財務パフォーマンスに対してポジティブな貢献をしていることが裏付けられたといえる。そして、グローバルな活動を展開している国際企業については、諸外国での調査と同様、企業の財務面でのパフォーマンスへの貢献はより明確に表れている。

　表2は、トービンのqマイナス1を被説明変数として、同様の検証を行ったものである。表1では、連結決算の財務データが用いられていたが、トービンのqマイナス1を計算する必要上、表2では単独決算の財務データが用いられている。対象企業数が若干減少しているのは、そのためである。表1と比べると、広告宣伝費比率や財務レバレッジなどの財務パフォーマンスの説明変数は、符号条件は満たしているが、有意ではなくなっている。しかし、海外スコアを用いた場合には、表1と同様、環境パフォーマンス指標の係数はすべての指標に関して1％以下のレベルで統計的に有意である。また、海外スコアに比べて国内スコアの有意度が相対的に低いのも表1と同様である。

第6節　総合スコアのトップ30社と下位50％社との特性比較

　環境パフォーマンスのトップ企業と、下位の企業との間には、どのような環境上、財務上の違いがあるのだろうか。財務パフォーマンスや環境パフォーマンスにはさまざまな次元があるため、一概に両者の間にプラスの関係があるというような捉え方をするのは、問題があるのではないか。このような問題意識から、本研究で用いたいくつかの変数について、上位・下位の2つのグループごとの2003年における諸変数の平均値に統計的に有意な差があるかどうかを検定したところ、表3のような結果が得られた。この表は、まず標本とした278社を2002-2003年の2年間についての日経環境経営度調査総合スコアの平均値の順位に並べ、その上位30社を上位グループ、下位50％の諸企業を下位グループとし、表に示した諸変数の

第13章　環境・財務両パフォーマンスの関連性　227

表2　推定結果（被説明変数：トービンのqマイナス1）

1. 海外総合スコア	係数および相関係数	2. 国内総合スコア	係数および相関係数
増収率	0.00391*	増収率	0.00388*
研究開発費／売上高	0.0314**	研究開発費／売上高	0.0326**
売上高／総資産	−0.0150	売上高／総資産	−0.0478
財務レバレッジ	−0.0128	財務レバレッジ	−0.0198
環境経営度指標	0.00099**	環境経営度指標	0.00099*
定数項	−0.448**	定数項	−0.553*
自由度修正済み R^2	0.250	自由度修正済み R^2	0.232
3. 海外運営体制	係数および相関係数	4. 国内運営体制	係数および相関係数
増収率	0.00376*	増収率	0.00373*
研究開発費／売上高	0.0314**	研究開発費／売上高	0.0329**
売上高／総資産	−0.0466	売上高／総資産	−0.0455
財務レバレッジ	−0.0119	財務レバレッジ	−0.0208
環境経営度指標	0.00884**	環境経営度指標	0.0102**
定数項	−0.392*	定数項	0.241**
自由度修正済み R^2	0.241	自由度修正済み R^2	0.243
5. 海外汚染リスク	係数および相関係数	6. 国内汚染リスク	係数および相関係数
増収率	0.00385*	増収率	0.00394*
研究開発費／売上高	0.0314**	研究開発費／売上高	0.0328**
売上高／総資産	−0.0452	売上高／総資産	−0.0361
財務レバレッジ	−0.0163	財務レバレッジ	−0.0160
環境経営度指標	0.00884**	環境経営度指標	0.00928
定数項	−0.390*	定数項	−0.528
自由度修正済み R^2	0.244	自由度修正済み R^2	0.222
7. 海外資源循環	係数および相関係数	8. 国内資源循環	係数および相関係数
増収率	0.00428*	増収率	0.00414*
研究開発費／売上高	0.0324**	研究開発費／売上高	0.0321**
売上高／総資産	−0.0309	売上高／総資産	−0.0437
財務レバレッジ	−0.00837	財務レバレッジ	−0.0197
環境経営度指標	0.00942**	環境経営度指標	0.00838*
定数項	−0.452*	定数項	−0.442*
自由度修正済み R^2	0.245	自由度修正済み R^2	0.229
9. 海外温暖化対策	係数および相関係数	10. 国内温暖化対策	係数および相関係数
増収率	0.00385*	増収率	0.00394*
研究開発費／売上高	0.0321**	研究開発費／売上高	0.0325**
売上高／総資産	−0.0395	売上高／総資産	−0.0379
財務レバレッジ	−0.0157	財務レバレッジ	−0.0179
環境経営度指標	0.00700*	環境経営度指標	0.00477
定数項	−0.309	定数項	−0.238
自由度修正済み R^2	0.232	自由度修正済み R^2	0.215

** $p<0.01$, * $p<0.05$（サンプル数 = 234）

表3 上位30社と下位50％社の特性比較

	トービンのqマイナス1	資産収益率	負債比率	財務レバレッジ	増収率	研究開発費比率	売上高資産比率	運営体制指標	汚染リスク指標	資源循環指標	温暖化対策指標
上位グループの平均値	1.69	5.4	62.6	1.62	1.39	8.87	0.72	58	58	57	55
下位グループの平均値	−0.00	1.6	150.9	2.63	7.98	3.47	0.94	50	50	50	51
t統計量	20.74	6.89	−3.33	−3.15	2.01	7.64	−1.05	4.02	4.34	3.39	2.25
p値	0.000**	0.000**	0.001**	0.002**	0.046*	0.000**	0.296	0.000**	0.000**	0.001**	0.026*

** p<0.01、* p<0.05　t統計量がプラスの場合は上位企業の平均値が大きく、マイナスの場合はその逆である。

グループ平均値の差に関する検定を行ったものである。

　売上高／総資産比率を除くすべての変数について、5％または1％レベルで予想された方向への有意な差が見られる。この表からも、企業間において財務パフォーマンスと環境パフォーマンスの間に同じ傾向の違いが存在していることが認められ、指標により特有の差があるようには見受けられない。すなわち、財務パフォーマンスに優れている企業と環境パフォーマンスに優れている企業は、大きく見ればいずれも同じ側に属していると考えられる。もっとも、環境パフォーマンス指標の中では、温暖化対策に関する指標の差がやや小さいという結果が出ており、他の環境対応に比べて温暖化対策がいずれの企業にとっても難しい課題であることが推察される。

第7節　因果性の統計的検証

　表2と同様、トービンのqマイナス1およびROAを単独決算の財務データから計算できる278社の企業について、第7回から第3回までの日経経営度調査の結果を集め、国内環境総合指標を環境パフォーマンス指標として、第4節で説明した方法により環境パフォーマンス指標から財務パ

フォーマンス指標へのプラスの影響、および財務パフォーマンスから環境パフォーマンスへのプラスの影響の有無について、統計的分析を試みた。推定に用いた標本は、いずれも2003年ならびに1期ラグの2002年を先頭にして、それぞれ4年分、3年分、および2年分の横断的データをプールしたものである。例えば、表4のⅠ（1）では、被説明変数のデータはトービンのqマイナス1の278社のデータを4年分プールしたもの、また説明変数のデータは、トービンのqマイナス1の1期ラグ、国内総合スコアの当期、および国内総合スコアの1期ラグの値を278社について、それぞれ4年分プールしたものである。

表4には、これらの推定結果から得られた帰無仮説棄却のテスト統計量（F値およびP値）が示されている。なお、どの推定結果においても、Ⅰ、Ⅲについては環境パフォーマンス、またⅡ、Ⅳについては財務パフォーマンスの係数（当期および1期ラグの変数の係数）の推定値の和はプラスであった。

表4 財務パフォーマンス・環境パフォーマンス間の因果性テスト

Ⅰ：環境パフォーマンス⇒財務パフォーマンス			Ⅱ：財務パフォーマンス⇒環境パフォーマンス		
トービンのqマイナス1	(1) 2003-2000年、2002-1999年（サンプル1112）	F値=2.303 P値=0.100	トービンのqマイナス1	(4) 2003-2000年、2002-1999年（サンプル1112）	F値=1.305 P値=0.272
	(2) 2003-2001年、2002-2000年（サンプル834）	F値=1.452 P値=0.235		(5) 2003-2001年、2002-2000年（サンプル834）	F値=7.100 P値=0.001**
	(3) 2003-2002年、2002-2001年（サンプル556）	F値=7.351 P値=0.001**		(6) 2003-2002年、2002-2001年（サンプル556）	F値=6.019 P値=0.003**

Ⅲ：環境パフォーマンス⇒財務パフォーマンス			Ⅳ：財務パフォーマンス⇒環境パフォーマンス		
資産収益率	(1) 2003-2000年、2002-1999年（サンプル1112）	F値=2.617 P値=0.073	資産収益率	(4) 2003-2000年、2002-1999年（サンプル1112）	F値=1.722 P値=0.179
	(2) 2003-2001年、2002-2000年（サンプル834）	F値=1.150 P値=0.317		(5) 2003-2001年、2002-2000年（サンプル834）	F値=2.751 P値=0.064
	(3) 2003-2002年、2002-2001年（サンプル556）	F値=5.926 P値=0.003**		(6) 2003-2002年、2002-2001年（サンプル556）	F値=4.961 P値=0.007**

** $p<0.01$

まず、環境パフォーマンスから財務パフォーマンスへのプラスの影響については、4年分および3年分のパネルデータをプールしたものについては、帰無仮説は棄却されなかったが、2年分をプールした標本では1％水準で棄却された。すなわち、古いデータを多く含む標本では、環境パフォーマンスから財務パフォーマンスへの好影響は認め難いが、最近時点ではその関係が明白になってきているということである。

　次に、財務パフォーマンスがよければ、環境パフォーマンスを高める余力が増大するという方向へのプラスの関係については、3年分のパネルデータをプールした場合にも帰無仮説が棄却されないケースが存在し、2年分のケースではいずれも1％レベルで棄却され、プラスの有意な関係が認められる。容易に予想されるように、この方向での関係のほうが、先に述べた逆方向への関係よりも早い時期から存在していたことが確認される。

　以上の結果を総合すると、企業の良好な財務パフォーマンスが環境パフォーマンスを改善させる傾向は、やや以前から存在していたと見られるが、企業の良好な環境パフォーマンスがその財務パフォーマンスを改善するという傾向は比較的最近になって見られるものということができ、このような結論は、財務パフォーマンスとしてトービンのqマイナス1を用いても、資産収益率を用いても同様に確認することができる。そして、最近時点では双方向へのプラスの影響が認められ、いわゆる「経済と環境の好循環」が企業レベルで具体化しつつあることを示唆する結果となっている。

　表5に示した結果は、トービンのqマイナス1を財務パフォーマンス指標として、以上と同じことを個別の環境経営度指標について行ったものである。温暖化対策を除く他の3つの指標では、最近時点での好循環関係が見られる。なお、健康被害等につながりやすい汚染リスク指標については、財務パフォーマンスから環境パフォーマンスへ向かうプラスの影響が、以前から高い有意性で存在していることが検証されたのは興味深い。

　なお、確認のために278社から上位78社を除いた下位200社を対象にして、表4のⅠ、Ⅱと同様のテストを行った。その結果、4年分および3年分のデータをプールした検定では5％レベル以下での有意な結果は得られ

第 13 章　環境・財務両パフォーマンスの関連性　231

表 5　財務パフォーマンス・環境パフォーマンス間の因果性テスト*

5.1　運営体制			
Ⅰ：環境パフォーマンス⇒財務パフォーマンス		Ⅱ：財務パフォーマンス⇒環境パフォーマンス	
(1) 2003-2000 年、2002-1999 年（サンプル 1112）	F 値 =2.859 P 値 =0.036*	(4) 2003-2000 年、2002-1999 年（サンプル 1112）	F 値 =2.583 P 値 =0.052
(2) 2003-2001 年、2002-2000 年（サンプル 834）	F 値 =1.679 P 値 =0.170	(5) 2003-2001 年、2002-2000 年（サンプル 834）	F 値 =2.325 P 値 =0.074
(3) 2003-2002 年、2002-2001 年（サンプル 556）	F 値 =5.874 P 値 =0.001**	(6) 2003-2002 年、2002-2001 年（サンプル 556）	F 値 =4.836 P 値 =0.002**
5.2　汚染リスク			
Ⅲ：環境パフォーマンス⇒財務パフォーマンス		Ⅳ：財務パフォーマンス⇒環境パフォーマンス	
(1) 2003-2000 年、2002-1999 年（サンプル 1112）	F 値 =2.424 P 値 =0.064	(4) 2003-2000 年、2002-1999 年（サンプル 1112）	F 値 =7.545 P 値 =0.000**
(2) 2003-2001 年、2002-2000 年（サンプル 834）	F 値 =1.162 P 値 =0.323	(5) 2003-2001 年、2002-2000 年（サンプル 834）	F 値 =4.728 P 値 =0.003**
(3) 2003-2002 年、2002-2001 年（サンプル 556）	F 値 =7.797 P 値 =0.000**	(6) 2003-2002 年、2002-2001 年（サンプル 556）	F 値 =7.400 P 値 =0.000**
5.3　資源循環			
Ⅴ：環境パフォーマンス⇒財務パフォーマンス		Ⅵ：財務パフォーマンス⇒環境パフォーマンス	
(1) 2003-2000 年、2002-1999 年（サンプル 1112）	F 値 =1.128 P 値 =0.337	(4) 2003-2000 年、2002-1999 年（サンプル 1112）	F 値 =0.749 P 値 =0.523
(2) 2003-2001 年、2002-2000 年（サンプル 834）	F 値 =0.513 P 値 =0.673	(5) 2003-2001 年、2002-2000 年（サンプル 834）	F 値 =1.586 P 値 =0.191
(3) 2003-2002 年、2002-2001 年（サンプル 556）	F 値 =3.504 P 値 =0.015*	(6) 2003-2002 年、2002-2001 年（サンプル 556）	F 値 =2.833 P 値 =0.038*
5.4　温暖化対策			
Ⅶ：環境パフォーマンス⇒財務パフォーマンス		Ⅷ：財務パフォーマンス⇒環境パフォーマンス	
(1) 2003-2000 年、2002-1999 年（サンプル 1112）	F 値 =1.113 P 値 =0.343	(4) 2003-2000 年、2002-1999 年（サンプル 1112）	F 値 =3.275 P 値 =0.020*
(2) 2003-2001 年、2002-2000 年（サンプル 834）	F 値 =0.602 P 値 =0.614	(5) 2003-2001 年、2002-2000 年（サンプル 834）	F 値 =0.962 P 値 =0.410
(3) 2003-2002 年、2002-2001 年（サンプル 556）	F 値 =2.156 P 値 =0.092	(6) 2003-2002 年、2002-2001 年（サンプル 556）	F 値 =1.490 P 値 =0.216

*被説明変数は、すべてトービンの q マイナス 1
** $p<0.01$, * $p<0.05$

なかったが、最近2年分のデータをプールした場合については、F値 = 4.40、p値 = 0.013で環境パフォーマンスから財務パフォーマンスへのプラスの影響が有意に検証された。したがって、このような関係は、とくに上位の企業だけに見られるものではなく、日経環境経営度調査の対象になっている企業にかなり広く当てはまる傾向であると考えてよいであろう。

第8節　環境パフォーマンスが財務パフォーマンスに及ぼす長期的影響の試算

表4および表5の結果で、環境パフォーマンス（環境経営度指標）から財務パフォーマンス（トービンのqマイナス1）へのプラスの影響が統計的に1%以下の水準で有意であると判定された最近時のサンプルについての推定結果は、下記のとおりであった（係数下の括弧内の数値はt値、*p<0.05、**p<0.01）。

(4) （トービンのqマイナス1）$_t$ = −0.1112 + 0.4595 （トービンのqマイ
　　　　　　　　　　　　　　　　　　　　　　(19.09)**

　　ナス1）$_{t-1}$ + 0.000898 （総合スコア）$_t$ − 0.000425 （総合スコア）$_{t-1}$
　　　　　　　　　　(2.49)*　　　　　　　　　(1.14)

　　修正済決定係数 = 0.411、ダービンワトソン比 = 1.66、サンプル数 = 556

(5) （トービンのqマイナス1）$_t$ = −0.1619 + 0.4305（トービンのqマイ
　　　　　　　　　　　　　　　　　　　　　　(17.40)**

　　ナス1）$_{t-1}$ + 0.00877 （運営体制スコア）$_t$ − 0.00312（運営体制スコア）$_{t-1}$
　　　　　　　　　　(2.50)*　　　　　　　　　(0.82)

　　修正済決定係数 = 0.374、ダービンワトソン比 = 1.69、サンプル数 = 556

(6) （トービンのqマイナス1）$_t$ = −0.2880 + 0.4286 （トービンのqマイ
　　　　　　　　　　　　　　　　　　　　　　(17.38)**

　　ナス1）$_{t-1}$ + 0.00892 （汚染リスク・スコア）$_t$ − 0.00098 （汚染リスク・
　　　　　　　　　　(3.07)**　　　　　　　　(0.33)

スコア)_{t-1}

　修正済決定係数 = 0.378、ダービンワトソン比 = 1.68、サンプル数 = 556

　これらの推定式から、環境パフォーマンス指標から財務パフォーマンス指標への長期的影響の大きさを計算することができる。まず、各変数の当期と次期の値が等しい場合を想定して、上式から長期の推定係数値を求めると、総合スコアについては0.000875、運営体制スコアについては0.00992、また汚染リスク・スコアについては0.0139である。次に、2003年における環境経営度指標の278社についての平均値は、それぞれ総合スコア = 532、運営体制スコア = 53、汚染リスク・スコア = 53であった。また、同年における278社のトービンのqマイナス1の分母の平均値は453,711（単位100万円）であった。したがって、環境経営度指標を、総合スコアの場合には例えば10ポイント、また個別指標の場合には1ポイントそれぞれ高めた場合を考えると、トービンのqマイナス1の分子、つまり無形資産価値への影響は、それぞれ0.000875 × 10 × 453,711 = 3,970、0.00992 × 453,711 = 4,501、および0.0139 × 453,711 = 6,307（単位100万円）となる。すなわち、総合指標10ポイントの上昇は40億円、運営体制スコア1ポイントの上昇は45億円、また汚染リスク・スコア1ポイントの上昇は63億円に相当する企業価値の上昇につながるものと推定される。

第9節　おわりに

　上場企業約300社の5年にわたる財務データおよび日経環境経営度調査の結果を用いて行った統計的検証により、企業の環境への取組みが「コスト要因」の認識から「重要戦略要因」としての位置づけへと変化しつつあるのではないかという仮説に対して得られた結論は、ほぼ下記のようなものである。

　(1)　企業の環境パフォーマンスが財務パフォーマンスにプラスの影響

を及ぼし、その逆の関係も存在することが2つの方法を用いて裏付けられたが、そのような傾向は比較的最近になって明確に見られるようになったものである。

(2) 上記の関係は、財務・環境パフォーマンスが共に優れている上位の企業にだけ見られるものではなく、日経環境経営度調査の対象になっている企業について、かなり一般的に観察される傾向でもある。

(3) 資産収益率、1株当たり利益、トービンのqマイナス1などの指標は、いずれも上記の検証で有用な役割を果たした。

(4) 日経環境経営度調査の指標のなかでは、海外における経営度評価指標のほうが、国内指標よりも企業の環境パフォーマンスをよりよく反映している傾向が認められる。また、総合指標、運営体制指標、汚染リスク指標などについて、環境と経済の好循環が強く見られるものの、資源循環指標や温暖化対策指標については、好循環の傾向が比較的弱く現れている。

(5) 日経環境経営度の個別評価指標を1ポイント、あるいは総合評価指標を10ポイント高めるような環境パフォーマンスの向上により、長期的に企業の無形資産価値は40億円から60億円程度上昇するという暫定的な推計値が得られた。

経済学的には、環境問題は市場の失敗の典型的事例とされるが、上記の結果は、それを内部化するための公的取組みと自主的な取組みが相互促進的に作用しながら市場メカニズム全体として失敗を克服し得る方向が見えつつあることを示唆している。運営体制指標や汚染リスク指標で比較的明確な影響が検証されていることについては、ISO14000シリーズの認証取得や環境・社会報告の普及、レスポンブル・ケアといった民間の自主取組みや、政府による環境報告書ガイドライン・環境会計ガイドブックの公表、PRTR法の運用などの環境政策の情報的手法を中心とする公的取組みがこれらの動向を支えていることが考えられる。他方、資源循環や温暖化対策については、これに相当するような取組みの効果がまだ明確には現れていない。公的政策のどのような取組みが、また民間企業のどのような自主的取組みが、このような動きを促進するかを検証するのが、今後の重要な研

究課題である。

【参考文献】

Hurlin, Christophe, and Baptiste Venet (2001). "Granger Causality Tests in Panel Data Models with Fixed Coefficients," Draft, EURIsCO, Université Paris Dauphine, July.

Konar, Shameek, and Mark A. Cohen (2001). "Does the Market Value Environmental Performance?" *Review of Economics and Statistics,* Vol. 83, No. 2, May.

Nakao, Yuriko, Akihiro Amano, Kanichiro Matsumura, Kiminori Genba, and Makiko Nakano (2007). "Relationship between environmental performance and financial performance: an empirical analysis of Japanese corporations," *Business Strategy and Environment,* Volume 16, Issue 2, February, pp.106-118.

Russo, Michael V., and Paul A. Fouts (1997). "A Resource-based Perspective on Corporate Environmental Performance and Profitability," *Academy of Management Journal,* June.

環境省（2002）「平成13年度 環境にやさしい企業行動調査 調査報告」、2002年7月。

――――（2004）「平成15年度 環境にやさしい企業行動調査 調査報告」、2004年8月。

神田 泰宏・北村 雅司（2004）「環境報告書における比較可能性の研究――自動車、ビール、化学工業を中心に」、国部 克彦、平山 健二郎編、地球環境戦略研究機関（IGES）関西研究センター著『日本企業の環境報告――問い直される情報開示の意義』省エネルギーセンター、51-87ページ。

中尾悠利子・天野明弘・松村寛一郎・玄場公規・中野牧子（2004）「環境パフォーマンスと財務パフォーマンスの関連性――日本企業についての実証分析」、IGES Kansai Research Centre Discussion Paper KRC-2004-No.6.

第14章
環境政策の実施と企業の環境・財務パフォーマンス[116]

第1節　はじめに

　わが国では、地球規模の環境問題や新しいタイプの公害問題に対処するため、旧「公害対策基本法」に代えて1993年に「環境基本法」が制定され、それ以来伝統的な公害対策とは違った新たな環境政策の考え方や手法を含む法律や施策が次々と施行・実施されてきた。企業活動に関わるものでいえば、生産者の責任を、製品の製造、流通、使用段階だけでなく、製品が廃棄され処理・リサイクルされる段階まで拡大する「拡大生産者責任」という考えを取り入れた各種リサイクル法の制定や改正、あるいは消費者や投資家、地域住民など様々な利害関係者に環境負荷情報を開示、提供し、各主体の環境保全活動を促進することを狙った情報的手法としてのPRTR法の制定や環境報告書ガイドライン・環境会計ガイドラインの公表、脱温暖化社会の構築をめざす「地球温暖化対策推進大綱」の策定などが挙げられる。これらの政策を受け、企業の環境保全活動には、法規制の順守を超えた自主的取組が盛んに見られるようになった。例えば、環境保全活動や環境負荷の情報を自主的に開示する「環境報告書」を公表している企業数をみると、1996年に96社だったものが、2003年には743社になるなど、その数はなお増加傾向にある（環境省（2004a, p.5））。さらに企業の環境保全活動に対する意識も変わり、環境保全活動を「コスト」要因と捉える

---

116)　本章は、中尾他（2005）およびNakao et al.（2007）に基づいて書かれたものである。

のではなく、企業利潤に結びつく活動として位置づける企業が増えつつある（環境省（2002b, pp. 5-6),（2004a, pp. 8-10））。

本章に先立って行われた研究（(Nakao et al.（2005））では、上場企業278社の5年にわたる財務データおよび環境経営度調査[117]の結果を用いた統計的検証により、企業の環境パフォーマンスが財務パフォーマンスにプラスの影響を及ぼし、またその逆の関係も存在することが最近になって顕著に見られるという結果が示された。また、個別のトピックに関する環境経営度評価を用いた検証では、企業の環境マネジメントに関する指標や、汚染リスクを表す指標で比較的明確な影響が確認されている。これは、ISO14001シリーズの認証取得や環境報告書の普及、レスポンシブル・ケアといった民間の自主的取組みや、政府による環境報告書ガイドライン・環境会計ガイドラインの公表、PRTR法の運用などの環境政策の情報的手法を中心とする公的取組みが企業の環境情報開示を促進し、それが企業の財務パフォーマンスに影響を及ぼしていることを示唆している。本研究では、この点をさらに明確にするために、企業の環境報告書（環境・社会報告書、持続可能性報告書等を含む）において環境政策に関わる個別トピックごとの記載状況を調べ、それらに対応する環境経営度評価指標と組み合わせ、環境政策を表すパフォーマンスが財務パフォーマンスにどう影響しているかを統計的に検証する。

先の研究においても、経済産業省が運営しているウェブサイト「環境報告書プラザ[118]」に掲載されている情報をもとにダミー変数を作成し、興味深い結果を得たが、このサイトでは2002年以前の企業データが掲載されていないなど標本数の問題があった。このような不足を補うため、ここでは、（財）地球環境戦略研究機関関西研究センターで2001年4月から2004年3月までに行われた『企業と環境プロジェクト』の「環境報告書の研究」の際に収集・作成されたデータベースを利用することとした。ただし、本研究で用いるデータにはこのデータベースに含まれていない年次および企

---

117) 日本経済新聞社・日経リサーチ編（2000）〜（2004）。
118) 「環境報告書プラザ」とは、各企業の環境報告書のデータを業別、項目別に閲覧できるWebサイトである。詳細は、http://ecoreport.jemai.or.jp/ を参照されたい。

第14章　環境政策の実施と企業の環境・財務パフォーマンス　　239

業もあるので、ここではさらに1999年まで遡って各企業が環境報告書を発行しているかどうかを調べ、発行が確認された企業については、環境政策に関わる記載項目を集めて分析を行った。[119]

　本章ではまた、業種ごとに環境負荷の態様が大きく異なることに留意し、業種をある一定の産業グループに分類して同様の検証を行い、産業グループ別の傾向についても明らかにする。[120]

第2節　データの説明

　本研究では、企業の財務パフォーマンスを示す変数として、企業の無形資産に対する市場評価を表すものと考えられる「トービンのqマイナス1」[121]と、財務諸表から得られる利益指標としてのROA（総資産利益率）の2つを用い、また環境パフォーマンスを表す変数として、日本経済新聞社の『「環境経営度調査」調査報告書』のスコアを採用した。近年実施された環境政策に対応して企業が特定の環境保全活動を行っているかどうかを表す変数として、企業が公表する各年次の環境報告書において、特定項目に関する数量的記載があるか否かを示すダミー変数を作成した。[122] このような

　119）　環境報告書発行の有無については、担当部署へメールと電話での問い合わせにより確認した。
　120）　業種ごとでは、標本サイズに大きなばらつきがあるため、本研究では産業グループ別にまとめて検証を行う。
　121）　トービンのqとは、企業の市場価値を資本の再取得価格で割った値のことを指す。本研究では、会社四季報と日経NEEDSから必要なデータを収集し、分子を（株式時価総額＋負債総額）、分母を（流動資産＋投資およびその他の貸付＋有形固定資産）としてトービンのqマイナス1を算定した。
　122）　現在、「環境報告書」の名称は、社会・経済分野まで記載した「サスティナビリティ（持続可能性）報告書」、企業の社会的責任（CSR：Corporate Social Responsibility）に基づく取組みの成果を公表する「社会・環境（CSR）報告書」等、様々であるが、事業者が自らの環境負荷の状況を体系的に取りまとめ、定期的に公表・報告しているものを「環境報告書」とした。また、現在発行されている環境報告書の媒体には、冊子・印刷物、ウェッブサイトでの公開、CD等様々なものがあるが、媒体は何であれ、事業者が自らの事業活動に伴う環境負荷の状況および事業活動における環境配慮の取組状況を総合的に取りまとめ、公表するものを環境報告書としている。ただし、社内版のみの発行は、今回の調査対象とはしていない。

企業の特定の対応を促した背景要因としては、次のような環境政策の実施が考えられる。

第1に、リサイクルに関する法律では、まず「容器包装リサイクル法（容器包装に係る分別収集および再商品化の促進に関する法律）」が1995年に制定され、同法は1997年にガラスびんおよびペットボトルについて、また2000年に紙製容器包装・プラスチック製容器包装について施行された。また「家電リサイクル法（特定家庭用機器再商品化法）」が1998年に制定され、2001年に施行された。2000年6月には、「循環型社会形成推進基本法」が制定され、この法律のもとで7つのリサイクル関連法が改正、制定された。先に上げた2つに加えて、「食品リサイクル法」（2000年制定、2001年施行）、「建設リサイクル法」（2000年制定、2002年施行）、「自動車リサイクル法」（2002年制定、2005年施行）、「資源有効利用促進法」（2001年改正施行）、そして「廃棄物処理法」（2002年5月改正）などの制定、改正が行われている。これらの法制度強化の背景には、廃棄物量がいっこうに減少せず、最終処分場が逼迫していることなどから、社会システムとしてのリサイクルの必要性に対する認識の広まりがある。

第2に、1997年に「化学物質管理促進法（特定化学物質の環境への排出量の把握等および管理の改善の促進に関する法律）」が制定され、2001年4月より企業による取扱物質把握の開始、2002年4月より届出実施、2003年4月より情報開示の開始が進められている。この法律は、「PRTR法」とも呼ばれるが、PRTRとはPollutant Release and Transfer Register（化学物質排出移動量届出制度）の略称で、米国ではTRI（Toxics Release Inventory：有害化学物質排出廃棄目録）と呼ばれる。有害性のある多種多様な化学物質の排出量と廃棄物に含まれる移動量について、事業者がデータを把握し、集計し、公表する仕組みで、化学物質対策の新たな政策手段として、早くから世界的に注目され、導入されてきた。

第3に、環境会計ガイドラインについては、1999年に環境省から『環境保全コストの把握および公表に関するガイドライン（中間とりまとめ）』が公表されたが、これはその後適宜改訂が進められている。2000年5月の『環境会計システムの導入のためのガイドライン（2000年版）』、2002年3月の

『環境会計ガイドライン（2002年版）』、そして実務動向を改訂に反映させた2005年2月の『環境会計ガイドライン（2005年版）』などがそれである。環境会計は環境保全に関わるコストとその活動により得られた効果を自主的に開示するためのものであるが、2003年3月に閣議決定された「循環型社会形成推進基本計画」では、2010年度に、上場企業の約50％および従業員500人以上の非上場企業の約30％が、環境会計を実施するようになることを目標として掲げている。現在、どれほどの事業者が環境会計に取り組んでいるかを2003年度の環境省の調査[123]からみると、環境会計を既に導入している事業者数は上場企業で393事業者、非上場企業で268事業者、合計661事業者となっている（環境省（2004a, p. 108））。

　第4に、わが国は、1997年12月にCOP3で採択された気候変動に関する国際連合枠組条約の京都議定書を2002年6月に批准したが、それを受けて1998年に「地球温暖化対策推進法」を制定し、「地球温暖化対策推進大綱」を決定した。わが国企業の温暖化対策は、これらの政府の取組により大きく促進されることになったが、この大綱は、2001年のマラケシュ合意を受けて見直しが行われた。なお、本研究の対象期間よりも後になるが、2005年3月には「地球温暖化対策の推進に関する法律の一部を改正する法律案」が閣議決定され、この法律によって一定量の温室効果ガスを排出する事業者は、事業者ごとに温室効果ガスの排出量を報告することが義務付けられるようになった。

　以上、リサイクル、PRTR制度、環境会計、地球温暖化対策の4つのトピックスに対応して、環境報告書を公表している企業で下記のような対応情報を開示しているかどうかによって開示している企業には1、開示していない企業および環境報告書を公表していない企業には0の値を与えるダミー変数を各年次について作成する。情報開示企業とされるのは、リサイクルについてはリサイクル量、再資源化量などが定量的に表示されているものおよび廃棄物量等発生量（排出量）の中でリサイクル率の記載がある場合、

123）　環境省（2004a）の調査対象は、東京、大阪および名古屋証券取引所1部および2部上場企業2,671社と従業員500人以上の非上場企業および事業所3,683社の合計6,354社で、有効回答数は上場企業1,234件、非上場企業1,561件となる。

PRTR制度については、PRTR対象物質についての定量情報が記載されている場合、環境会計については、環境保全に係るコストの数値情報が記載されている場合、そして地球温暖化対策については、二酸化炭素（CO_2）排出量が記載されている場合である。[124]

このようにして作成したダミー変数が、企業の財務パフォーマンスに関する評価を向上させる追加的情報となるか否かを検証するに当っては、環境経営度調査の個別指標と以下のように対応させることとした。すなわち、リサイクル・ダミー変数は「資源循環指標」に、PRTRダミー変数は「汚染リスク指標」に、環境会計ダミー変数は「運営体制指標」に、CO2ダミー変数は「温暖化対策指標」に対応させられる。そして対応する環境経営度指標とダミー変数とが、企業の財務パフォーマンス指標の改善を説明する追加的要因となっているかどうかの検証に用いる。

なお、基本となる財務パフォーマンスおよび環境パフォーマンスのデータは、先の研究（Nakao, et al. (2005)）と同じであり、製造業19業種[125]（ただし、エネルギー産業と建設業を除く）の上場企業278社についての5年次分（1999年-2003年）のデータである。[126][127] 図1は、環境会計、PRTR関連物質、リサイクル、CO_2排出量などに関するこれら278社の記載状況をグラフで示したものである。図には、278社のうち環境報告書を発表している企業数の推移も参考までに示してある。

---

124) より詳しい説明については、付表1を参照されたい。
125) 食品、繊維、パルプ・紙、化学、医薬品、石油、ゴム、窯業、鉄鋼業、非鉄金属・金属製品、機会、電気機器、造船、自動車・自動車部品、その他輸送機器、精密機器、その他製造業、印刷、および軽工業。
126) 東京証券取引所、大阪証券取引所、名古屋証券取引所、ジャスダックおよびその他新興市場に株式上場している企業。
127) トービンのqマイナス1を算出するのに用いられる株式時価総額は、親会社の発行済み株式数を用いて算出したが、これは連結グループでの発行済み株式数が現在公表されていないためである。したがって、データの整合性を図るため、他の財務データも単独の財務諸表からのものが用いられている。

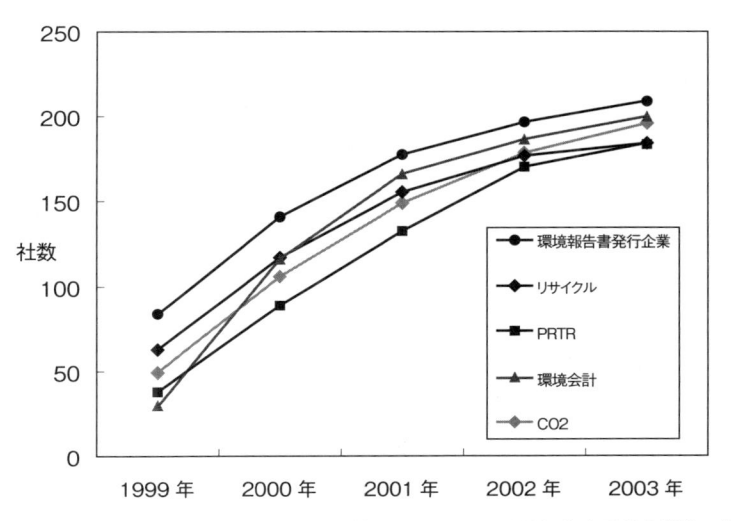

第 14 章 環境政策の実施と企業の環境・財務パフォーマンス　243

図 1　標本中の環境報告書発行企業数および各項目に関する環境報告書記載企業数の推移

第 3 節　分析の方法

　Hurlin and Venet (2001) は、時系列モデルについて開発されたグレンジャーの統計的因果性の検証をパネルデータに拡張した。本研究は、この方法を簡略化した手法を用いて、企業の環境パフォーマンスに関する情報がその財務パフォーマンスの時間的変動にプラスの影響を及ぼしながら説明誤差を有意に減少させるという意味で統計的な原因になっているといえるかどうかを検証しようとするものである。ここでは、財務パフォーマンスのみのモデルを

(1)　(財務パフォーマンス)$_{i,t}$ = (定数項) + a_1 (財務パフォーマンス)$_{i,t-1}$
　　　 + $e_{i,t}$

とし（ただし、$e_{i,t}$ = 誤差項、t = 年次、i = 企業）、このモデルに環境パフォーマンスに関する情報を次の 3 つの仕方で導入する。

(2.1) (財務パフォーマンス)$_{i,t}$ = (定数項) + a_1(財務パフォーマンス)$_{i,t-1}$ + a_2(環境スコア)$_{i,t}$ + a_3(環境スコア)$_{i,t-1}$ + $e_{i,t}$

(2.2) (財務パフォーマンス)$_{i,t}$ = (定数項) + a_1(財務パフォーマンス)$_{i,t-1}$ + a_2(環境スコア×政策ダミー)$_{i,t}$ + a_3(環境スコア×政策ダミー)$_{i,t-1}$ + $e_{i,t}$

(2.3) (財務パフォーマンス)$_{i,t}$ = (定数項) + a_1(財務パフォーマンス)$_{i,t-1}$ + a_2(環境スコア)$_{i,t}$ + a_3(環境スコア)$_{i,t-1}$ + a_4(政策ダミー)$_{i,t}$ + a_5(政策ダミー)$_{i,t-1}$ + $e_{i,t}$

すなわち、第1式は単に環境パフォーマンスのデータを追加したもの、第2式は環境パフォーマンスと環境政策に関連した企業ダミー変数(ここでは、これを「政策ダミー変数」と呼ぶ)との積を追加したもの、そして第3式は環境パフォーマンスと政策ダミー変数を別々に導入したものである。問題は、これらの情報の追加が、(1)式で表される当初のモデルの推定式における説明誤差を有意に小さくするかどうかである。

(1)式の回帰式の残差平方和をRSS1、(2)式のそれの残差平方和をRSS2としたとき、追加変数の係数がすべてゼロであるという帰無仮説を検定する際のF値は

(3) $F = [(RSS1 - RSS2)/q] / [RSS2/(NT - (q+2))]$

であり、Nは企業数、Tは年次数、qは追加された変数の数である。統計量Fは、自由度(q, NT-(q+2))のF分布に従う。この統計量が統計的に有意でなければ、因果関係なしという帰無仮説が受け入れられ、環境パフォーマンスは財務パフォーマンスに影響を及ぼさないと判定される。

第4節 因果性の統計的検証

4.1 全企業を対象とした分析

Nakao, *et al.* (2005) では、環境パフォーマンスから財務パフォーマンス

第14章　環境政策の実施と企業の環境・財務パフォーマンス　　245

へのプラスの影響および逆方向へのプラスの影響の有無について4年分、3年分、2年分のクロスセクション・データをプールして検定を行った。いずれも、当期の変数は2003年次から遡及して年数分のデータをプールし、1期ラグの変数は2002年次から同様に年数分のデータをプールしたものである。環境パフォーマンスのデータには、環境経営度報告書の総合スコアと4つの個別指標（運営体制スコア、汚染リスクスコア、資源循環スコア、および温暖化対策スコア）を、また財務パフォーマンスのデータには、トービンのqマイナス1とROA（総資産利益率）を用いた。環境パフォーマンスに総合スコアを、財務パフォーマンスにトービンのqマイナス1およびROAを用いた2年分プールの標本では、環境パフォーマンスから財務パフォーマンスへの影響およびその逆方向への影響の双方ともに、高い有意性が示された。また、個別指標のスコアで行った因果性テストでは、温暖化対策を除く他の3つの項目で、環境パフォーマンスから財務パフォーマンスへのプラスの影響が見られ、またその逆についても同様の結果が示された。とりわけ、汚染リスク項目については、4年分、3年分、2年分をそれぞれプールした標本すべてについて財務パフォーマンスから環境パフォーマンスへのプラスの影響が高い有意性をもって見られた。この項目は、環境経営度調査の設問項目にPRTR法への対応やPCBの把握・管理状況、土壌汚染対策などの取組みを含めてスコア化したもので、積極的な取組みがそのまま環境パフォーマンスの評価に繋がったと考えられる。今回の研究では、前回の結果を受けて、環境パフォーマンスから財務パフォーマンスへの統計的因果性に関しては、近年実施されてきた環境政策に対する企業の対応が影響を及ぼしているのではないかという仮説を検証しようとするものである。表1は、財務パフォーマンス指標としてトービンのqマイナス1を用いた検証の結果を要約したものである。

　表1は上場企業278社すべてを対象とし、前節の方法により環境パフォーマンスに関する追加情報が企業の財務パフォーマンスにシステマティックな影響を及ぼしているといえるかどうかを検証する。表中、ケース1、2、3とあるのは、前節の2.1、2.2、2.3式のモデルに対応する結果であり、F検定量とP値が示されている。なお、「効果」とあるのは、各式の環境パ

246　第Ⅲ部　企業経営と環境

表1　政策影響の因果性分析（全企業）

環境活動	標本	ケース1 F値	ケース1 P値	ケース1 効果	ケース2 F値	ケース2 P値	ケース2 効果	ケース3 F値	ケース3 P値	ケース3 効果
リサイクル	4年分	1.986	0.138	0.123	12.12	0.000**	0.059	13.01	0.000**	0.076
	3年分	0.674	0.51	0.027	1.825	0.162	0.025	2.712	0.067	0.005
	2年分	1.072	0.37	0.128	1.775	0.132	0.05	2.249	0.063	0.099
PRTR	4年分	5.969	0.003**	0.264	10.06	0.000**	0.048	12.12	0.000**	0.195
	3年分	2.796	0.062	0.115	5.042	0.007**	0.033	8.21	0.000**	0.052
	2年分	3.096	0.015*	0.224	3.337	0.010*	0.063	5.808	0.000**	0.138
環境会計	4年分	3.408	0.033*	0.197	11.33	0.000**	0.06	11.49	0.000**	0.083
	3年分	0.87	0.419	0.1	2.48	0.084	0.031	2.53	0.08	0.039
	2年分	1.263	0.284	0.162	1.862	0.116	0.054	2.216	0.066	0.092
CO2排出量	4年分	1.531	0.217	0.264	11.75	0.000**	0.048	13.09	0.000**	0.074
	3年分	2.578	0.077	0.115	2.251	0.106	0.033	7.498	0.001**	−0.072
	2年分	1.72	0.144	0.224	1.722	0.144	0.063	4.484	0.001**	−0.018

** $p<0.01$, * $p<0.05$
標本のサイズは、4年分では1,112、3年分では834、2年分では556である。

フォーマンスに関連する変数の被説明変数に及ぼす効果の方向と大きさを総括的に表すため、定常的効果（すなわち説明変数が一定値をとり続ける場合の影響）を表すものとして、係数推定値と説明変数の積の総計を算定したものである。ただし、説明変数が環境パフォーマンス指標の場合には、係数推定値と変数の標本平均値の積を、またダミー変数の場合には、それが1をとる企業への影響を見るために、ダミー変数への係数推定値をそれぞれ加算している。

　まず、ケース1とケース2の比較から、環境パフォーマンス指標のみを追加した場合（ケース1）よりも、それとダミー変数との積を追加した場合（ケース2）のほうが有意な結果が多くなっていることが分かる。つまり、環境パフォーマンス指標の情報そのものよりも、関連する企業活動を報告書に記載している企業の環境パフォーマンス情報が財務パフォーマンスへの説明力を高める要因となるということである。さらに、ケース2とケース3の比較では、有意な結果の数がさらに増加し、環境パフォーマンス情

報と、報告書による情報開示がそれぞれ特有の貢献をしていることが分かる。とくに、PRTR関連物質とCO$_2$排出量に関しては、4年分、3年分、2年分のすべての標本において1％水準で有意という結果が得られている。

なお、定常的効果については、ケース3の2つの場合を除き、プラスの値が得られている。したがって、環境会計、PRTR関連物質、リサイクルなどに関する企業活動はおおむね財務パフォーマンスにプラスの影響を及ぼす原因となるといえそうであるが、マイナスの効果に関しては、産業別の分析の際に改めて論じることとする。

最後に、データのプールの仕方についての違いに関して、3年分のデータを用いた場合に相対的に有意な結果が得られにくく、また定常的効果も小さい傾向が見られたため、推定結果の残差を調べたところ、環境パフォーマンスの変動以外の理由でトービンのqマイナス1の値が大きな変化を示している企業がかなり存在していることが分かった。このため、推定式の誤差変動が全般的に大きくなり、環境パフォーマンス情報の追加による誤差変動の削減効果が相対的に小さくなったのである。

以上の結果から、環境パフォーマンスのスコアだけよりも環境情報開示で示される政策対応情報を加えた場合に有意な結果が増えることが明らかになり、企業が政策に取組み、その結果を公表することによって、財務パフォーマンスへのプラスの影響を高められることが確認できた。

4.2 産業別の分析

前節では、すべての企業を含めたデータによって因果性分析を行ったが、環境負荷のタイプや大きさは業種ごとに異なるものであるから、政策の影響やその対策の効果にもおのずから違いが生じることが考えられる。本節では、企業をその属する業種に応じてある一定の産業グループに分け、前節と同様の因果性テストを行って、産業の違いによる環境・財政パフォーマンス間の関係の相違点を明らかにしたい。産業グループ化は、経済産業省の統計業種分類表を参考にして

(1) エネルギー集約産業：化学、窯業、鉄鋼業、非鉄金属および金属製品、およびパルプ・紙

(2) 機械産業：電気機器、精密機械、自動車・自動車部品、造船、およびその他輸送機器
(3) その他産業：ゴム、繊維、医薬品、食品、印刷、軽工業、およびその他製造業

の3つとし、推定結果の一覧を表2に示す。

当初に予想されたように、産業ごとの分析により産業間にかなりの差異があることが明確になった。表をみれば、全般的に環境パフォーマンスの影響力が、とりわけケース3において有意に検証されていることが分かるが、産業により因果性がそれほど明確でないものもあること、産業ごとにどの政策への対応項目が有意となっているかに関して差が見られること、また政策への対応の影響（「効果」）の方向がプラスのものとマイナスのものが混在していること、などが示されている。いくつかの特徴的な点を要約すると、以下のとおりである。

第1に、因果性が検証されたケースが多いのは、エネルギー集約産業およびその他産業であり、機械産業については統計的に有意なケースが少ない。家電や自動車などのいわゆる環境優良企業が多く含まれていることを考えれば意外な面もあるが、環境問題への取組みと優先度の高いイノベーションとの関係が他の2産業におけるほど密接に関連したものになっていないことがあるのかもしれない。

第2に、エネルギー集約産業は、予想されるとおり地球環境問題への取組みに対する要求が厳しくなるにつれて、環境パフォーマンスの財務パフォーマンスへの効果がプラスからマイナスへと方向を転じている。同産業において、ケース3のすべての結果で1％以下の有意水準で因果性が認められるのは、このような影響の転換を含めてのことである。過去4年間を含めた標本では環境活動は経済的にも有利な影響を及ぼしていると考えられるものの、京都議定書の目標達成に向けて、今後しばらくは厳しい状況が続くことが予想される。

第3に、その他産業ではこれと対照的な傾向が見られる。すなわち、環境パフォーマンスおよび政策対応の影響は1つの例外を除いてすべてプラスであり、その大きさは古いデータが少なくなるほど大きくなる傾向を示

表2 政策影響の因果性分析（産業別）

			ケース1			ケース2			ケース3		
		標本	F値	P値	効果	F値	P値	効果	F値	P値	効果
エネルギー集約産業	リサイクル	4年分	2.144	0.119	0.028	3.938	0.020*	0.051	6.736	0.001**	0.038
		3年分	3.489	0.032*	0.031	1.822	0.164	0.048	5.04	0.007**	0.033
		2年分	3.712	0.027*	0.002	1.963	0.144	0.064	5.377	0.006**	−0.002
	PRTR	4年分	1.151	0.318	0.184	5.144	0.006**	0.033	6.084	0.003**	0.112
		3年分	0.861	0.424	0.113	3.314	0.038*	0.038	4.979	0.008**	0.018
		2年分	1.421	0.245	0.009	2.737	0.068	0.077	7.594	0.001**	−0.168
	環境会計	4年分	2.292	0.103	0.106	3.394	0.035*	0.06	7.744	0.001**	0.039
		3年分	2.839	0.06	0.107	1.287	0.278	0.055	5.076	0.007**	0.024
		2年分	2.97	0.054	0.008	0.069	0.503	0.053	4.877	0.009**	−0.101
	CO_2排出量	4年分	1.898	0.152	−0.018	5.336	0.005**	0.057	8.816	0.001**	0.025
		3年分	6.88	0.001**	−0.112	2.274	0.105	0.053	10.92	0.000**	−0.092
		2年分	7.141	0.001**	−0.151	0.602	0.549	0.04	9.124	0.000**	−0.148
機械産業	リサイクル	4年分	0.296	0.744	−0.055	4.975	0.007**	0.063	8.476	0.000**	−0.195
		3年分	0.899	0.408	−0.205	1.443	0.238	−0.009	2.494	0.084	−0.259
		2年分	0.25	0.779	−0.054	1.727	0.18	0.039	2.585	0.077	−0.15
	PRTR	4年分	0.811	0.445	0.155	3.924	0.020*	0.057	4.776	0.009**	0.031
		3年分	0.802	0.449	−0.068	1.622	0.199	0.005	3.504	0.031*	−0.102
		2年分	1.76	0.174	0.087	1.547	0.215	0.045	3.922	0.021*	0.004
	環境会計	4年分	1.241	0.29	0.183	5.901	0.003**	0.083	7.818	0.000**	−0.037
		3年分	0.593	0.553	−0.024	0.269	0.764	0.011	0.939	0.392	−0.079
		2年分	0.076	0.927	0.062	1.118	0.329	0.057	1.41	0.246	−0.045
	CO_2排出量	4年分	0.801	0.449	0.078	2.663	0.071	0.045	4.029	0.018*	−0.045
		3年分	1.164	0.313	−0.236	0.365	0.695	−0.009	2.625	0.074	−0.315
		2年分	0.482	0.618	−0.156	0.794	0.453	0.029	3.529	0.031*	−0.292
その他産業	リサイクル	4年分	2.138	0.12	0.219	3.537	0.030*	0.034	4.358	0.014*	0.201
		3年分	5.117	0.007**	0.33	5.85	0.003**	0.055	8.046	0.000**	0.313
		2年分	5.031	0.008	0.393	3.119	0.047*	0.051	6.599	0.002**	0.38
	PRTR	4年分	2.426	0.09	0.182	3.387	0.035*	0.03	4.586	0.011*	0.14
		3年分	4.285	0.015*	0.256	9.485	0.000**	0.057	10.73	0.000**	0.17
		2年分	5.577	0.005**	0.367	5.953	0.003**	0.066	8.165	0.000**	0.291
	環境会計	4年分	0.865	0.422	0.131	1.934	0.146	0.029	2.017	0.135	0.064
		3年分	2.856	0.06	0.237	6.217	0.002**	0.069	6.703	0.001**	0.101
		2年分	2.827	0.062	0.285	5.221	0.006**	0.084	5.918	0.003**	0.181
	CO_2排出量	4年分	3.211	0.042*	0.156	2.358	0.096	0.034	4.74	0.009**	0.098
		3年分	5.127	0.007**	0.259	8.316	0.000**	0.07	9.904	0.000**	0.138
		2年分	4.56	0.012*	0.332	7.058	0.001**	0.084	7.942	0.001**	0.181

** $p<0.01$, * $p<0.05$
エネルギー集約産業の標本サイズは、4年分324、3年分243、2年分162、機械産業については、4年分488、3年分366、2年分244、そしてその他産業については、4年分300、3年分225、2年分150である。

している。この点は、程度の差はあってもすべてのダミー変数について共通している傾向である。人々の生活に近く、健康、安全、環境との関わりが見やすい産業部門において、環境と経済の好循環をもたらす社会経済システムの変革がより進みつつあることを示唆するものとして、興味深い結果である。環境政策の情報的手法が効果を発揮するには、どのような部門でどのような具体的施策を優先的に実施すべきかについても示唆を与えるものではなかろうか。

第5節　結論

　以上に述べたような分析結果から、環境政策の推進に伴って環境パフォーマンスが財務パフォーマンスに好影響を及ぼすとすれば、その傾向は2つの経路を通じて働く力の結果であることが分かる。1つは、規制的手法による環境政策の推進が省エネ、省資源、技術的・経営的改善等を通じて全般的な環境対応費用の引き下げと付加価値の向上を誘発する面であり、もう1つは、環境政策の情報的手法が企業と顧客・消費者に対する情報面を通じた企業評価への好影響を通じて経営全体の市場評価を高める面である。本研究の予備調査の段階では、財務パフォーマンスの指標としてROA（総資産利益率）を用いて上記と同様の検証も行って見たが、有意な結果の数は激減した。このことは、財務パフォーマンス指標としてはトービンのqマイナス1を用いることが現在の問題についてより適切であることを示すとともに、環境政策の直接規制的手法とともに情報的手法を併用することが経済と環境の好循環、あるいは経済成長と環境負荷のデカプリングを生み出すインセンティブ効果を高めるものとして、経済的手法とともに、その役割が高く評価されるべきことを示唆している。

付表1　政策ダミー変数の作成基準[128]

環境会計ダミー変数
・環境保全に係るコスト情報（数値）の記載があれば、「1」とする。
・累積投資額や設備投資額での記載は、環境会計ガイドラインの趣旨と外れているのでこの場合、「0」とする。
・「導入予定」といった記述だけでは「0」とする。

PRTR制度ダミー変数
・PRTR対象物質（PRTR法施行令に定められた、第一種指定化学物質（354物質））の定量情報の記載があれば、「1」とする。
・具体的な物質数量が1つでも記載してあれば、「1」とする。
・対象物質の総量における数値でも可とし、「1」とする。
・「導入予定」だけでは、記述されていても「0」とする。
・「取り扱いはない」との記述であっても、この場合は「0」とする。

リサイクル・ダミー変数
・「廃棄物発生量」のうち「リサイクル量」「再資源化量」と表現され、定量情報の記載があれば、「1」とするが、「有効利用量」の表現では「リサイクル」を示さないと判断し、定量情報であってもこの場合「0」とする。
・「廃棄物量等発生量（排出量）」が開示されており、「リサイクル率」が示されている場合には、「1」とする。
・「再利用量」、「再使用量」は「リユース」に該当するが、「リサイクル」と同義とこの場合捉え、定量情報の記載があれば、「1」とする。

二酸化炭素排出ダミー変数
・CO_2排出量の記載があれば、「1」とする。
・ただし、「原単位のみ」の記載は、この場合「0」とする。
・「CO_2排出量」の記載がなく、「エネルギー使用量」のみの記載は、「0」とする。

【参考文献】

Hurlin, Christophe, and Baptiste Venet (2001). "Granger Causality Tests in Panel Data Models with Fixed Coefficients," Draft, EURIsCO, Université Paris Dauphine, July.

Nakao, Yuriko, Makiko Nakano, Akihiro Amano, Katsuhiko Kokubu, Kanichiro Matsumura, and Kiminori Genba (2007). "Corporate environmental and

---

[128] 判断基準については、環境省（2003a）、環境省（2002c）と國部他（2004, pp.194-205）の研究を参考にした。

financial performances and the effects of information-based instruments of environmental policy in Japan," *International Journal of Environment and Sustainable Development*, Volume 6, No. 1, February, pp.95-112.

環境省（1999）『環境保全コストの把握および公表に関するガイドライン（中間とりまとめ）』、1999年3月。

―――（2000）『環境会計システムの導入のためのガイドライン（2000年版）』、2000年5月。

―――（2002a）『環境会計ガイドライン（2002年版）』、2002年3月。

―――（2002b）『平成13年度 環境にやさしい企業行動調査 調査報告』、2002年7月。

―――（2002c）『環境報告書データベース』。
http://www.kankyohokoku.jp/y_top.asp?yf=2001

―――（2003a）『事業者の環境パフォーマンス指標ガイドライン（2002年度版）』、2003年3月。

―――（2003b）「循環型社会形成推進基本計画」、2003年3月。
http://www.env.go.jp/recycle/circul/keikaku/index.html

―――（2004a）『平成15年度 環境にやさしい企業行動調査 調査報告』、2004年8月。

―――（2004b）『環境報告書ガイドライン（2003年度版）』、2004年3月。

―――（2005）『環境会計ガイドライン（2005年版）』、2005年2月。

國部克彦・野田昭宏・大西靖・品部友美・東田明（2002）「日本企業による環境情報開示の規定要因――環境報告書の発行と質の分析」『企業会計』第54巻第2号、2002年、pp. 74-80。

國部克彦・平山健次郎編・地球環境戦略研究機関（IGES）関西研究センター著（2004）『日本企業の環境報告――問い直される情報開示の意義』省エネルギーセンター、2004年3月。

中尾悠利子・中野牧子・天野明弘・國部克彦・松村寛一郎・玄場公規（2005）「環境政策の実施が企業の環境・財務パフォーマンスの関係に及ぼす影響について」、IGES Kansai Research Centre Discussion Paper KRC-2005-No.5.

日本経済新聞社・日経リサーチ編（2000）『第3回「環境経営度調査」調査報告書』日本経済新聞社、2000年2月。

―――（2001）『第4回「環境経営度調査」調査報告書』日本経済新聞社、2001年2月。

―――（2002）『第5回「環境経営度調査」調査報告書』日本経済新聞社、2002年2月。

―――（2003）『第6回「環境経営度調査」調査報告書』日本経済新聞社、2003年2月。

―――（2004）『第7回「環境経営度調査」調査報告書』日本経済新聞社、2004年2月。

第15章
企業の社会的責任活動と企業業績ならびに環境イノベーション[129]

第1節　序論

　われわれは、先に企業の環境保全活動と企業業績の関係について日本の製造業企業を対象とした研究を行い[130]、近年になるほど環境経営について高い業績をあげている企業が財務面でも良好な業績を上げている傾向が明確に見られるようになってきたことを明らかにした。しかし、海外の多くの研究では環境面だけではなく、広く企業の社会的責任（CSR）に関する活動と企業業績の関係について分析がなされる場合が多い。われわれの先行研究では、個別企業の環境経営の諸側面を評価した環境経営評価データを用いて分析がなされていたことから、他の社会的責任を含めた活動との関係は考慮の対象外とせざるを得なかった。しかし、その後環境経営活動に[131]

---

　129)　本章の一部は、環境経済・政策学会の2007年大会において中尾が報告した。討論者の横浜国立大学経営学部馬奈木俊介教授より多くの貴重なコメントと示唆をいただいた。付記して謝意を表す。本研究で用いたデータは、2005年から刊行が開始され、2006年にも続編が公刊されたものの、共通の企業データ総括表が掲載されていなかったため、Grangerタイプの統計的因果性分析を行うことができなかった。しかし、2007年に刊行されたものには、より詳細かつ多くの企業について総括表が付加されているので、収益性からCSR活動（またはその逆の方向）への因果性の検証を行うことができる。この点については、今後の研究によって補うこととしたい。

　130)　中尾他（2004）、中尾他（2005）、Nakao et al.（2006）、Nakao et al.（2007）参照。

　131)　わが国の実証研究では、企業の社会的責任活動を評価する方法として、各種のSRIインデックス（社会的責任投資ファンド組み込み企業の株価指数）に含まれている企業を選び、その他企業と業績比較をする方法が取られることが多い。例えば、環境省(2005)、首藤他(2006)などを参照。

加えて企業統治や人事管理、投資家関係などを含めた企業評価データが利用可能になったので、本章では社会的責任活動と財務業績との関係についてこれまでの研究と同様の分析を行うこととする[132]。また、企業の社会的責任活動が環境イノベーションを誘発することが多いという指摘に鑑み、本章ではこの点についても検討することとする[133]。

第2節　企業の社会的責任と持続可能性

　自由企業社会における経営責任者は、所有者の意向と社会の基本的な倫理的慣習に従って事業を遂行し、最大限の利益をあげるのがその責任であって、企業利潤を減らしていわゆる社会的責任を果たすのは、代表権のない個人が政府の果たすべき公共の利益のために企業利益を恣意的に費消してしまうに等しいと述べたのは、ミルトン・フリードマンであった[134]。しかし、企業の経済活動は環境問題をはじめ企業自らが負担しない社会的費用を伴うさまざまな活動を含んでおり、この議論を信奉する経営者は、政府による現行の公共諸規制に背くだけではなく、より広い視点からの規制強化や新設を見越した市場参加者からもネガティブな評価を受ける傾向が強まっている。企業の社会的責任が、持続可能性の概念と密接な関係にあるものと考えられ、企業のボトムラインが利潤のみならず、社会と環境のボトムラインを含むものとして認識されつつあることは、第8章で述べた。

　企業が社会的責任の遂行、とりわけこれまで外部費用とみなされていた特定の費用を内部化することが企業本来の活動として位置づけられるようになれば、それによって費用負担が生じるにしても、以下のように企業の方針変更に伴って利益が高められる場合もあり得る。

　（1）社会的費用と私的費用の乖離が大きい代表例は環境問題であるが、

---

132)　ただし、新しいデータが単年度しか利用できないため、われわれの先行研究で行っていたグレンジャーの統計的因果分析を行うことはできない。

133)　例えば、Lazonick and O'Sullivan（2000）, Horbach（2006）などを参照。

134)　Friedman（1970）参照。

この場合には例えば省エネ、省資源、廃棄物削減等で必要を上回る効率性向上が図れる可能性がある。
(2) 社員や組合との関係改善によって、労働生産性が向上する。
(3) 規制当局との関係が改善され、規制対応費用の低減が生じる。
(4) 環境問題、労働問題、製品・サービスの安全性向上等で訴訟リスクを軽減できる。
(5) 企業の名声悪化を防ぎ、あるいは名声を高めることで、資本調達費用を低減できる。

企業活動、情報通信機能、環境問題などがグローバル化するにつれて、環境問題に対する企業の対応や、その他の社会的責任をどの程度よく果たしているかの情報は、企業評価の重要な基準になりつつあるが、比較可能な形や第三者の検証を受けた形でそれらの情報が広く公開される状況にはまだなっていない。しかし、こういった情報が広く知られるほど、上記の理由による企業利益向上の機会は高まる。企業利益の追求と社会的利益の確保との重なりを増やすためには、環境問題を含む社会的問題に対する企業の取組みとその情報開示を制度化することが、今後の重要な課題である。

このような流れの中で、欧米企業に関しては環境問題への取組みを含めて企業の社会的責任への取組みが企業の財務業績を高めるかどうかが問われ、多くの研究から肯定的な結論が導かれている。しかしわが国では、最初でも述べたように環境問題に関しては環境業績の高い企業で財務業績も高いという傾向が明らかになりつつあるものの、社会的責任全般についての実証的研究はまだ多くない。[135]

本研究では、東洋経済新報社から刊行された『CSR企業総覧2006』（東洋経済新報社（2005））に掲載されたデータを使用して、企業のCSR活動の業績と財務業績の関係について統計的検証を行い、製造業、非製造業を含む630社のグループについて、われわれの先行研究で行った環境活動業績と財務業績との関係と同様の結論が得られたことを報告する。

なお、企業の社会的責任を遂行するために必要な企業ガバナンスの確立と経済的・財務的業績の向上の双方を追求する際に欠かせない要因としてイノベーションの存在が挙げられる。本章では、CSR活動が環境問題に

対処するためのイノベーションの実現にポジティブな貢献をしているといえるかどうかという問題についても実証的な分析を試みる。

第3節　データについて

　まず、東洋経済新報社（2005）の特集3にある749社主要CSRデータ一覧を用いて、749社のCSR経営度指標を作成する。このデータは、企業へのアンケート調査による質的データと、数量データをまとめたものであるが、ここでは主に質的データを用いる。数量データについては無回答企業やデータベースにない数値が多く、多くの企業数が確保できないためである。

　一覧表には、CSR対応、法令順守・IR、消費者・ユーザー関係、および環境の4つのテーマについて13の調査項目に対する回答が示されているが、ここではそれを表1のように単純な数値に変換する。

　このように数値化したデータを、平均値がゼロ、分散が1になるように基準化して作った13項目の系列（749社分のデータ）に対して主成分分析を適用し、その第1主成分の得点を各企業のCSR経営度と考える。

　図1は、第1主成分がデータ全体の代表値としての性質を持っているかどうかを判定するため、元の基準値13系列の平均値と第1主成分との散布図を描いたものである。両系列の相関係数は0.995という高い値になり、

135）　数少ない業績の例として、環境省（2005）と首藤他（2006）が上げられる。前者では国内のエコ・SRIファンドに含まれる企業をCSR企業とし、当該グループについて算定された株価指数と市場一般のそれ（TOPIX）との比較により業績を判定し、CSR企業の業績の高さを検証している。また、ISO14001の認証取得を先行的に行った企業グループについても同様の結果を得ており、いずれの結果からも環境配慮型企業群への投資が市場インデックスよりも優れた投資結果を実現できると結論している。
　他方、首藤他（2006）では、特定の国際的SRI投資インデックスに含まれる日本企業とそれ以外の日本企業との比較がなされているが、PROBIT分析の結果では、CSR企業は非CSR企業に比べて収益性が低く、安定性が高い（収益率の変動が小さい）という結果を導いており、「CSR活動は、利潤の源泉というよりもリスクを軽減し経営の持続可能性の向上に寄与するための手段とみなすことができる。」と結論している。

第15章　企業の社会的責任活動と企業業績ならびに環境イノベーション　　257

表1　アンケート調査データの数値化

テーマ	項目	数値化
CSR対応	CSR担当役員	有 (2)、予定 (1)、無 (0)
	同、CSR業務割合	100% (100)、過半 (50)、半以下 (25)、無回答 (0)
	社会貢献担当部署	有 (2)、予定 (1)、無 (0) 以下すべて無回答は (0)
法令順守・IR	法令順守担当部署	有 (2)、予定 (1)、無 (0)
	倫理行動規定	有 (2)、予定 (1)、無 (0)
	IR担当部署	有 (2)、予定 (1)、無 (0)
消費者・ユーザー	苦情データベース	有 (2)、予定 (1)、無 (0)
	事故欠陥開示指針	文書化 (2)、指針のみ (1)、無 (0)
環境	環境担当役員	有 (2)、予定 (1)、無 (0)
	同、環境業務割合	100% (100)、過半 (50)、半以下 (25)、無回答 (0)
	環境方針の文書化	有 (2)、予定 (1)、無 (0)
	環境会計の作成	有 (2)、予定 (1)、無 (0)
	環境監査実施	定期 (3)、不定期 (2)、予定、他 (1)、無 (0)

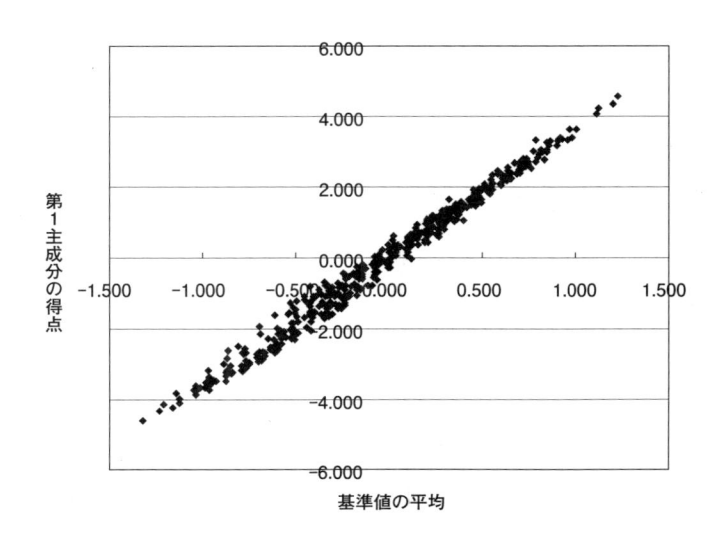

図1　基準値の平均と第1主成分の得点

第1主成分の得点を13項目の代表値として用いても大きな問題はないように思われる。

本章では、まず上記のようにして作成したCSR経営度指標と企業の財務業績との関係について実証分析を行う。すなわち、CSR経営度指標の高い企業の財務業績がより優れているという仮説を統計的に検証する。その際に用いる企業データは、会社四季報、日経財務データ、各社の有価証券報告書等から収集した。

他方、はじめにも述べたように企業の社会的責任活動には環境保全活動の占める比重も高く、トリプル・ボトムラインの向上を目指す際に環境イノベーションが重要な鍵をにぎることになることから、社会的責任活動の活発な企業では、環境イノベーションも多く実現されるという傾向が指摘されている。この点を実証的に検証するため、本章では企業の環境特許出願件数を環境イノベーションの代理指標と考え[136]、上記のCSR経営度指標と環境イノベーション指標との関係を検証する。

各企業の特許出願件数は、特許庁のインターネット・ホームページから「特許電子図書館」を開き、次のような方法で収集した[137]。まず、ワードの入力指示に対して、「会社名」と「環境問題」の2語を入力して検索すると、特許出願件数が1件以上であれば、その件数を記録し、一覧表示をクリックして各特許出願の内容が環境関連の特許であることを確認する。次いで「会社名」と「環境保全」を入力して同様の操作を行い、内容の重複がないことを確認して件数を記録する。これらの件数の合計を、以下では環境特許出願件数とする。ヒットした件数のかなりのものは、環境問題への対応を直接目的としたものというよりは、新規の方法が製品や生産方法の新規性とともに環境問題の対応にも有効であるという性格をもっており、環境特許がトリプル・ボトムライン向上の有力な手段となっていることが分

---

136) 特許件数をイノベーションの代理変数として用いた実証的研究については、Brunnermeier and Cohen (2003)、Carrión-Flores and Innes (2006)、Horbach (2006) などを参照。

137) 特許電子図書館内の初心者向け検索「特許・実用新案を検索する」のページを用いた。http://www2.ipdl.inpit.go.jp/begin/be_search.cgi?STYLE=login&sTime=1089943287207

かる。最後に、「会社名」のみを入力して総特許出願件数を記録する。これは環境特許出願を含む当該企業の全特許出願件数である。なお、以上の件数は、すべて平成5年以降の累計値である。

第4節　CSR経営活動と財務業績の関係：その1

　最初の分析は、企業のCSR活動と財務業績との関連に関するものである。CSR経営度指標を作成した749社のうち財務データ等を収集できた654社に対して、脚注1で上げたわれわれの先行研究と同様の特定化により重回帰分析を行ってみたところ、CSR経営度指標の高い企業では財務業績（トービンのq-1で測られる）が低いという、これまでにわれわれが得ていた知見とは相反する推定結果が得られた。しかし、推定式に基づく計算値と実績値との誤差を確認したところ、例外的に大きな誤差を示す4%弱の企業が存在することが分かった。これらの企業は飛びぬけて高いトービンのq値をもった特有の性格の企業であると思われたため、トービンのq-1が2を超える企業（すなわち、企業の市場価値がその資産の置換費用の3倍を超えている企業）と、残りの企業との特徴を経営諸変数の平均値の差に基づいて比較したところ、表2のような結果が得られた。表2は、通常の平均値の差の検定の手法に従い、まず2つの標本の分散に差がないという仮説を検定し、帰無仮説が有意に棄却された場合にはWelchの方法によるt検定、帰無仮説が棄却されなかった場合には通常のt検定を行ったものである。

　有意な差がなかったのは、研究開発費比率と広告宣伝費比率だけであり、それ以外の項目については有意な差が認められた。q値の高い企業で平均値の大きい項目は、ROA、増収率、短期債務比率、売上高総資産比率である。逆に平均値が小さい項目は、CSR経営度指標、財務レバレッジ、売上高、および従業員である。これらの結果をみれば、トービンのq-1がとくに高い企業というのは、単に売上高や従業員でみて規模が小さいというだけでなく、高い資本生産性に基づく高い財務パフォーマンスにもかかわらず、CSRパフォーマンスはきわめて低いという特徴的な性質をもった企業群

であることがわかる。[138]

上述のような理由により、以下の分析ではこれら24社を除く630社を対象として行う。表3は、トービンのq-1を財務業績の指標として用い、財務業績を左右すると考えられるいくつかの経営指標をコントロール変数と

表2 トービンのq-1が2を超える企業とその他企業との比較

変数	ROA		変数	CSR第1主成分得点	
	2超の企業	その他企業		2超の企業	その他企業
サンプル数	24	630	サンプル数	24	630
平均値	51.0	23.4	平均値	−2.129	0.045
t統計量 4.84*** (Welchの方法)			t統計量 4.82***		
変数	増収率		変数	財務レバレッジ	
	2超の企業	その他企業		2超の企業	その他企業
サンプル数	24	630	サンプル数	24	630
平均値	22.42	4.32	平均値	1.78	3.05
t統計量 3.74** (Welchの方法)			t統計量 6.67***		
変数	短期債務		変数	売上高	
	2超の企業	その他企業		2超の企業	その他企業
サンプル数	24	630	サンプル数	24	630
平均値	287.0	133.8	平均値	38,133	321,620
t統計量 2.95** (Welchの方法)			t統計量 7.46*** (Welchの方法)		
変数	研究開発費／売上高		変数	広告宣伝費／売上高	
	2超の企業	その他企業		2超の企業	その他企業
サンプル数	17	465	サンプル数	9	525
平均値	4.87	3.33	平均値	1.44	1.33
t統計量 1.50			t統計量 0.14		
変数	売上高／総資産		変数	従業員	
	2超の企業	その他企業		2超の企業	その他企業
サンプル数	24	630	サンプル数	23629	629
平均値	4.43	2.26	平均値	389	2,890
t統計量 3.75** (Welchの方法)			t統計量 9.63*** (Welchの方法)		

* $p<0.05$, ** $p<0.01$, *** $p<0.001$。t検定は両側検定。

---

138) なお、これら24社のうち、脚注130にあげた文献での分析に含まれていた企業は2社のみであった。

して導入した重回帰分析によって、企業の CSR 活動指標として作成した CSR 第1主成分得点の高い企業で財務業績が高くなるといえるかを検証しようとしたものである。表3では2つの推定結果が示されているが、研究開発費のデータが入手可能な466社についての結果が630社のものより良好な結果を示している。

われわれが日経環境経営度調査のデータに基づいて行った分析が、製造業の企業のみを対象としていたのに対して、ここでの標本にはサービス業の企業が多数含まれている。それら全体を対象としてみても、また環境経

表3 CSR パフォーマンスの財務パフォーマンスへの影響

被説明変数:トービンの q-1		被説明変数:トービンの q-1	
説明変数	係数推定値	説明変数	係数推定値
増収率	0.00337***	増収率	0.00494***
財務レバレッジ	0.000869	財務レバレッジ	0.0209
		研究開発費／売上高	0.0319***
売上高／総資産	0.0552***	売上高／総資産	0.0789***
第1主成分得点	0.0295***	第1主成分得点	0.0343***
ダミー変数		ダミー変数	−0.0702
水産	−0.288	水産	−0.170
建設	−0.400***	建設	−0.146
食料品・繊維製品	−0.346***	食料品・繊維製品	−0.222
パルプ・紙	−0.469*	パルプ・紙	−0.092
石油石炭・ゴム・窯業	−0.126	石油石炭・ゴム・窯業	−0.232
鉄鋼・金属	−0.345***	鉄鋼・金属	−0.149
機械	−0.343***	機械	−0.076
その他製品	−0.161*	その他製品	−0.129
卸小売	−0.326***	卸小売	−0.210
金融・不動産	−0.244***	金融・不動産	0.947*
運輸・倉庫	−0.067	運輸・倉庫	0.262
情報通信・電気ガス	−0.167	情報通信・電気ガス	0.219
定数項	0.315***	定数項	−0.0466
R^2 0.153	修正済 R2 0.129	R^2 0.255	修正済 R2 0.225
F 6.489***	サンプル数 630	F 8.501***	サンプル数 466

* $p<0.05$, ** $p<0.01$, *** $p<0.00$

営度以外のCSR活動を含めても、企業の社会的責任活動全般に取り組むことが企業の財務業績を悪化させるというわけではないことがわかる。

もっとも、製造業部門に比べて非製造業企業に関する研究は必ずしも進んでおらず、上記の標本でも630社を製造業362社と非製造業268社に分割して、それぞれ同様な回帰式を推定したところ、CSR経営指標の係数は製造業ではプラスで有意であったものの、非製造業では統計的に有意な結果は得られなかった。したがって、上記のような関係は、業種を問わずに一般的に認められる関係とはまだいえない状況である。

なお、トービンのq-1について行ったように、いくつかの基準によって企業を2つのグループに分け、各指標の平均値の差を調べることでCSR活動とそれに付随する経営状況との関わりに関する知見を得ることができる。参考までに、4つの視点から検討してみよう。

第1に、売上高の中央値を境にして、654社を大企業と小企業の2つのグループに分け、各指標の平均値の差を検証したところ、次のような結果が得られた。すなわち、両グループで有意な差が検証されなかった指標は、トービンのq-1、増収率、広告宣伝費／売上高比率、研究開発費／売上高比率などであった。これに対して大企業で平均値が大きかったのは、CSR経営度指標、財務レバレッジ、従業員数などであり、他方小企業で大きかったのは、総資産収益率、短期債務比率、売上高総資産比率などであった。

第2に、研究開発費／売上高比率のデータが入手できる企業とそれ以外の企業とに分けて比較を行うと、有意な差が認められない指標は、トービンのq-1、総資産収益率、増収率、短期債務比率、広告宣伝費／売上高比率、売上高総資産比率などであった。他方、入手可能な企業で平均値が大きい指標は、CSR経営度指標、売上高、従業員数であり、入手できない企業で平均値が大きい指標は、財務レバレッジのみであった。

第3に、環境報告書やCSR報告書等の2005年版を発行し、ないしは何らかの方法で情報開示している企業としていない企業については、有意な差のない指標は、トービンのq-1、総資産収益率、増収率、財務レバレッジなどであるが、情報開示企業で平均値の大きい指標は、CSR経営度指標、売上高、従業員数、研究開発費／売上高比率であり、情報開示企業で平均

値の小さい指標は、短期債務比率と売上高総資産比率であった。情報開示企業は、規模の大きい、広告宣伝費や研究開発費の割合の高い企業という特徴を示しているが、財務パフォーマンスならびにそれに強く影響する要因では未開示企業と差はない。これらの情報を開示すること自体が財務業績にプラスの影響を与えるというよりも、CSR活動の内容が重要であると理解すべきであろう。

第4に、外国人持ち株比率のデータが入手できる646社について、持ち株比率の大小で323社ずつの2つのグループに分割し、平均値の差の検定を行った。増収率については、有意な差は見られなかったが、外国人持ち株比率の高いグループで平均値が大きかった指標は、売上高、従業員数、CSR経営度指標、2005年版情報開示、トービンのq-1など、他方、平均値が小さかった指標は、総資産利益率だけであった。

第5節　CSR経営活動と財務業績の関係：その2

東洋経済新報社（2006）では、企業のCSR活動のパフォーマンスを、人材活用、環境、企業統治、および社会性の4つの側面から評価している。評価は、AAA、AA、A、B、―（評価不能）の5つのランクで行われており、それぞれのテーマで評価される内容は、次のとおりである。

人材活用：女性社員比率、離職者状況、50-59歳割合等21項目
環境：環境担当部署の有無、環境担当役員の有無、同役員の担当職域等19項目
企業統治：CSR担当部署の有無、CSR担当役員の有無、同役員の担当職域等15項目
社会性：消費者対応部署の有無、社会貢献担当部署の有無、商品・サービスの安全性・安全体制に関する部署の有無等19項目

他方、財務面については、成長性、収益性、安全性、および規模の4つの側面について、AAA、AA、A、B、C、―（評価不能）の6つのランクで評価が行われている。そしてその内容は、

成長性：売上高増減率、経常利益増減率、営業キャッシュフロー増減率、総資産増減率、固定資産増減率、利益余剰金増減率

収益性：ROE（当期利益／株主資本）、ROA（営業利益／資産）、売上高営業利益率（営業利益／売上高）、売上高経常利益率（営業利益／売上高）、営業キャッシュフロー

安全性：流動比率（流動資産／流動負債）、D/E比率（有利子負債／株主資本）、固定比率（固定資産／株主資本）、総資産利益余剰金比率（利益剰余金／総資産）、株主資本

規模：売上高、EBIRDA（税引き前利益／総資産）、設備投資、総資産、有利子負債

とされている。

以上のような評価結果に対して、与えられた段階評価をAAA＝5、AA＝4、A＝3、B＝2、C＝1、その他＝0として数値化すれば、CSR活動の各側面が財務業績に及ぼす影響や、財務業績の各側面がCSR活動に及ぼす影響を回帰分析によって検証することができる。表4は、第4節での分析と同じ特定化で被説明変数と主要説明変数（CSR活動および財務パフォーマンス）だけを変更して重回帰分析を行なった結果から、主要説明変数の係数推定値と推定式の全般的説明力に関する統計量だけを要約的に示したものである。ただし、(2)についてはトービンのq-1を説明変数の1つとし、被説明変数を企業のCSR活動項目として表示している点に注意されたい。例えば、(2)の「人材活用」の行にある係数推定値は、トービンのq-1が1単位変化したときに人材活用評価が変化する値を示している。

表4の係数値から分るように、企業の財務業績に与える影響の大きさでいえば、企業統治と人材活用といった組織の編成や運営に係る要素が重要であり、環境や社会性はプラスの貢献をするといっても、CSR活動全体のなかではまだ低い位置にある。外部費用の内部化は、まだ緒についたばかりなのである。他方、CSR活動に強く影響を及ぼす財務的特性については、各側面がほぼ同様の効果をもっており、財務業績の高さが外部費用の内部化を全般的に推進する有力な条件であることが分る。

なお、表4の(3)、(4)が示すように、CSR企業総覧の企業評価データを数値化したものから、CSR業績の全体的評価と財務業績のそれとの間の関係を推計すると、いずれの方向についても高い相関係数で有意な関係があるという結果が得られる。しかし、表5が示すように、どの個別評価指標の間についても高い相関があることに注意する必要があろう。

企業ごとのCSRの評価と財務評価とをきわめて類似した指標群をベースに行なったことから両個別指標間、したがってまた集計的指標間の高い全般的相関関係が生じているものと考えられる。したがって、この結果からCSR活動に優れている企業では財務業績も高くなるといった結論を導

表4 CSR活動と財務業績との関係

(1) 被説明変数：トービンのq-1			
説明変数	係数推定値	修正済 R^2	F値
人材活用	0.0319**	0.125	6.28***
環境	0.0290**	0.125	6.28***
企業統治	0.0408***	0.134	6.70***
社会性	0.0199***	0.129	6.48***
CSR総計	0.0113***	0.139	6.96***

(2) 説明変数：トービンのq-1			
被説明変数	係数推定値	修正済 R^2	F値
人材活用	0.547**	0.040	2.53***
環境	0.605**	0.121	6.11***
企業統治	0.667***	0.051	3.00***
社会性	1.116***	0.020	1.76*
CSR総計	2.935***	0.075	3.98***

(3) 被説明変数：財務総計			
説明変数	係数推定値	修正済 R^2	F値
CSR総計	0.506***	0.482	32.67***

(4) 被説明変数：CSR総計			
説明変数	係数推定値	修正済 R^2	F値
財務総計	0.864***	0.461	32.67***

* $p<0.05$, ** $p<0.01$, *** $p<0.00$

表5　CSR活動および財務業績各項目間の相関係数

	人材活用	環境	企業統治	社会性	成長性	収益性	安全性	規模
人材活用								
環境	0.59							
企業統治	0.67	0.65						
社会性	0.43	0.41	0.46					
成長性	0.45	0.38	0.44	0.31				
収益性	0.51	0.41	0.49	0.34	0.72			
安全性	0.47	0.40	0.49	0.29	0.65	0.80		
規模	0.49	0.50	0.48	0.35	0.30	0.37	0.32	

くのは危険であるといえる。しかし表4の結果は、どのようなCSR活動が現状において当該企業の財務業績にポジティブな影響を及ぼすか、また財務業績の良いことがどのようなCSR活動を促進する効果があるかを明らかにしているという点で有益であると考えられよう。

第6節　企業のCSR活動と環境イノベーション

本章の最初でも触れたように、企業がCSR活動を効果的に行うためにはさまざまなタイプのイノベーション、なかんずく環境イノベーションが必要とされ、かつそれが効果をあげる上でも重要な役割を果たすという見解がある。この点を確かめるため、ここでは対象企業の環境関連特許件数を環境イノベーションの指標と考え、CSRパフォーマンスの高い企業で環境イノベーションが多く行われるという議論が日本でも成り立つかどうかを検証してみよう。

第3節で説明した方法によって630社の中から全特許出願件数が1件以上の326社を抽出し、それらの中で「環境」特許の要素をもつ出願件数を記録したデータを使用する。特許出願件数がプラスの値でも、ここでいう環境特許件数がプラスの企業は132社しかないので、このデータを環境イ

ノベーションの代理変数として被説明変数とすると、多くのゼロを含んだ系列となる。このようなゼロを含むカウント数を被説明変数に通常の重回帰分析を適用するとバイアスのない推定値が得られないため、ここではジェームズ・トービンによって開発されたTOBITと呼ばれる推定法を用いて回帰分析を行う。[139]

回帰式の特定化については、環境特許出願件数を被説明変数とした2つのタイプを考える。1つは説明変数に全特許出願件数を含むもの、もう1つは説明変数に全特許出願件数を含まないものである。後者には、企業規模を表わす代理変数として、売上高を加えている。

タイプ1の特定化における説明変数：

　　全特許件数、CSR活動変数（CSR活動全体、企業統治など）、売上高／総資産比率、報告書の発行、産業ダミー変数

タイプ2の特定化における説明変数：

　　売上高、CSR活動変数（CSR活動全体、企業統治など）、売上高／総資産比率、産業ダミー変数

表6は、それぞれのタイプの推定結果を1つずつ示したものである。表中でσとあるのは、ノン・ゼロ変数に関する推定式の標準偏差推定値である。また、TOBITの係数推定結果は説明変数の限界的変化に対する被説明変数の変化を直接表さないので、推定結果から限界変化の係数を算定したものが別途示されている。

説明変数のうち、売上高／総資産比率は企業の資本集約度の逆数を表す変数であり、資本集約的産業部門の企業ほど研究開発への依存度が高いことを表すために導入されたものである。いずれの特定化においても、CSR活動が高く評価されている企業で環境特許出願件数が多いことが検証されている。表6ではCSR活動のうちの企業統治に関するものが選ばれているが、CSR活動全体あるいはCSR活動の第1主成分得点や、環境、人材活用などの他の活動変数を用いても同様の結果が得られている。このような結果は、限られた説明変数の範囲内ではあるが、企業の社会的責任に関

139）　TOBITについては、和合・伴（1995）、Hall and Cummins（2005）参照。

表6 CSR活動と環境イノベーション

説明変数	係数推定値 t統計量	限界係数
推定式1　被説明変数：環境関連特許出願件数		
全特許出願件数	0.482E−03*** 11.83	0.111E−04
企業統治	1.828* 2.50	0.0420
報告書開示	5.034 1.91	0.116
電気機械産業ダミー	−6.298* 2.33	−0.145
サービス業ダミー	−7.765* 2.53	−0.178
定数項	−16.55*** 5.65	—
σ	13.10*** 15.88	—
推定式2　被説明変数：環境関連特許出願件数		
売上高	0.514 E −05*** 5.00	8.385 D −08
企業統治	4.379*** 4.51	0.0715
売上高/総資産	−5.215*** 33.75	−0.0851
電気機械産業ダミー	5.780 1.78	−0.0851
サービス業ダミー	−24.009*** 4.38	0.0944
定数項	−13.007*** 3.21	—
σ	17.85*** 15.68	—

する活動が環境に優しい技術革新のもととなる特許出願を活発化させているという仮説に対して、ある程度の実証的証左を与えるものと考えることができよう。

第7節　結語

　以上のような検証の結果から、日本においても企業のCSRパフォーマンスと財務パフォーマンスの間にはプラスの関係が根付き始めており、その傾向は製造業の大企業でとりわけ顕著に見られる傾向があるといえる。ただ、財務パフォーマンスをトービンのq-1のような企業価値で測る場合、小規模、高自己資本比率で高い増収率、高い総資産収益率をあげているが、CSR活動にはあまり積極的でない一群の企業においてトービンのq-1が極めて高い場合がある点に留意する必要がある。

　CSRパフォーマンスと財務パフォーマンスがプラスの関係にある企業の特徴としては、大規模の製造業企業というほかに、財務レバレッジは低く、研究開発をよく行なっており、CSR報告書や環境報告書などの情報開示にも熱心で、外国人持ち株比率の高い企業といった特徴が伺える。

　なお、財務パフォーマンスを高めるのに貢献するCSR活動のタイプとしては、企業統治や人材活用があり、環境や社会性に関する活動は比較的効果が小さく、他方、CSR活動を活発化させる力をもつ財務上の特徴としては、規模や安全性といった持続性を表す要因のほうが、収益性や成長性のような変動性の高い要因よりも影響力が大きいことが分った。

　また、欧米の文献ではCSR活動を積極的に行なっている企業で環境イノベーションも活発であることが報告されているが、わが国においても、限られたデータの範囲内での検証とはいえ、同様の傾向が見られることを確認した。

【参考文献】

Brunnermeier, Smita B., and Mark A. Cohen (2003). "Determinants of Environmental Innovation in US Manufacturing Industries," *Journal of Environmental Economics and Management,* Vol. 45, Issue 2, pp. 278-293.

Carrión-Flores, Carmen E., and Robert Innes (2006). "Environmental Innovation and Environmental Policy: An Empirical Test of Bi-Directional Effects."
http://www.u.arizona.edu/~carmencf/environmental.pdf

Friedman, Milton (1970). "The Social Responsibility of Business Is to Increase Its Profits," *New York Times Magazine,* September 13, 1970. Reprinted in Tom L. Beauchamp and Norman E. Bowie, eds., *Ethical Theory and Business,* Third ed. (Englewood Cliffs, N. J.: Prentice Hall, 1988, pp. 87-91.

Hall, Bronwyn H., and Clint Cummins (2005). *TSP 5.0 Reference Manual* (Palo Alto, CA: TSP International).

Horbach, Jens (2006). "Determinants of Environmental Innovation – New Evidence from German Panel Data Sources," NOTA DI LAVORO 13.2006, January.

Lazonick, William, and Mary O'Sullivan (2000). "Perspectives on Corporate Governance, Innovation, and Economic Performance: Summary," The European Institute of Business Administration.
http://www.insead.fr/projects/cgep/Research/Perspectives/summary.pdf

Nakao, Yuriko, Akihiro Amano, Kanichiro Matsumura, Kiminori Genba, and Makiko Nakano (2007). "Relationship between environmental performance and financial performance: an empirical analysis of Japanese corporations," *Business Strategy and the Environment,* Volume 16, Issue 2, February, pp.106-118.

―――, Makiko Nakano, Akihiro Amano, Katsuhiko Kokubu, Kanichiro Matsumura, and Kiminori Genba (2007). "Corporate environmental and financial performances and the effects of information-based instruments of environmental policy in Japan," *International Journal of Environment and Sustainable Development,* Volume 6, No. 1, February, pp.95-112.

環境省（2005）「社会的責任投資ファンド及び環境配慮企業の株価動向調査報告書」。
http://www.env.go.jp/policy/kinyu/rep_h1706.pdf

首藤恵・増子信・若園智明（2006）「企業の社会的責任（CSR）活動とパフォーマンス――企業収益とリスク」早稲田大学ファイナンス総合研究所。
http://www.waseda.jp/wnfs/pdf/labo5_2006/wnif06-002.pdf

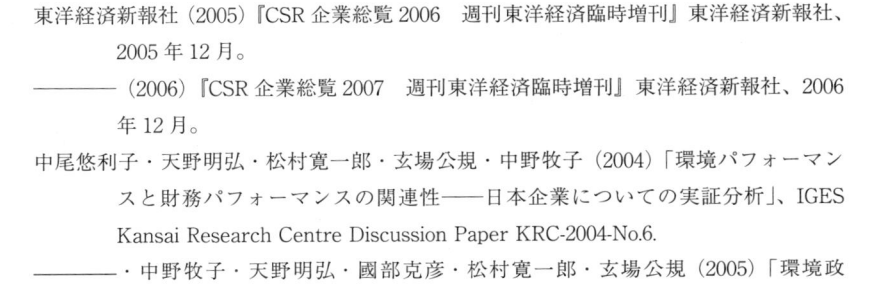

東洋経済新報社（2005）『CSR 企業総覧 2006　週刊東洋経済臨時増刊』東洋経済新報社、2005 年 12 月。
─────（2006）『CSR 企業総覧 2007　週刊東洋経済臨時増刊』東洋経済新報社、2006 年 12 月。
中尾悠利子・天野明弘・松村寛一郎・玄場公規・中野牧子（2004）「環境パフォーマンスと財務パフォーマンスの関連性──日本企業についての実証分析」、IGES Kansai Research Centre Discussion Paper KRC-2004-No.6.
─────・中野牧子・天野明弘・國部克彦・松村寛一郎・玄場公規（2005）「環境政策の実施が企業の環境・財務パフォーマンスの関係に及ぼす影響について」、IGES Kansai Research Centre Discussion Paper KRC-2005-No.5.
和合 肇・伴 金美（1995）『TSP による経済データの分析［第 2 版］』東京大学出版会。

索　引

事項索引（五十音）

ア

アスベストの事案　136, 137
アラウアンス　41, 46, 57, 106
安全性　264
意思決定への公衆参加　32, 33
イノベーション　185, 196
因果性の統計的検証　228, 244
英国大蔵省　97
エコアクション 21　155-156
エネルギー集約産業　206, 247
エネルギー需要の価格弾力性　59, 61, 66, 76-83
欧州委員会　154, 177
欧州環境庁　122
欧州議会　123
欧州共同体設立条約　173, 175
オークション　45
オーフス規制　123
オーフス条約　33, 123, 152
オカルト税　133
汚染者支払原則　22-23, 102, 159, 173
汚染者負担原則　160
汚染集約型産業　128
汚染逃避地仮説　127, 128
汚染逃避地効果　130
オゾン層の破壊　11
オゾン層破壊物質税　134, 137
温室効果ガス排出補助金　40
温暖化対策税制　40

カ

外国人持ち株比率　263, 269
外部経済　193
外部費用　152, 159, 254
海面上昇　14
化学物質管理促進法　240
学習効果　193, 196
革新投資　190, 191
　——の不確実性　194
拡大生産者責任　160, 237
拡大生産物責任　160, 161
確率的シミュレーション　195
カスケード税　132
ガソリン需要の価格弾力性　64, 71, 82
価値のウエイト付け　120
家電リサイクル法　240
カナダ・カンファレンスボード　186
株主資本利益率　220
環境イノベーション　187, 253, 258, 266, 268
環境会計ガイドライン　237, 238, 240, 241
環境格付け　204, 220
環境基本法　96, 237
環境経営度調査　221, 239
環境経営度評価　238
　——指標　238
環境情報へのアクセス　33
環境政策　237
　——の情報的手法　234, 250
環境設計　167
環境と経済の好循環　197, 230, 250
環境特許　258
環境パフォーマンス　203, 206, 208, 210, 212, 213, 219, 238
環境費用　159

索　引　273

環境報告書　237, 238, 239
　　——ガイドライン　237, 238
　　——プラザ　238
環境保護庁（米国）　186
環境民主主義　31, 32-35, 122, 123, 152
キエフ議定書　124
機械産業　248
企業統治　263
企業の環境保全活動　185
企業の社会的責任　141, 145, 146, 153, 171, 177, 253, 254
　　——活動　253
気候変動　13
　　——協定　45
　　——税　45
　　——に関する国際連合枠組条約　14, 22
　　——に関する政府間パネル　14, 49
　　——枠組条約　131
規模　264
　　——の経済　193, 196
逆オークション　42
逆ロジスティックス　166, 167
急激な気候変動　18, 19, 115
競争の不完全性　196
共通ではあるが差異のある責任　50
京都議定書　16, 21, 22, 39, 50, 51, 113, 241
京都メカニズム　52, 56, 107
クリントン政権　15, 138, 161
グレンジャーの因果性テスト　220, 223, 243
グローバリゼーション　130, 171
グローバル・サリバン原則　146-147, 148
グローバル・レポーティング・イニシャティブ　146

経済協力開発機構　22
経済的手法　95
経済的害関係　121
研究開発投資　192
建設リサイクル法　240
公共的サービス　160
好循環の関係　214
公平性　21, 31, 116
効用の割引率　87
コー経営原則　146, 148
国際環境協定　127
国際経済協定　127
国際商業会議所　153
国際標準化機構　141, 150, 156, 178
国立環境研究所　73
国連環境計画　14, 21, 49
国連グローバル・コンパクト　147, 148
国連食糧農業機関　117
国連ヨーロッパ経済委員会　32
国境税調整　128, 131
コミュニケーション　120

サ

サービサイジング　159, 164
　　——の定義　165
サービスのサービス化　168
最恵国待遇　132
財務パフォーマンス　203, 206, 208, 210, 212, 213, 219, 238
佐川急便　168
サプライズ・シナリオ　116
サプライチェーン　143, 146, 176
サマーズ説　27-28, 30
サラシン銀行　208
ジェンセンのα　208
資源有効利用促進法　240
自主協定　44

自主参加型排出取引制度　44, 45, 57
市場経済活動への政策的介入　121
市場の失敗　192
市場利子率　91, 92
持続可能性　151, 254
　──格付け　208
　──報告書　177
持続可能な発展に関する世界経営委員会
　　　145, 177
実質利子率　90
自動車リサイクル法　240
シナリオ・プランニング　115, 116
シナリオ分析　116
司法へのアクセス　33
シミュレーション実験　194
仕向地原則　132
社会革新　23
社会思想的立場　117
社会性　263
社会的厚生関数　87
社会的厚生水準　87
社会的時差選好率　93, 94
社会的責任 SA8000　147, 148
社会的責任規格　150
社会的責任報告書　154
社会的パフォーマンス　209
社会的費用と私的費用の乖離　254
社会的割引率　86, 87
収益性　264
重回帰分析　224
受動的アクセス　33
シュリンプ・タートルの事案　135, 137
シュワルツ＝ランドール報告　115
循環型社会形成推進基本法　240, 241
純粋の時差選好率　87, 89, 90
情報レント　200
食品リサイクル法　240

所有と経営の分離　190, 192
知る権利法　35, 123, 151
人材活用　263
新車の燃費効率　70, 71, 83
スウェーデン技術革新庁　186
スーパーファンド税　134, 137
スターン報告書　87-95
ステークホルダー　145, 147, 156, 163, 203
　──理論　149
スピルオーバー効果　195
政策影響の因果性分析　246
政策提言　116
成長性　264
製品サービス・システム　166
製品の機能化　164
製品のサービス化　164
製品ライフサイクル　143, 147, 163
世界気象機関　14, 49
世界貿易機関　118
世代間の公平性　21
世代内の公平性　21
説明責任　147
前段階の間接税　132
全米科学アカデミー　115
相殺関税　132
総資産営業利益率　220
組織の失敗　192, 196
組織の社会的責任　141
その他産業　248

タ

大気清浄法　123
第3次環境基本計画　119
第3次評価報告書　113
第2次環境基本計画　119
第4次評価報告書　85
短期価格弾力性　66

炭素税　40, 44
炭素の価格付け　103, 104, 107
炭素の社会的費用　86, 103, 104, 105, 107
ダンピング防止税　132
地球温暖化　11
　　――対策推進大綱　51, 237, 241
　　――推進法　241
　　――の推進に関する法律　51
地球環境戦略研究機関　156
　　――関西研究センター　238
地球環境問題　11
中小企業　153, 154
長期価格弾力性　66
ツナ・ドルフィンの事案　135, 137
低炭素社会　98
電力需要の価格弾力性　64, 71, 81
東京商工会議所　154
統合生産物政策　163
東洋経済新報社　255, 256
トービンのq　206, 220, 223, 239, 245, 250, 259
トリプル・ボトムライン　146, 151

ナ

内国民待遇　132
内部化　254
2成分手法　86, 99, 100
日本エネルギー経済研究所　72
日本LPガス協会　59
日本経済新聞社　221
日本経済団体連合会　45, 59
人間環境宣言（ストックホルム宣言）　21
熱塩循環　17, 85
　　――の停止　19
能動的アクセス　33

ハ

バイオ技術政策　117
廃棄物管理政策　173
廃棄物処理法　240
排出アラウアンス　53
排出削減クレジット　53
排出削減補助金　40, 43, 100
排出取引制度　43, 45, 53, 56, 96
バックキャスト　99
ハリスポール社　142
バンキング　46
比較優位　129
ビジネスウイーク誌　142
非線形性　106
1株当たり営業利益　223
氷河湖決壊洪水　18
不確実性　115, 121
複占産業　191
物質循環　11
ブッシュ大統領　16, 116
部門別エネルギー需要の価格弾力性　76-80
プライスウオーターハウスクーパーズ社　142, 143
フランクリン研究開発会社　204, 220
プロセス・イノベーション　196
プロダクト・イノベーション　196
ベースライン　46
ベンチマークス・グローバル企業責任原則　147, 148
貿易　127
ポーター仮説　185, 190, 192, 194, 196
ポリシー・ミックス　40, 53

マ

マイナスの環境税　101
マラケシュ協定　137

マラケシュ合意　241
水の安全保障　12
メタ解析　213
モントリオール議定書　134

ヤ

ユティリタリアニズム　30
輸入禁止措置　133
容器包装リサイクル法　240
要素賦存仮説　128, 129
予防原則　118, 122, 173
予防的アプローチ　119

ラ

ラムゼイ方程式　90, 91
リーケージ　128
リオ宣言　119
リスク　113, 119, 122
　――影響評価　119
　――管理　118
　――管理統制　119, 120
　――情報交換　119, 120
　――評価　118
　――分析　119, 121
リバースオークション　73
倫理的判断　24, 116
累積の間接税　132
レスポンシブル・ケア　238

ワ

割引要素　93

事項索引（アルファベット）

AIMモデル　98
BSR　145, 147
CAPM　208, 210
CDM　41, 56, 107
CDP　107
CODEX　119
COP（締約国会議）　22
COP6　15
COP9　41
COPOLCO　150, 178
CSR　150, 153, 154, 155, 171, 177, 253
　――パフォーマンス　259, 261, 269
　――企業総覧　255
　――経営活動　259, 263
　――経営度指標　256, 259
DEFRA　105
DfE　167
ET　56
EU　35, 123, 172
EU排出取引制度　57
FAO　117, 119
GATT　127, 134, 135, 136, 137
GATT/WTO　131, 132, 133
　――体制　127, 128
GLOF　18
GRI　177
IPCC　13, 15, 16, 49, 85, 86, 93, 94, 113
ISO　141, 146, 150, 156, 178
ISO14001　149, 177, 219
ISO26000　156, 173, 178, 180
　――の構造　179
JI　41, 56, 107
MOP（議定書締約国会合）　22
OECD　22, 32, 35, 62, 64, 141, 146, 147, 148

――多国籍企業ガイドライン　147
OPEC　61, 116
PPS　166
PRTR（汚染物質排出移転登録）　32,
　35, 36, 123, 124, 234, 237, 238, 240
REACH　172
ROA　204, 220, 223, 239, 245, 250, 259
ROE　220
RoHS　172
　――指令　172, 175, 176
　――物質　177
SCC　104
TMB　178
TOBIT　267
UNECE　32
UNEP　12, 21
WBCSD　145, 177
WEEE　172
　――指令　172-173, 174
WHO　119
WMO　14
WTO　118, 127, 135, 137, 138
X－非効率性　190, 196

人名索引（アルファベット）

Agras, J.　65
Alpay, S.　191, 192
天野明弘　3, 4, 11, 39, 59, 66, 87, 113,
　127, 141, 159, 185, 197, 203
Ambec, S.　192, 193, 199
Annan, Kofi A.　124
伴 金美　66
Barla, P.　192, 193, 199
Bennear, Lori S.　100
Biermann, Frank　133, 137
Bjørner, Thomas B.　63
Boyer, Joseph　92, 114, 116
Bridges, Victoria E.　120
Brohm, Rainer　133
Brown, Gordon　97
Brunnermeier, Smita B.　258
Butz, C.　208, 209
Campbell, N.　190-192, 197
Carrión-Flores, Carmen E.　258
Chapman, D.　65
Clarkson, Richard　105
Cohen, M. A.　206, 207, 208, 220, 221,
　258
Copeland, Brian R.　129, 130
Dasgupta, Partha　91
Deyes, Kathryn　105
Downing, T. E.　104, 105
Fishbein, Bette K.　161
Fouts, P. A.　204, 205, 220, 221
Friedman, Milton　254
藤川清史　159
Fullerton, Don　100
Gabel, H. L.　192
玄場公規　3, 185, 203
Glaister, Stephen　65

Graham, Daniel J.　65
Granger, C. W. J.　223
Hausman, Daniel M.　26, 27, 28, 30, 117
Heal, Geoffrey　91, 92
Heppburn, Cameron　91
Hoel, Michael　92
Hoerner, J. Andrew　133, 138
Horbach, Jens　254, 258
Hurlin, Christophe　223, 243
Innes, Robert　258
Ismer, R.　138
Jensen, Henrik H.　63
甲斐沼美紀子　73
Klein, M.　190, 192
Klevnäs, P.　45
國部克彦　3, 185, 203, 251
Konar, S.　206, 207, 208, 220, 221
Larson, Bruce A.　106
Lazonick, William　254
Lord Marshall　62
馬奈木俊介　253
松村寛一郎　3, 185, 203
McPherson, Michael S.　26, 27, 28, 30, 117
Metz, B.　23
Mohr, R. D.　193
Molloy, L.　210, 211, 223
Mont, Oksana　166
Muller, Frank　138
Murphy, C. J.　212
中野牧子　3
中尾悠利子　3, 219, 237, 242, 244, 253
Neuhoff, K.　138
西岡秀三　41
Nordhaus, William D.　90, 92, 114, 116
O'Sullivan, Mary O.　254
Oates, W. E.　187, 188, 199

Orlitzky, M.　213, 215
Palmer, K.　187, 188, 199
Pearce, David　91
Pigou, A. C.　102
Plattner, A.　208, 209
Popp, D.　194–195
Porter, M. E.　186, 192, 195
Portney, P. R.　187, 188, 199
Pritchett, Lant　31
Ramsey, F. P.　103
Randall, Doug　115
Rothfels, J.　190, 192
Rouwendal, Jan　65
Russo, M. V.　204, 205, 220, 221
Schumacher, Ingmar　91
Schwartz, Peter　115, 116
Sinclair-Desgagné, B.　192
Smith, Michelle A.　31
Stavins, Robert N.　100
Sterner, Thomas　92
Stiglitz, Joseph E.　113
首藤 恵　253, 256
Summers, Lawrence H.　24, 25, 27, 31, 117
Taylor, M. Scott　129, 130
Tobin, James　267
Toffel, Michael W.　165
van der Linde, C.　186, 192, 195
Vemeij, Richard　176
Venet, Baptiste　223, 243
和合 肇　66
Watkiss, P.　104, 105
Weitzman, Martin L.　91
White, Allen L.　164
Wolverton, Ann　100

【編著者略歴】

天野 明弘（あまの あきひろ）

　1934年大阪に生まれる。1956年神戸大学経営学部卒業。神戸大学経営学部教授、関西学院大学総合政策学部教授、兵庫県立大学副学長を歴任。ロチェスター大学 Ph.D., 経済学博士（大阪大学）。神戸大学、関西学院大学、兵庫県立大学の名誉教授。

　環境問題関係の著書『環境との共生をめざす　総合政策・入門』（有斐閣1997年）、『地球温暖化の経済学』（日本経済新聞社1997年）、『地球環境問題とグローバル・コミュニティ』（共編著、岩波書店2002年）、『環境問題の考え方』（関西学院大学出版会2003年）、『環境経済研究』（有斐閣2003年）、『持続可能社会構築のフロンティア』（共編著、関西学院大学出版会2004年）、『環境経営イノベーション』（共編著、社会生産性本部2006年）など。

持続可能社会と市場経済システム

2008年7月10日初版第一刷発行

編著者　天野明弘

発行者　宮原浩二郎
発行所　関西学院大学出版会
所在地　〒662-0891
　　　　兵庫県西宮市上ケ原一番町1-155
電　話　0798-53-7002

印　刷　協和印刷株式会社

©2008 Akihiro Amano
Printed in Japan by Kwansei Gakuin University Press
ISBN 978-4-86283-33-3
乱丁・落丁本はお取り替えいたします。
本書の全部または一部を無断で複写・複製することを禁じます。
http://www.kwansei.ac.jp/press